杜庆伟　陈兵　编著

物联网通信

（第2版）

U0360809

清华大学出版社

北京

<h1 style="text-align:center">内 容 简 介</h1>

　　本书针对物联网通信过程,将通信技术分为4个环节:接触环节、末端网环节、接入网环节和互联网环节。全书共7部分33章。第1部分(第1～3章)为物联网通信引论;第2部分(第4～6章)介绍接触环节的通信技术;第3～5部分(第7～23章)是本书的核心,介绍末端网通信技术,包括有线通信技术、无线通信底层技术和无线 Ad Hoc 网络通信技术;第6部分(第24～30章)介绍接入网通信技术;第7部分(第31～33章)介绍互联网相关技术。本书从物联网的角度介绍通信技术,有丰富的应用案例。本书对物联网通信4个环节的划分有助于读者理解通信技术架构。

　　本书适合作为高等学校物联网工程专业本科生以及其他计算机类专业高年级本科生或研究生的教材,也可供物联网应用开发人员自学参考。

图书在版编目(CIP)数据

物联网通信/杜庆伟,陈兵编著. —2 版. —北京:清华大学出版社,2023.10
ISBN 978-7-302-64377-7

Ⅰ. ①物…　Ⅱ. ①杜…②陈…　Ⅲ. ①物联网—通信技术　Ⅳ. ①TP393.4 ②TP18

中国国家版本馆 CIP 数据核字(2023)第 149816 号

责任编辑:张瑞庆　常建丽
封面设计:常雪影
责任校对:韩天竹
责任印制:沈　露

出版发行:清华大学出版社
　　　网　　　址:https://www.tup.com.cn,https://www.wqxuetang.com
　　　地　　　址:北京清华大学学研大厦 A 座　　　　　　邮　　编:100084
　　　社 总 机:010-83470000　　　　　　　　　　　　邮　　购:010-62786544
　　　投稿与读者服务:010-62776969,c-service@tup.tsinghua.edu.cn
　　　质量反馈:010-62772015,zhiliang@tup.tsinghua.edu.cn
　　　课件下载:https://www.tup.com.cn,010-83470236
印 装 者:三河市龙大印装有限公司
经　　销:全国新华书店
开　　本:185mm×260mm　　　印　　张:18.75　　　字　　数:437 千字
版　　次:2019 年 9 月第 1 版　2023 年 11 月第 2 版　　印　　次:2023 年 11 月第 1 次印刷
定　　价:59.00 元

产品编号:100622-01

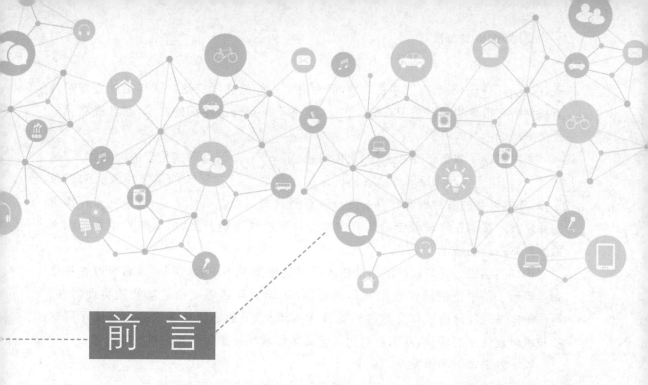

前　言

　　物联网工程是当前研究和应用的热点,是围绕国家战略新兴产业设立的专业,是一个与产业启动和发展同步的专业,而物联网的通信技术是物联网非常重要的环节,属于基础设施,相应课程也就显得非常重要。根据教育部的指导意见(《高等学校物联网工程专业发展战略研究报告暨专业规范(试行)》),"物联网通信"是物联网工程专业的核心课程,对物联网理论和技术的学习、理解和应用起着不可替代的支撑作用。本书就是针对物联网工程这个新专业的教学需求而撰写的。

　　然而,写一部新教材非常困难,而想写出一部针对新专业、有特色的好教材更加困难,除了需要精心的投入和丰富的教学经验外,还需要有自己独特的思考。本书希望能够从独特的思考和全力的投入实现这一点。物联网所用的很多通信技术实质上并不是全新的技术,而是典型的"新瓶装旧酒",很多技术都来自计算机网络。作为长期从事"计算机网络"课程教学的教师,作者对计算机网络相关技术和教学有一定的理解,但是在授课过程中也深深体会到了一些困难。

　　目前,计算机网络的教材已经很多了,也出现了一些非常优秀的教材。有些教材从有经验的教师视角来看堪称经典。即便如此,作者在授课过程中以及回想起自己学习"计算机网络"课程的情景时,有时也感觉到一些无奈。计算机网络涉及的知识和概念太多,太庞杂了,在典型的分层思想指导下,不管是从上而下,还是从下而上的组织形式,每一层都涉及很多的概念和知识点,学完每一层,脑袋中往往只是又装入了一堆技术而已。作者之所以对网络体系有一定的认识,是通过在反复的授课过程中不断地思考,将各种技术相互关联,以及与同行的不断交流才获得的,而希望学生能够在学完这门课程后就立即对计算机网络有很好的理解是困难的。因此,本书不采用分层组织的思想,而尝试从另一个角度组织教材内容。

本书贯彻了教育部"构建以知识领域、知识单元、知识点形式呈现的知识体系"这一思想,构建通信环节各个领域;分析采编了物联网经常采用的通信技术为知识单元;对其中涉及的各种概念和算法进行讲解形成知识点。具体来讲,就是把多种常见的通信技术按照在物联网传输环节中的应用可能性进行分类,将网络的相关知识点融入具体的通信技术介绍中。

这样的组织方式与以往的通信技术课程的框架并不一致,但是,读者可以在每个知识单元了解相应的通信技术利用的机制、采用的算法以及所需功能的实现方法。再根据体系层次分析来体会这种通信技术的架构,最后通过相关的应用案例了解这项技术可能使用的场景,从而可以比较全面地理解和掌握每个知识单元的内容。

以上就是本书的出发点。

基于这个出发点,本书将通信技术的知识点融入相关的通信技术介绍中,这样可以减轻读者的学习压力。对于某些具体的通信技术,并不是在其第一次出现时就全面展开讲解,而是逐步渗透、细化、总结、改进,作者希望这种安排能使读者加深印象,逐步深入,使学习过程比较顺利。

另外,本书注重各种技术所依据的思想和机制,因此,在讲解上侧重引导,只介绍最基本的理论和技术,读者可以通过拓展阅读了解技术细节。因此,对于大多数通信技术,本书不过多地介绍其帧/报文格式。

本书第2版对第1版的一些错误进行了更正,进一步凝练了语言,并对一些技术进行了更新。

本书第1版得到"十三五"江苏省高等学校重点教材项目的资助,清华大学出版社对本书的持续发展给予了大力支持,本书还得到许多专家学者的指导,在此表示衷心的感谢。最后也要感谢家人的理解和支持。

鉴于作者的学识和时间,书中难免存在不足和疏漏,恳请读者提出宝贵意见。

作者

2023 年 7 月

于南京航空航天大学

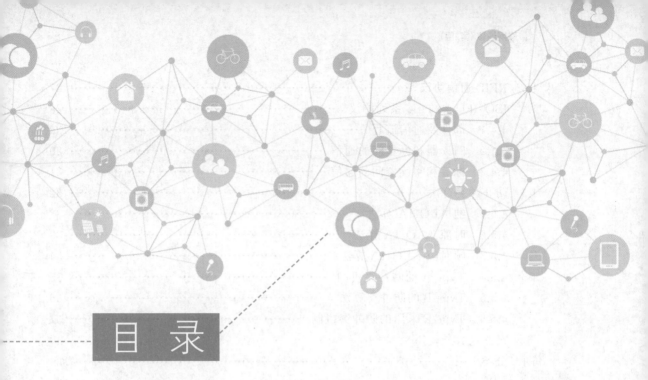

目　录

第 3 部分　末端网通信技术——有线通信技术

第 4 部分　末端网通信技术——无线通信底层技术

Ⅴ

VI

第 5 部分　末端网通信技术——Ad Hoc 网络通信技术

第 6 部分　接入网通信技术

第 7 部分　互联网相关技术

按需的 MF-TDMA	30.3 卫星通信相关技术
本质安全/本安	9.4 其他现场总线技术
编码、调制	2.2 通信的主要研究内容
不归零制、归零制	2.2 通信的主要研究内容
差分传输	7.3 其他串口技术
传输顺序	7.2 RS-232 串行接口标准
单向信道问题	17.2 自组网的体系层次分析
电路交换和分组交换	16.1 概述
订阅/分发模型	3.3 RFID 中间件
动态主机配置协议(DHCP)	33.2 IETF SLRRP 协议及相关技术
多天线 MIMO	13.2 物理层调制技术
多址技术	5.2.3 GPS 通信技术
泛洪	19.1 概述
分布式计算	第 31 章 云计算技术前言
幅移键控、频移键控、相移键控	13.2 物理层调制技术
服务原语	14.1 IEEE 802.15.4 概述
混合自动重传技术(HARQ)	29.4 数据链路层相关技术
奇(偶)校验	5.2.3 GPS 通信技术
交织	15.3 Link-16
扩频：跳频、直扩、跳时、宽带线性调频	15.2 相关技术
奈氏准则	13.2 物理层调制技术
前向纠错	26.2 光通信相关技术
RTS/CTS	10.2 数据链路层相关工作
散射网	23.1.1 蓝牙概述
时隙分配协议	15.2 相关技术
透明传输	24.1 PPP
Turbo 码	26.2 光通信相关技术
网络地址转换(NAT)	33.2 IETF SLRRP 协议及相关技术
消息环路问题	18.3 MANET 路由协议
协作多点传输	29.3 4G 物理层相关技术
星座图	5.2.3 GPS 通信技术
循环冗余校验(CRC)	4.4.2 阅读器和标签间的通信
隐蔽站和暴露站问题	10.2 数据链路层相关工作
正交频分多址(OFDMA)/正交频分复用(OFDM)	29.3 4G 物理层相关技术/11.3 多频带 OFDM
正交相移键控(QPSK)	5.2.3 GPS 通信技术
自动请求重传(ARQ)	16.3 蓝牙的传输技术

第 1 部分
物联网通信引论

物联网是新一代信息技术的重要组成部分，被称为继计算机、互联网之后世界信息产业发展的第三次浪潮。

本部分在第 1 章将首先讲述物联网的相关概念，以及编者对物联网的一些理解，随后对物联网进行抽象，提出物联网的概念模型，并对该模型进行相关介绍，阐述通信技术在物联网中起到的重要作用。

传感器网络，特别是无线传感器网络是当前研究和应用的热点，和物联网有着相当的继承关系，并被普遍认为是物联网具体应用的体现，因此第 1 章也将对无线传感器网络进行一些初步的介绍，包括传感器网络的概念和传感器结点的体系。关于无线传感器网络的具体通信技术，将在第 5 部分进行介绍。

随后，介绍 ITU-T 的 USN 高层架构，然后对其中可能涉及的通信技术进行分析。

第 1 章的最后，编者基于对物联网应用的认识和分析，对物联网的通信过程进行了环节上的划分，分为接触环节、末端网环节、接入网环节和互联网环节，并分别对各个环节进行了相关的介绍。在环节划分的基础上，阐述了本书的组织思想，即根据传输环节对各种通信技术进行分类和讲述。这也是本书的纲领所在。

第 2 章，首先因为本书主要以通信技术为主，所以简要介绍了当前的 ISO/OSI 参考模型和 TCP/IP 体系结构，并对两者进行了一定的比较，随后介绍了一些主要研究内容。

第 3 章，从通信角度出发，分析了物联网的体系结构，并鉴于编者的一点理解，勾画了未来智能物体的框架。最后，对直接通信模式和网关通信模式下的接触结点和传输体系进行了分析。

第1章 概　　述

1.1　概念

1. 物联网的概念

目前的互联网,主要以人与人之间的交流为核心,但是物联网的出现将交流的对象扩展为人与物之间、物与物之间也可以进行交流和通信。这个巨大的转变过程,不是革命性的,是渐变性的、不为人知的过程,当用户还在怀疑物联网发展的前景时,你的身份证、家电、汽车等,都烙上了典型的物联网的特征。

早在1999年,意大利梅洛尼公司就推出世界上第一台可以通过互联网和GSM无线网络进行控制的商业化洗衣机,机主可以通过移动电话遥控洗衣机。这个时代,物联网这个名词还没有出现。从某些角度看,物联网只不过是一个新名词,给一个正在逐渐长大的孩子起了个正式名字而已。

物联网的英文名称是Internet of Things,简称IoT,顾名思义就是物物相连的互联网,目前这个名词具有两层含义:

- 物联网的核心和基础仍然是互联网,是在互联网基础上进行延伸和扩展的网络。
- 物联网的用户端延伸和扩展到物品与物品之间,使其可以进行信息交流。

中国物联网校企联盟将物联网定义为当下几乎所有技术与计算机、互联网技术的结合,实现物体与物体之间状态信息实时的共享,以及智能化的收集、传递、处理、执行。

物联网概念有以下几个技术特征。

- 物体数字化:物理实体是那些彼此可寻址、识别、交互、协同的"智能"物体。
- 泛在互联:以互联网为基础,通过各种通信技术将智能化的物体接入其中,实现无所不在的互联。
- 信息感知与交互:在物物互联的基础上,实现信息的感知、采集,以及在此基础之上的响应、控制。
- 信息处理与服务:提供基于物物互联的新型信息化服务。新的信息处理和服务也产生了对网络技术的依赖,如依赖于网络的分布式并行计算、分布式存储、集群等。

在这几个特征中,泛在互联、信息感知与交互,以及信息处理与服务,都与通信有密切的关系,因此通信可以说是物联网的基础架构。

2. 物联网现状和挑战

从当前发展看,外界所提出的物联网产品大多是互联网的应用拓展,与其说物联网是网络,不如说物联网是业务和应用,是将各种信息传感/执行设备(如射频识别装置、各种感应器、全球定位系统、机械手、灭火器等种种装置)与互联网结合起来而形成的一个巨大的网络,并在这个硬件基础上架构上层的应用,让所有物品能够方便地识别、管理和运作。其实还远未达到多维的物物相连的层次。图 1-1 展示了当前物联网应用的主要模式。这样的模式更趋近于人和物之间的通信和交流,物联网发展的未来,物与物之间的交流也是很重要的一个方面。

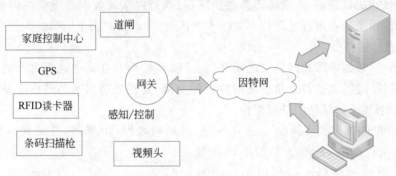

图 1-1　当前物联网应用的主要模式

可以预见的是,如果物联网得到顺利的发展,互联维度不断扩展,必将促进互联网在广度和深度上的快速发展:

- 互联网及接入网必将向社会末梢神经级别的角落发展,导致规模急速膨胀。
- 互联网和各种通信网络在速度上必须快速提升,以跟得上其规模的扩张,以及承受由此所带来的海量数据的快速流转,如 5G、6G 技术正在蓬勃发展。

这些势必导致互联网产生新的问题和技术,进而导致互联网本身的革命。届时,互联网或许还叫作互联网,但可能已经是旧瓶新酒了。

1.2　物联网模型

本书认为,物联网的模型可以用图 1-2 表示。模型中的箭头线代表了可能的业务流向。不管哪一个业务,都离不开信息传输的手段。

1) 信息感知终端

信息感知终端利用各种感知技术对外界的信息进行获取,是物联网对世界认知并产生反应的基础。但感知过程并非只能向核心的数据处理/决策终端输送数据,必要时也需从后者获取信息以进一步感知更准确、深入的数据。如摄像头的作用主要是感知,但必要时需要对摄像头进行控制(如调整角度和焦距等)。

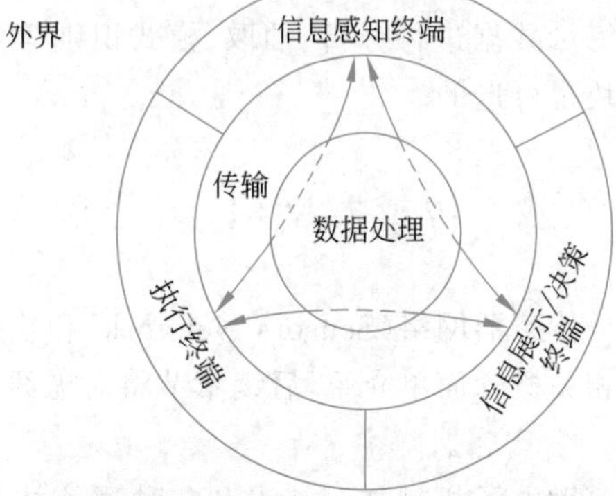

2) 执行终端

执行终端负责对决策终端/数据处理模块发来的指令进行执行,产生对外界的影响。必要时,执行结点还需将执行的结果反馈给信息展示/决策终端。如飞船进入太空后打开太阳能电池板的动作,还需将展开结果反馈给航天中心。

图 1-2　物联网的模型

3

信息感知终端和执行终端之间也可以进行信息的交流，建立起两者之间的直接联系。例如室内消防系统，烟雾报警器一旦感知到火灾险情，需要立即通知喷淋器进行喷淋。

3）信息展示/决策终端

信息展示/决策终端，负责将信息感知终端、执行终端或数据处理模块传来的信息展示给操作者，由操作者进行最终的决策。本书认为，关键性的决策应当由人进行。

4）信息传输环节

在模型中，数据不断在内外层之间进行交互，传输环节在其中起着重要的桥梁、承上启下的关键性作用，支持各个角色之间数据的交流，是建立物联网的最根本基础，因此可以说传输环节属于物联网的基础架构。

传输环节的技术涉及从深空通信、广域网到局域网、个域网，甚至到体域网（Body Area Network，BAN，见图 1-3）的不同地理范围，从几千位每秒（kb/s）到以拍位每秒（Pb/s）为单位的带宽范围，从物理层到应用层的不同层次范围，从有线到无线的不同通信机制等，相关技术的发展极为迅速，规模不断扩大，也正是这种日新月异的发展，才使得物联网的构想不断趋近于现实。传输环节是本书的主要内容。

就目前发展情况看，从感知终端到信息展示/决策终端，以及从信息展示/决策终端到执行终端这两条通信路径较为普遍。但是，随着物联网的不断发展，以及各种通信标准的不断出台，感知终端和执行终端之间的通信也会日益频繁。

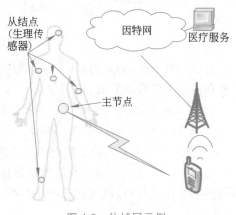

图 1-3 体域网示例

5）数据处理模块

数据处理模块是模型的中心部分，借助高性能计算机和高性能的并行、分布式算法，对海量数据进行分析、抽取、模式识别等处理，对决策进行支持。目前的物联网应用中这一块是可选的。

1.3 传感器网络

传感器网络（Sensors Network）和物联网有一定的传承关系。本节首先对传感器网络相关概念简单介绍，后续章节将对无线传感器网络相关通信技术进行详细的介绍。

1. 传感器网络

微电子机械加工技术和各种通信技术的快速发展和不断融合，使得传统的传感器正逐步实现微型化、智能化、信息化、网络化，即传感器网络。

传感器网络其实并不神秘，十字路口的交通监控系统就是典型的传感器网络。监控摄像头作为感知设备（传感器），将车辆的光信号转化为数字信号，经网络传输到交管部门，实现了对违章车辆的拍照取证；照片经过图像分析软件筛选出违章车辆的号牌，并保存在计算机中,最终人工确定是否确实违章,并进行后续的违章处罚。

本书认为传感器网络只是物联网的一部分,其业务流向是图 1-2 中双向箭头线中的一个(信息感知终端和信息展示/决策终端之间)。真正的物联网应该是三个双向箭头线(包括涉及的部件)的不断多样化、规模化、智能化。

鉴于实施的便利性,目前研究更多的传感器网络,特别是那些需要部署在偏远地带的传感器网络,多以无线的方式进行数据的传送,即所谓的无线传感器网络(Wireless Sensors Network,WSN)。

2. WSN

WSN 是由部署在监测区域内具有感知能力、无线通信能力与计算能力的传感器结点,通过自组织的方式(自己形成一个团体)构成的、分布式、智能化网络系统。其目的是实现结点之间相互协作来感知对象、采集信息、对感知到的信息进行一定的处理等,并把这些信息通过无线网络传递给观察者。

WSN 的结构如图 1-4 所示,通常由许多具有某种感知功能的无线传感器结点组成。这些结点的通信距离往往较短,所以一般会自行组织起来(自组织),采用接力、多跳的通信方式进行通信,使得数据可以传送到更远的距离。

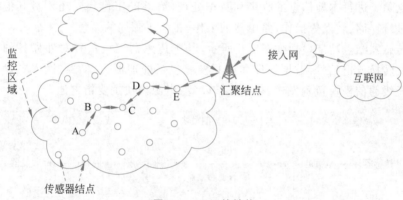

图 1-4 WSN 的结构

WSN 通常存在一个特殊的汇聚结点(Sink、基站),负责对无线传感器结点的数据进行收集/分发,并通过传统的网络把数据传送给互联网上的各种应用系统,便于人们加工和利用。汇聚结点通常利用电线供电,并通过有线方式直接连接到接入网上。

WSN 的应用可以追溯到 20 世纪 60 年代美国在越南战争中使用的雪屋系统(Igloo White)。1980 年,美国国防部高级研究计划局(Defense Advanced Research Projects Agency,DARPA)启动了分布式传感器网络,但由于技术条件的限制,相关研究在 20 世纪 90 年代才开始出现热潮。

WSN 的结构也会随着时代的发展而不断发展。例如,单汇聚结点的网络结构在能耗均衡性、可靠性等方面将会显示出一定的弊端,多汇聚结点网络架构无疑可以较好地解决上述问题。2008 年,中国南极考察队在低温、高海拔和雪面松软的 Dome-A 地区安装的系统就是双基站系统。

无线传感器网络技术是典型的具有交叉学科性质的战略技术,可以广泛应用于军事、环境科学、交通管理、灾害预测等各行各业,是各领域研究的热点。

【案例 1-1】 面向机场感知的噪声监测及环境评估。

机场噪声监测是法律法规对机场管理机构的要求,也有助于机场了解航空器噪声的影响、减噪业务的效果。项目由中国民航大学联合南京航空航天大学(后简称南航)共同完成,采用了真实、半真实、虚拟实验环境有机结合的方案。其中真实的环境采用了无线传感器网络技术,在机场跑道一端的重要监测范围划设了两个监测区域,实际部署了 2 个汇聚结点、100 个感知结点,从而构成了全真的实验环境。※

3. 无线传感器结点

无线传感器结点是具有某种感知功能的小型设备,借助内置的传感器件测量周边环境中的热、红外、声呐、雷达和地震波等信号,有时还需与其他结点共同协作才能完成一些特殊的感知任务,如执行定位算法等。

无线传感器结点通常是一个微型嵌入式系统,它的处理能力、存储能力和通信能力相对较弱,通过携带能量有限的电池供电。随着微机电加工技术的不断发展,无线传感器结点正经历着一个从传统传感器(Dumb Sensor)到智能传感器(Smart Sensor),再到嵌入式Web 传感器(Embedded Web Sensor)的发展过程。

每个无线传感器结点都兼顾传统网络的两重角色:终端和路由器。也就是说,无线传感器结点除了进行本地信息的收集和数据处理(终端的工作)外,还要对其他结点转发来的数据进行存储、转发等操作(路由器的工作,相当于邮局的角色)。

无线传感器结点功能模块如图 1-5 所示,其中传感器模块负责对外界各种信息进行感知并将其转换成电信号;数据处理和控制模块包括处理器、存储器、嵌入式操作系统等软、硬件;无线通信模块负责发送、接送和转发等;电源模块主要指电池。

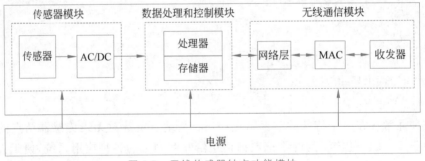

图 1-5 无线传感器结点功能模块

其中数据处理和控制模块相当于结点的大脑,主要包括以下功能。

- 对感知单元获取的信息进行必要的处理、缓存。
- 对结点设备及其工作模式/状态进行控制。
- 进行能量的计算、任务的调度、各部分功能的协调。
- 通过与其他结点相互协调,实现网络的组织和运作。

无线通信模块负责与其他传感器结点进行无线通信,主要包括以下功能。

- 频率、调制方式、编码方式等的选择。
- 无线接入和多址、无线链路的管理。
- 执行相关协议(如路由算法),进行结点间的数据/控制信息的组装和收发。

1.4 USN 体系架构和分析

1. USN 体系架构

ITU-T 的泛在传感器网络(Ubiquitous Sensor Network,USN)体系架构如图 1-6 所示,自下而上分为 5 个层次,分别为传感器网络层、接入网络层、骨干网络层(NGN/NGI/现有网络)、网络中间件层和应用层。这些层次可以合并成以下 3 层。

- 物联网的感知层,主要负责采集现实环境中的信息数据。
- 骨干网络层主要体现为互联网/下一代网络,以及接入网等。
- 应用层包含中间件层和应用层,实现物联网的智能计算、数据管理和应用等。

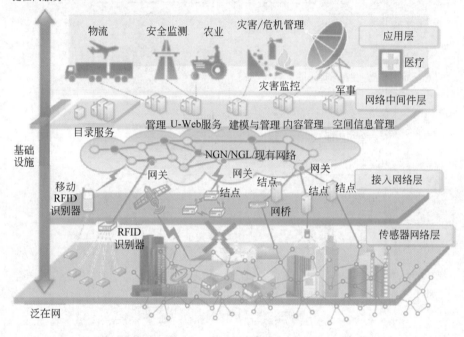

图 1-6 ITU-T 的 USN 体系架构

2. 感知层

感知层解决的是信息获取问题,是实现物联网全面感知和智慧的开始。感知层的感知设备包括二维码和识读器、射频标签和阅读器、多媒体信息采集设备(如摄像头和麦克风)、实时定位设备、各种物理/化学传感器等,来感知/采集身份标识、音频、视频数据、位置信息、各类物理/化学信息等。

1) 为了感知而进行的通信

为了实现感知的功能,感知层的关键技术还可能涉及一些通信技术,特别是无线通信技术。例如,本书认为附着在物品上的射频识别(RFID)被赋予了一个特殊的身份——物品的身份证,这样标签成为物品的一个属性(我国的第二代身份证即采用了标签的技术)。基于这样的认识,RFID 阅读器可以被认为是用来感知物品标识的感知设备。它们(感知设备和物体）之间存在着无线通信，这种通信是为了实现感知才产生的。现在的电子不停车收费（Electronic Toll Collection，ETC）系统、超市仓储管理系统等都是基于 RFID 技术的物联网应用。

另外，导航定位也是一种需要借助通信才能完成感知过程的技术，其中的用户接收机随时放置在需定位的物品上（可以认为用户接收机是物品的一个属性），而用户接收机和导航定位卫星之间是需要无线通信的。

2）末端网的提出

一些负责对感知到的信息进行收集、传输的通信技术，本书称之为末端网。

【案例 1-2】 生产控制系统。

由南航为某公司开发的基于条码的生产控制系统（见图 1-7），扫描枪和计算机之间通过串口线相连，计算机读取串口线的数据，进行处理后转发到后台控制系统中。※

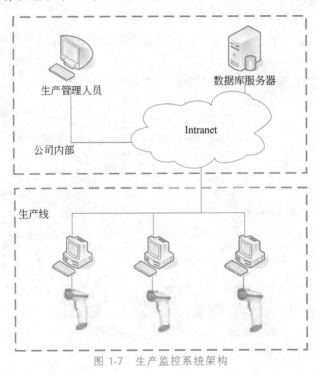

图 1-7　生产监控系统架构

该案例中，系统通过串口通信实现信息的收集和传输。前面介绍的传感器网络本身也是为了进行数据收集。

收集到的信息，往往需要借助特定的设备（网关），才能把收集到的数据发送到互联网上，建立起互联网上的应用和感知设备之间的联系。本案例中，生产线上的计算机便充当了网关的角色。

再如，无线传感器网络中，Sink 结点充当了网关的角色。

反之，来自互联网用户的决策数据也需要通过末端网分发给指定的执行结点。

3. 网络层

网络层借助各种网络，把感知层感知到的信息快速、可靠、安全地传送到目的主机。网络层从功能上看，也可分为两类：接入网和互联网。

1）接入网

物联网中的各种智能设备,需要借助各种接入设备和通信网,实现与互联网的相连。接入网由网关/汇聚结点发起接入请求,为物联网与互联网之间的通信提供中介。这部分通信可以包含很多技术,简单低速的如电话线(调制解调器)接入,复杂的如无线 Mesh 网接入,高速稳定的如光纤接入(FTTx),便携的如 4G、5G 等。

需要指出的是,原有的各种接入网络最初是为人这类用户服务的,而物联网发展起来后,提出接入需求的将扩展到各种智能物体。

【案例 1-3】 360 车卫士汽车安全智能管家。

系统利用内置的 GSM 控制模块,通过手机遥控启动汽车引擎,并打开汽车的空调,达到提前制冷/暖车的效果,极大地提高了用户的舒适度。为了保证安全,需将车上控制器的手机号码绑定到自己的手机后才能使用。车辆启动后无须担心车辆的安全问题,如果有人不用遥控器或者手机打开车门,车辆会立即熄火并报警,并向车主的手机发送短信报警信息。如果 15min 后车主没有用遥控器或手机打开车门,汽车会自动熄火结束制冷/暖车过程。如果车上安装了 GPS 模块,系统还可以返回车辆现在位置信息(包括文字和地图),车主用手机可以查看车辆的位置信息。※

在这个案例中,GSM 网络作为接入网,承担了汽车和用户之间交流的通信平台。这个选型是很容易想到的:应该采用无线网,Wi-Fi 距离太短,和生活密切相关的只有蜂窝网(包括 GSM、4G、5G 等)了,当时出于成本的考虑采用了 GSM。

2）互联网

在可预见的时间内,互联网仍是网络的主力,它向下统一着不同种类的物理网络,向上支撑着不同种类的应用,必将成为长时间内物联网的核心。

4. 应用层

应用层的主要功能是根据底层采集的数据,形成与业务需求相适应、实时更新的动态数据,以服务的方式提供给用户,为各类业务提供信息资源支撑,从而最终实现物联网在各行业领域的应用。应用层是物联网发展的价值体现。

这些物联网应用都属于分布式系统(参与的主机/设备分布在网络上的不同地方),需要支撑信息协同和共享。如果直接架构在互联网基础上进行开发,开发效率必然低下,这时分布式系统开发环境的作用就体现出来了,它提供了很多有用的工具和服务(如目录服务、安全服务、存储服务等),为开发分布式系统提供了极大的便利。

另外,对感知数据的管理与处理技术是物联网核心技术之一,如数据的存储、查询、分析、挖掘和理解、决策等,理应作为应用层的重要环节。在这方面,云计算平台作为海量数据的存储、分析平台,将是物联网的重要组成部分。

1.5 物联网通信环节的划分

对于物联网通信这门课来说,USN 的高层架构不能完整、细节地反映出物联网中的组网方式、通信特点、功能组成等。本书把物联网关于通信的部分抽象为若干环节,如图 1-8 所示。

1. 接触环节

接触环节分为两种类型,分别是感知结点和执行结点。

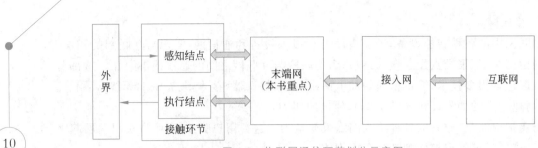

图 1-8　物联网通信环节划分示意图

1）感知结点

物联网应用面对外界各种物体，经常需要对其进行多种参数的感知和获取，包括位置、速度、成分等，这是由接触环节的感知结点获取的。感知结点在获取所需参数后，必要时还需要进行一定的预处理（比如过滤重复数据、进行数据的融合／合并等），在合适的时间向后续环节进行数据的发送，最终传递给需要这些数据的对象。

接触环节中 RFID 技术、全球定位系统等涉及信息获取的通信技术，将是本书关于接触环节的主要内容，其中的射频识别技术，其作用更是举足轻重。

2）执行结点

执行结点的主要任务是接收物联网应用，特别是决策者发来的指令，产生一定的行为，从而对外界进行影响。必要时，执行结点还需要将执行的结果反馈给后续环节。

2. 末端网

接触环节中的结点获取数据后需要借助相关通信技术，把数据传送给某些特殊的结点（如网关），由后者将数据中转给互联网，这部分工作简单来说就是为了完成数据的收集。例如，案例 1-2 中，扫描枪在获取数据后，需要通过串口线发给计算机完成收集，从扫描枪到计算机间的通信作为互联网向物理世界的进一步延伸，有些像人类的末端神经，因此本书称之为末端网通信技术。末端网的技术多种多样，从简单的有线方式，到无线方式（包括自组织网络），发展非常迅速，是本书的重点。

3. 接入网

接入网（Access Network, AN）通信技术指从骨干网络到用户终端之间的所有设备（例如，利用 Wi-Fi 上网的相关设备和软件），用在物联网中，是末端网和互联网的中介，前面提到的网关设备就需要通过接入网接入互联网。

接入网距离一般为几百米到几千米，被形象地称为"最后一公里"问题。这部分技术发展相当迅速，特别是快速发展的无线接入方式为用户接入提供了更好的服务质量，为物联网的传输也提供了方便的手段。各种接入技术的不断推陈出新，在速度、部署、便利性等方面各具所长，为物联网的信息接入提供了极大的便利。

4. 互联网

从网络的网络这个定义出发，互联网仍然是物联网的核心，负责将不同的物联网应用进行互联。但鉴于这部分技术已经有太多的教材，因此这部分不是本书的重点。但如前所述，分布式计算开发环境对开发分布式大型系统（包括物联网系统）具有举足轻重的作用，本书将对其中的一个典型代表（云计算）进行介绍。

1.6 本书的组织思想

本书主要关注物联网的通信技术。物联网的应用必定是多种多样的，所采用的通信技术也不会千篇一律，目前我们所能见到的所有通信技术都可以被采纳。本书将关注其中一些通信技术，对这些技术进行一定的介绍和分析。

在这个主导思想下，本书首先依据前面提出的传输环节的思想，将各种通信技术按照其应用的可能性，组织进入对应的传输环节中，然后进行介绍。

需要说明的是，这样的组织并非壁垒分明，因为一种技术可能在多个环节中被采用，例如，Wi-Fi 就可能出现在末端网环节和接入网环节中。这是依据具体的物联网应用开发需求和实际条件所决定的。本书只是依据可能性大小进行组织。

第 2 章　通信知识的回顾

通信,指实体(人与物)之间通过某种媒介进行的信息交流与传递。研究通信技术可以从两个角度观察和分析:一个是横向的角度,如第 1 章分析的物联网的通信环节,即从宏观的角度观察;另一个是纵向的角度,从微观角度研究通信的具体技术细节。纵向的角度,就必须首先了解网络的体系结构。

2.1　网络体系结构

通信涉及的问题太繁杂了,将庞大而复杂的问题分为若干较小的、易于处理的局部问题,是一个很好的解决思路,网络的设计就采用了这样的思路,把网络需要完成的工作分成边界清晰的若干部分,这些部分形成塔一样的层次结构,每一层次都规定了需要完成的功能和需要遵守的规定(协议)。

网络体系结构是网络功能的分层,以及每一层需要完成的工作定义和协议的集合。网络通信方面存在两大体系结构,分别是 ISO/OSI 和 TCP/IP 体系,它们都遵循分层、对等层次通信的原则。ISO/OSI 规定的功能和具体协议较为复杂,实现较为困难,遵循该体系标准的网络越来越少。而 TCP/IP 体系结构简单、实用,取得了良好的实用效果。但ISO/OSI 具有清晰的结构,特别是关于物理层和数据链路层的定义、描述和思想常用来进行教学,指导设计新型网络。而 TCP/IP 有所欠缺。

1. ISO/OSI 体系结构

ISO/OSI 体系结构如图 2-1 所示。

1) 物理层

物理层(Physical Layer)作为最低层,直接面向最终承担数据传输的物理媒体(即网络传输介质,如铜线、电磁波等)和相关设备,保证通信双方存在可用的物理链路/信道。物理层的主要任务就是规定各种传输介质和接口的一些特性,包括:

- 机械特性,如接口(如 USB 的插头和插座)什么形状。
- 电气特性,如采用什么频率、什么幅度的波形。
- 功能特性,每条线路完成什么样的功能。
- 规程特性,为了进行通信,需要执行什么样的流程。

2) 数据链路层

数据链路层(Data Link Layer)主要研究如何利用已有的物理介质,在相邻结点之间形成逻辑的通道(数据链路),并在其上传输数据

应用层
表示层
会话层
传输层
网络层
数据链路层
物理层

图 2-1　ISO/OSI
体系结构

流。通常，数据链路层提供了"点到点"的传输过程。

数据链路层的工作通常被分为媒体访问控制（MAC）子层和逻辑链路控制（LLC）子层，但是大部分工作都集中在 MAC 子层。数据链路层协议包括（但不限于）以下内容。

- 数据链路的管理，包括建立、维护和释放等。
- 按照规程规定的格式进行数据的封装和拆封。
- 数据帧的传输管理，如顺序控制、流量控制（防止接收端来不及收下发送端发出的数据）、差错控制（如差错检测、纠正、帧重发等）等。
- 在多点接入（多个传输结点需要使用共享的物理介质）的情况下，提供有效的方案来防止冲突，或减少冲突的概率，以及冲突后如何处理等。

3）网络层

网络层（Network Layer）是网络体系结构中最核心的一层，而路由选择和数据分组转发被认为是网络层的两个核心工作，前提是具有一套完整的地址规划和寻址方案（如同家庭住址的规划）。

路由选择是指一套算法，能将多条数据链路组合连接起来，形成从任一源端到任一目的端之间的完整路径，使得在不同地理位置的两个主机之间能够实现数据的通信。这如同规划全国的铁路运行图一样。

网络层的数据转发是指根据路由选择所形成的路径（路由）信息，一个结点（路由器）在收到一个数据分组后，把数据分组发向路径指定的方向。这如同车站根据需要把列车转换到不同的方向上一样。

OSI 的网络层还要求提供面向连接的服务和面向无连接的两类服务。

4）传输层

最初的 ISO/OSI 传输层（Transport Layer）是在源、目的结点上的应用进程之间提供可靠的"端到端"通信，这是一种面向连接的服务，需要进行流量控制、纠错、数据段排序、数据流的分段和重组等功能，在后期才制定了无连接服务的有关标准。

5）会话层

会话层（Session Layer）建立在传输层之上，允许在不同机器上的两个应用进程之间建立、使用和结束会话。所谓的会话，可以简单地理解为一次交流的过程，好比从老师指定一个学生回答问题开始，到该学生回答问题后坐下的过程。

会话层需要在进行会话的两台机器之间建立会话控制，例如管理哪边发送数据、何时发送数据、占用多长时间等。例如，开发远程教学系统所涉及的提问/发言等的课堂秩序控制（主要用于并发控制，避免两个学生同时获得发言权）就属于会话层的范畴。

6）表示层

表示层（Presentation Layer）提供数据表示和编码格式，以及数据传输语法的协商等，从而确保一个应用进程所发送的信息，可以被另一个应用进程所识别。程序涉及的编码、数据加密、数据压缩、图像/视频的编码算法等都属于表示层的范畴。

例如，通信中的一台计算机使用 EBCDIC 编码，而另一台计算机使用 ASCII 编码，它们之间的交流就存在着一定困难，如对于字符 a，EBCDIC 的二进制表示为 10000001，而 ASCII 表示为 01100001，即便数据正确到达了目的端，目的端仍然无法使用。如果表示层规定通信必须使用一种标准化的格式，而其他格式必须实现与标准格式之间的转换，这个问题就不存在了,这种标准格式相当于在人类社会制定一套世界语。

7）应用层

应用层（Application Layer）主要负责为应用软件提供接口,使应用软件能够使用网络服务。应用层提供的服务包括文件传输、文件管理以及电子邮件等。需要指出的是,应用层并不是指运行在网络上的某个应用软件（如电子邮件软件 Foxmail、Outlook 等）,而是规定这些应用软件应该遵循的规则（如电子邮件应遵循的格式、发送的过程等）。

2. TCP/IP 参考模型

TCP/IP 体系结构是围绕互联网而制定的,它并没有对物理层和数据链路层进行定义,仅将其合称为网络接口层。这实际上反映了 TCP/IP 的工作重点和定位:不关心具体的物理网络实现技术,关心的是如何对已有的各种物理网络进行互联、互操作。

TCP/IP 体系结构如图 2-2 所示。其中应用层包含了 ISO/OSI 体系中的应用层、表示层和会话层。TCP/IP 体系中传输层、网络层的功能和地位基本与 ISO/OSI 体系相同。互联网的网络层即 IP（Internet Protocol）层的核心是 IP,不同于 ISO/OSI 体系,IP 层为上层只提供了面向无连接的服务。下面只分析传输层。

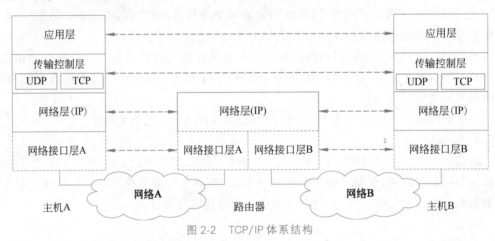

图 2-2　TCP/IP 体系结构

传输层负责数据流的控制,是保证进程间通信服务质量的重要部分。TCP/IP 的传输层明确定义了两个协议,即 TCP（Transmission Control Protocol,传输控制协议）和 UDP（User Datagram Protocol,用户数据报协议）,分别是面向连接（Connection-oriented）和面向无连接（Connectionless）的服务。

- 面向连接的通信:发送数据的整个过程可明确分为建立连接、传输数据和释放连接三个过程。如同电话,拨号和挂断电话就是建立和释放连接的过程。需要注意的是,电话通信是独占了信道资源（可简单地理解为电话线）,连接的建立意味着资源的预留（别人不能用）,而计算机网络中大多数面向连接的服务是共享实际资源的,这种连接是虚拟的,是靠双方互相打招呼后,在通信过程中不断通气儿和重发来保证通信服务质量的。
- 面向无连接的通信:该机制下,两个结点之间发送数据之前,不需要建立起连接,发送方只简单地向目的方发送数据即可。手机短信的发送可以看成面向无连接的,发短信之前无须事先拨号,短信只附带对方的号码即可。

面向连接的服务通常是可靠性(数据不丢失,无差错),但因为需要额外的连接、通信过程的维护等开销,协议复杂,通信效率低。为此,在开发时就必须将通信的业务区分为要可靠、要实时两大类,前者使用 TCP,后者使用 UDP。

TCP 是传输层研究的重点,得到了不断的发展,越来越完善,也越来越复杂。但是,针对无线传感器网络这一典型的物联网应用,由于结点性能的限制,不可能在每个结点上采用传统的 TCP。可以有两种策略在传感器网络中部署传输层:

- 网络不设置传输层,结点将数据都传输给汇聚结点(Sink),汇聚结点与外部其他结点采用 TCP 进行传输。
- 在结点上部署简化的 TCP 或者使用扩展的 UDP。

2.2　通信的主要研究内容

1. 通信的基本模型

通信的基本模型如图 2-3 所示,往往由 5 部分组成:

- 信源:将各种数据转化成原始信号。
- 发送设备:生成适合在信道中传输的信号。
- 信道:负责将信号传送到信宿的物理传输媒体。
- 接收设备:从受到衰减的接收信号中正确恢复出原始电信号。
- 信宿:信息的目的地,将信号还原成数据。

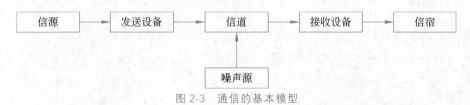

图 2-3　通信的基本模型

一般来讲,发送设备会做两件重要的事情:编码和调制。接收端则进行相反的工作——解码和解调。这些工作主要在物理层的层面完成。

2. 编码

编码就是把需传送的信息转化为合适的方波。下面讨论一个最简单的例子(方案 A),如用高电平代表数字 1,用低电平代表数字 0,如图 2-4 所示。编码的工作如下。

(1) 把计算机的并行数据转换为网络上的串行数据。

(2) 如何高效地传输数据。

(3) 尽量提高信息传输的正确性和成功率。

(4) 进行多路复用(如后面介绍的 CDMA)。

图 2-4　方案 A 的编码方式

第(1)条很容易理解,因为在网络上不可能传送并行的数据,所以需要把结点中的并行数据串行化。第(4)条暂时不讲。下面分别说明第(2)条和第(3)条。

对于第(2)条,在相同的条件(每秒产生的方波个数一定)下,方案 A 的效率是比较高的,发送了几个方波,就可以传送几个数字。但是,假如强行规定(方案 B),用两个高电平代表 1，两个低电平代表 0，则传送效率就降低了，只有 50%。显然，相同时间内，方案 A 传送的数据量是方案 B 的 2 倍。

是不是方案 A 的效率就没有办法提高了？下面假设方案 C，如图 2-5 所示，增加了波形的个数（4 种方波），使得一个方波可以携带两位数字，效率提高了一倍。但是，在方波速率一定的条件下，不能无限增加波形的个数，否则接收方很难正确接收。

对于第（3）条，下面举例说明。方案 A 简单但存在着隐患。设发送方在 1s 内发送了 100 个数字 1（一个方波 10ms），则编码后的波形将一直是高电平的波形（一条线），不存在震荡。但接收方时钟和发送方的往往不一致（这很正常），假设接收方按 9ms 采样（可以简单理解为读取）一次，则在 1s 内将会读到 111 个 1，这就出现了问题。

通信过程中，接收方实际上可以根据波形的跳变（如由高电平跳变成低电平）调整自己的时间，使之与发送方基本一致，这叫作时间的同步。但在上例中因为没有跳变，接收方无法调整自己的时间，导致数据传输出现偏差。这种编码方式称为不归零制。

为此，需要对编码进行改进，例如改成所谓的归零制编码，即每次一个方波代表一个数字之后，都需要回到 0 电平，如图 2-6 所示（注意箭头所指的地方）：这样，即便发送方发送的数据一直是一个数字，传输过程中也会存在电平的跳变，接收方可以根据跳变调整自己的时钟。但是，归零制不是一个好的编码技术，编码过程中密度低，抗干扰能力差，目前已基本不使用。很多编码技术被提出并加以运用，不少编码还增加了一些冗余的信息（如校验码）来进一步提高可靠性，这里就不再进一步介绍了。

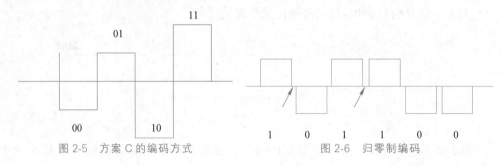

图 2-5　方案 C 的编码方式　　　　图 2-6　归零制编码

3. 调制

调制是为了在信道中进行有效的传输。对于短途质量好的信道，这个过程实际上是可以省略的（如以太网就直接把曼彻斯特编码后的方波放到铜线上），但对于大多数通信来说，这个过程不可避免。而且大多数的调制都是指把编码后的方波转换成模拟波。

有三种最基本的调制方式：调幅、调频、调相，如图 2-7 所示。

- 幅移键控（Amplitude Shift Keying，ASK），又称振幅调制、调幅，指载波（正弦波）的频率、相位不变，而把载波的振幅作为可变量，用载波振幅的不同表示不同数字信号的调制技术。
- 频移键控（Frequency Shift Keying，FSK），又称频率调制、调频，指载波的振幅和相位不变，用载波频率的改变表示不同数字信号的调制技术。
- 相移键控（Phase Shift Keying，PSK），又称相位调制、调相，指载波的频率和振幅不变，用载波的不同相位表示不同数字信号的调制技术。

为了提供更高的效率，上述的每一种调制技术都可以进行更加复杂的变化，还可以把三

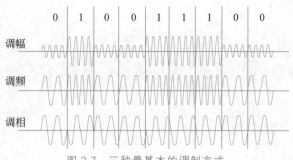

0 1 0 0 1 1 1 0 0 0

调幅

调频

调相

图 2-7　三种最基本的调制方式

种基本的调制方案进行各种组合。例如,可以把幅度和频率结合,让一个波形代表更多的数字,如图 2-8 所示。

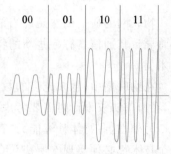

00 01 10 11

图 2-8　调频与调幅相结合的调制方式

4. 多路访问的控制

有了编码和调制,还不能保证双方可以进行有效通信,往往还需要进行多路访问的控制,即避免/减少多个设备同时使用共享资源(频带、时间、硬件等)所造成的冲突问题。举一个简单的例子,如果甲和乙同时拨号给丙,只能允许其中一个人拨通丙的电话。这个工作大多数是在数据链路层实现的。

有两种基本的控制方法:竞争式和调度式。竞争模式下谁先拨电话谁就接通他和丙的线路。调度模式下事先规定好拨电话的时间,使甲乙不会同时拨电话。

5. 网络层的引入

通信是一个非常复杂的问题,上述通信的基本模型一般来讲只能实现直接相邻的、点对点之间的通信,不需要经过其他结点中转。而目前的通信往往需要跨越多个结点,如手机 a 必须把数据发送给邻近的基站 A,数据经过手机网(蜂窝网 N)传递到目的手机附近的基站 B,再由 B 发送给目的手机 b。这样,一个过程会涉及多个参与者结点,每两个邻居结点之间的通信(a 到 A,A 到 N 中的结点,N 中的结点之间,N 中的结点到 B,B 到 b)都符合上述的通信基本模型。

此时,当一个中间结点收到数据时,怎么知道把数据发向何方呢?这时就需要增加更加复杂的机制把多段路程连接起来,形成一条从最初发送方到最终接收方之间的完整路径。这就是网络层需要完成的一个最重要的工作——实现路由算法,这个工作往往由路由器(网络中的重要结点设备)完成。

6. 其他

网络层只能把数据传送到结点这个层次,结点内还运行有多个应用进程,接收到的数据是发送给邮件进程呢,还是发送给浏览器进程呢?网络层无法完成这样的工作,这就需要传输层来完成了。传输层专门用来区分数据最终分发给哪一个进程。

传输层把数据发给指定的进程后,任务是否结束了?答案还是否定的,这就牵扯到 ISO/OSI 体系中的会话层和表示层的工作了。

17

第 3 章　对物联网通信的分析

3.1　物联网的通信体系结构

　　物联网的通信仍然是以当前已经存在的通信技术为主,但因为要面向物这一类用户,必将导致其通信具有一些新的特点,所以有必要设计出一些新的、面向物联网应用的通信技术。

　　在物联网中,越来越多的数字化物体(如无线传感器结点)都是资源受限的,特别是能量,在通信协议设计时需要考虑的一个重要原则就是节能。

　　另外,这些物体计算能力、存储能力较差,也使得协议应做到能简则简,没必要要求每一个技术都必须实现 5 层协议(TCP/IP 的上面三层+ISO/OSI 的下面两层),可采用如图 3-1 所示体系作为物联网通信的体系结构。该框架以五层体系结构为主体,辅以能量管理、移动管理等,具有多个维度,实现跨层管理。

　　在这个体系中,必然涉及的是物理层和应用层,其他层次都是可选的,即依据不同的通信实现,具有不同的层次。例如,在案例 3-1 中,探测头发出的信息在底层只需要物理层即可传输。

【案例 3-1】　智能楼道管理系统

　　如图 3-2 所示,在建筑的楼道中部署红外线探测头(或者声音感知设备),当感知到有人经过时,可以自动打开走廊灯。

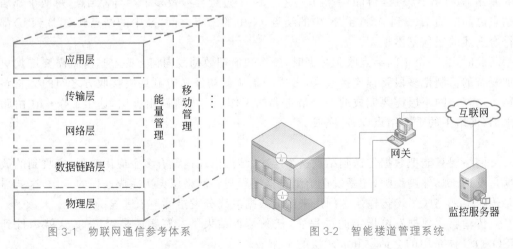

图 3-1　物联网通信参考体系　　　　　　图 3-2　智能楼道管理系统

　　如果希望更加智能化,实现无人值守,则可以发信息给远程一个网关(如计算机上的一个特殊软件),网关把"有人通过"这个信号打包成互联网数据,发给后台监控服务器,由

后者启动视频监控功能,记录视频监控录像。※

【案例 3-2】 基于 RFID 的餐饮系统

南航为某公司开发的基于 RFID 的一期餐饮管理系统,前台主机通过串口线连接 RFID 阅读器,RFID 阅读器读取员工卡(内含 RFID 标签)对员工的就餐进行管控(每月就餐次数不得超过上限),同时,将员工就餐信息写入后台数据库,以便后续进行统计、分析,并实现和供餐单位的快速结算。※

案例中,RFID 标签和 RFID 阅读器之间、阅读器和主机之间的通信,在底层仅涉及物理层和数据链路层的协议。

而前面提到的无线传感器网络则涉及物理层、数据链路层和网络层等协议。

3.2 物联网中物体的分析

物联网中的物体将越来越多地具备信息处理能力,本书设想了一个具有多种信息处理能力,需要和外界进行多种交流的智能物体(如汽车)的结构,如图 3-3 所示。

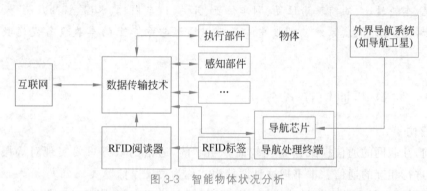

图 3-3 智能物体状况分析

图 3-3 中,数据传输技术模块进行了简化描述,实际上可能每个设备都会有自己的通信手段,分别同外界进行交流。

这种情况下,各种具有数据处理的部件各自为政,难以形成一个统一、完整的体系,进而使得物体难以形成一个较好的智能体,可扩展性较差,当需要增加一个新的部件时,将不得不再增加一套通信结构。这种模式复杂而可靠性低。

智能物体一个很好的发展思路是进行各种智能部件的高度集成。这需要定义物体内/外部信息交流的标准,方便智能部件和互联网、智能部件之间的信息交流,如图 3-4 所示。这种模式使得物体可以具有很好的扩展性,并为连入物联网提供了便利。

【案例 3-3】 基于行车电脑和总线传输进行控制的智能汽车

现代汽车中使用的电子控制系统越来越多,如发动机电控系统、自动变速器控制系统、防抱死制动系统和车载多媒体系统等。这些系统之间、系统和显示仪屏/汽车故障诊断系统之间均需数据交换,采用传统导线进行点对点连接的方式越来越难以扩展。

目前的汽车制造普遍采用了行车电脑和总线传输的控制方式。其中较多地采用了 CAN(Controller Area Network,控制器局域网,属于现场总线技术)总线技术,将各系统连接在 CAN 总线上,通过 CAN 总线进行相互间的通信。厦门蓝斯通信公司的车载终端通过与汽车 CAN 总线对接,可与 GPS 车载终端、自动报站器、客流统计仪、POS 机、车载

19

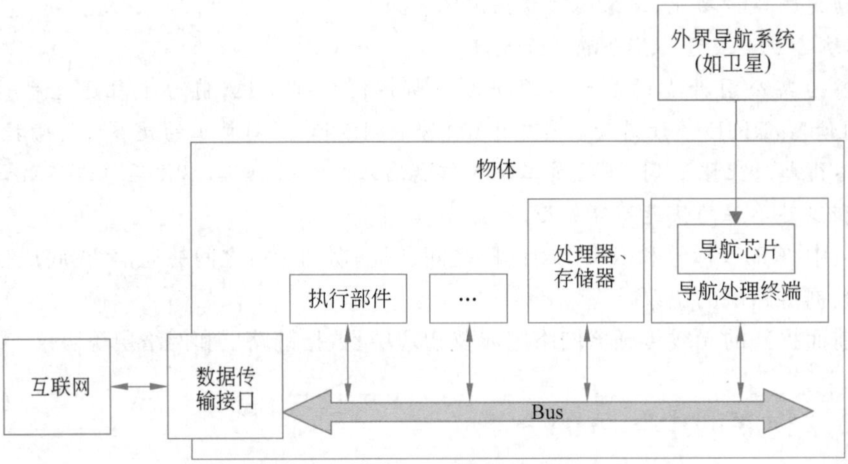

图 3-4　智能物体发展方向预测

视频等进行联机工作，实现车内设备互联。还可通过 3G 网络实时把车辆行驶记录（如发动机工况、车轮转速、油门踩踏位置、刹车位置、开关门、车内灯、水温、机油压力等）和报警记录等传输到智能调度系统。调度中心还可以通过它向车上的车载设备发送数据及指令。※

3.3　物联网通信模式分析

1. 通信模式

目前，互联网的通信模式还是比较简单明了的，通信的双方只要实现对等层次的协议，就能进行相互的通信。本书把这种通信模式称为直接通信模式。

但物联网中很多结点都是功能简单的设备，能量供应有限，因此这些结点的通信层次可能不全，一般需要通过一些特殊的结点（网关）进行转换后，才能实现与互联网的互联互通，本书称这种模式为网关连接通信模式。

【案例 3-4】　南航校区违章车辆的管理系统

由于车辆数量逐年增加，乱停乱放的车辆对校内交通影响很大，纯人工管理方式效率低下，远远不能满足需求。后来，南航校区实现了对违章车辆的电子化管理，将教职工的机动车、车主等信息加密后通过二维码形式打印在通行证上。管理过程中，以智能手机拍摄通行证上的二维码识别违章车辆的信息，通过 Wi-Fi 将信息保存至后台数据库进行快捷方便的记录，以便在合适的时间进行统计分析和处理。

这个系统因为处于校园内部，而校园内部实现了 Wi-Fi 的全部覆盖，所以采用 Wi-Fi 进行通信，对于学校来讲可以不算成本了。※

在本案例中，手机作为智能结点拥有较强的性能和功能，完全可以实现五层协议栈，实现典型的直接通信模式。

在案例 3-1 中，感知结点（红外线探测头）非常简单，不能要求其具有完整的五层协议栈。假设有 2 层（应用层和物理层）协议栈，此时必须引入一个网关角色进行双方协议的转换，如图 3-5 所示。网关必须在收到感知结点发来的物理信号后，对信号进行分析，转换成应用层定义的信息,经过传输层、IP层、数据链路层的逐层封装后(可以理解为协议补充),才能发给后台监控系统。

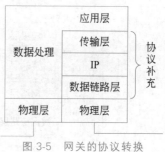

图 3-5　网关的协议转换

2. 直接通信模式

目前,很多接触结点都是以智能终端(计算机、手机等)的辅助设备出现的(如手机摄像头),一个重要特点是两者之间的距离比较近。而智能终端和远程应用系统之间是直接对等通信的。这个模式下一个物联网应用的传输环节可以描述为图 3-6。

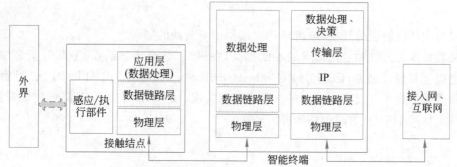

图 3-6　直接通信模式下物联网应用的传输环节

因为接触结点是以外设的形式连接到智能终端的,这样接触结点的通信不必具有复杂、完整的协议栈,一般具有物理层、数据链路层和应用层即可。接触结点与智能终端之间可以采用简单的有线方式(如串口线、USB 等),也可以采用无线方式(如蓝牙、红外等)。这部分通信可以划归到前面所说的末端网通信。

智能终端一方面需要和互联网上的其他主机进行对等方式的通信,另一方面需要对接触结点进行管理、控制、读取。从某种意义上讲,智能终端类似于网关的作用,将接触结点的信息读取出来,并转换(如完善传输层和网络层的相关格式)为可以放到互联网上进行传输的数据,或者从互联网接收指令,转发给接触结点。

3. 网关通信模式

网关模式下物联网应用的传输环节如图 3-7 所示。

接触结点距离传统的互联网较远、无完整的协议栈,无法直接接入互联网,只能借助一些新兴的通信手段将数据发给网关,由网关作为代理和互联网进行交互。这种模式的代表是 WSN 技术,其中的汇聚结点可理解为网关。本书称这类网络为末端网,顾名思义,末端网负责将末端神经(接触结点)和大脑(互联网)联系起来,主要是进行数据的收集。可以把案例 3-3 中的车载终端考虑为一个网关结点。

网关通信模式下,接触结点大多以独立的形式存在,为此数据链路层是应该具备的。如果采用了无线通信方式,可能因距离较远无法一步到达网关,往往会借助网络层的相关功能(路由算法和报文转发等)。有的应用为了实现可靠性,还研究了传输层相关技术,包括可靠传递、拥塞控制等,这些技术对接触结点的要求更高。但需要指出,末端网中的网络层、传输层即便存在,也可能和传统互联网的对应层次完全不同,网关的转换作用体现

21

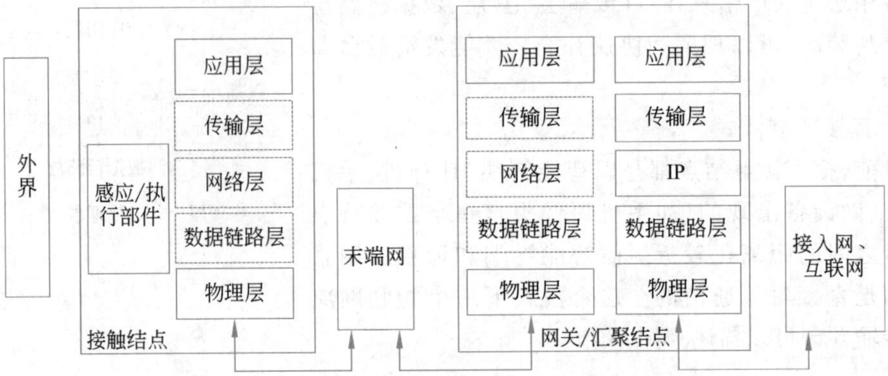

图 3-7　网关模式下物联网应用的传输环节

在完成对应层次协议的转换,或者填补末端网中所欠缺的层次。

随着技术的发展和应用需求的不断提高,在网关(甚至接触结点)上部署更高层次的协议也提上日程。例如,EBHTTP(Embedded Binary HTTP)是 IETF 专门针对物联网中资源受限的嵌入式设备而制定的一种应用层协议,以 UDP 代替 TCP 降低传输开销,同时保持了标准 HTTP 的简单性和可扩展性。

第 2 部分
接触环节的通信技术

第 1 部分主要介绍了物联网通信的相关概念，以及所涉及的网络体系的分析，从第 2 部分开始，将对各种具体的通信技术加以介绍和分析。

本部分将介绍三种为了感知信息而进行通信的相关技术。这些技术在互联网通信环节中所处地位如图 1-8 所示的接触环节。

射频标签技术主要用来感知物体的标识，是感知设备（RFID 阅读器）和物体（实际上是射频标签）之间的通信。

导航技术用来感知物体的位置，是物体（实际上是跟随物体的导航信息接收机）和外界辅助设备（主要指导航卫星）之间进行的通信。

激光制导技术作为一种特殊的通信技术，是为了实现对物体的控制而发展起来的。这类技术还包括雷达制导技术等。

这些技术都涉及物理层的编码/解码，以及无线发和收、相关控制的过程，主要集中在 ISO/OSI 模型底下两层和应用层。

第 4 章　射频标签 RFID 技术

4.1　RFID 概述

物联网中个体识别非常重要,将物体进行标识相当于给物体一个身份证,是物体的一个重要属性,在此基础上才能实现对物体的跟踪、溯源等后续动作。目前对个体的标识主要是借助射频识别(Radio Frequency IDentification,RFID)技术实现的。RFID 技术又称为电子标签技术、无线射频识别技术等,是一种基于短途无线通信技术的、主要用于识别的系统。

如图 4-1 所示,假如可以在钥匙中嵌入 RFID,则当钥匙主人不慎丢失这把钥匙后,相关部门可以通过标签信息查到钥匙的主人是谁,这样就可以方便地进行失物招领了。

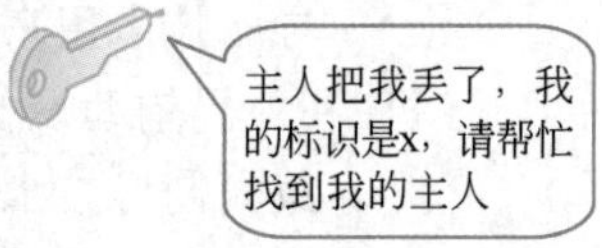

个体的标识由 RFID 进行记录。我国的第二代身份证就是含有 RFID 标签芯片的卡片,它除了标识个体外,还存储了持卡者的有效信息。本书把 RFID 标签认为是物体的一部分,因为它和物体(包括特殊的物体,人)是一一对应的。

图 4-1　标签技术的应用假设

标识存在于标签中,需要被感知和处理,进行感知的设备是 RFID 阅读器(Reader,又称识读器,具有写操作功能的叫读写器),两者之间的通信是 RFID 系统的关键。通过标签和阅读器之间的无线电信号交流,可以实现对特定信息(如标识信息)的读取,不需要识别系统与目标物体之间机械或光学的接触,是标识物体的一种良好方案。

最初,雷达的改进和应用催生了 RFID 技术。20 世纪 70 年代,RFID 技术与产品研发得到很大的发展,目前 RFID 产品得到广泛应用,成本不断降低,逐渐成为人们生活中不可分割的一部分。RFID 比条码具有很多优势,其优势包括:

- 容量大,包含信息多,可以识别单体,而目前常用的条码只能识别一类产品。
- 高效性,阅读器可短时间内读取多个 RFID 电子标签,读取速度快,极大地提高了数据采集和处理的效率。
- 可以读取表面污染的标签(条码则无能为力),读写能力强,可以重复使用。
- 读取距离远,可以在移动过程中进行数据的读取,这是不停车收费的重要基础。
- 适应性强,在恶劣环境中也可以使用。例如,在刮风、下雨的环境中不影响读取性。已经有公司成功研发出能够在金属或液体环境中进行读取的标签产品。

【案例 4-1】　烽火船舶 RFID 自动识别系统

烽火船舶 RFID 自动识别系统能够自动识别、统计船舶进出港情况,将盲目、被动的进出港签证管理转变为全面、主动的管理,实现船舶证书电子化、现场检查能够有效防止渔船"套牌"、加强进出港签证管理、提高执法检查效率。结合北斗系统,可以极为准确和及时地提供导航定位、遇险求救、船位监控等服务，实现对渔船的精细化管理。

每艘渔船配备一个 2.45G 有源电子标签，作业渔船每次进出港经过港口监控点时，系统都会通过基站式读写设备自动将信息反馈到监控中心。还可以通过执法船上的读写设备对航行中的渔船实现不停船检查。其中，港口读写器与服务器之间的数据传输采用GPRS（通用分组无线业务）、CDMA（码分多址）等无线网络，而渔政船终端软件与远程服务器之间采用国际海事卫星（Inmarsat 系统）或北斗系统进行数据传输。

在这个案例中，因为船舶可能距离读写器较远，所以采用了有源电子标签。※

4.2 RFID 工作原理

1. RFID 主要部件

1）RFID 标签

RFID 标签（Tag）又称为电子标签、应答器（Responder），是射频识别系统真正的数据载体。图 4-2 展示了两种标签。

(a) 单个标签　　　　　(b) 不干胶形式的一卷标签

图 4-2　RFID 标签实例

RFID 标签可以分为主动式和被动式。主动式标签主动发送数据给阅读器，主要用于有障碍物的应用中，距离较远（可达 30m）。被动式标签只有在接受阅读器的征询后，才会和阅读器发起交流。被动式标签被认为是条码的有利替代者，具有更好的发展前景。下面的相关内容，主要以被动标签技术为研究对象。

RFID 标签由专用芯片和标签天线或线圈组成，通过电感耦合或电磁反射原理与阅读器进行通信。专用芯片由以下 3 个主要模块组成。

- 控制单元：用来控制数据的接收与发送，还可以根据自身的服务能力加入加密算法等复杂的功能。
- EEPROM 存储单元：用来存储识别码 EPC 或其他数据。
- 射频接口：用来接收与发送信号。

2）天线

天线（Antenna）是 RFID 系统内部建立无线通信，从而将标签和阅读器关联起来的设备，为标签和阅读器提供射频信号的空间传播。RFID 系统的天线分为两类：

- 内嵌于 RFID 电子标签内部的天线。
- 阅读器的天线，可以内置，也可以外置。

3）RFID 阅读器

阅读器属于感知设备，一方面产生无线电射频信号发送给标签，以进行相关的控制；另一方面接收由电子标签反射回的无线电射频信号，经处理后解读标签数据信息。阅读器和应答器之间采用半双工通信方式进行信息交换。

通信过程根据通信方向分为：全双工、半双工、单工。

- 全双工，即通信双方在两个方向的数据流可以同时传输，如电话。
- 半双工，通信双方都可以发送数据给对方，但是不能同时传输，如对讲机。
- 单工，只能从一方发送给另一方，反之不可以，如广播电台。

阅读器在进行数据汇总并上传给后台系统时应进行一定的过滤，防止错误、重复数据的产生，然后再集中上传。阅读器可作为外设连接到智能终端，而且手持式阅读器也越来越多地得到推广。图 4-3 展示了两个阅读器（实际上主要是天线）实例。

(a) 一个常见的阅读器天线　　　　　　　　(b) 阅读器批量读取产品标签的过程

图 4-3　阅读器示意图

4）软件系统

RFID 系统中的软件主要完成对标签信息的存储、管理以及分析等操作，是架构在 RFID 硬件之上的部分。软件系统是根据具体的业务开发的。

图 4-4 展示了 RFID 系统中阅读器和标签的结构示意图。其中标签中的电源是可选项，带电源的标签称为有源标签。

2. RFID 工作过程

RFID 通常的工作过程如下。

（1）系统利用标签承载信息，对物体进行个体标识（如身份证中的身份证号）。

（2）当标签通过阅读器产生的射频区域时，阅读器通过天线向所有标签（可能不止一个）广播询问信号（需要编码和调制）。

（3）标签从感应电流中获得能量（需要超过一定的阈值）后被激活，解调、解码阅读器发来的询问信号，将自身承载的标识等信息读出，经过编码和调制后，执行规定的冲突协调算法，并通过标签的内置天线发送出去。

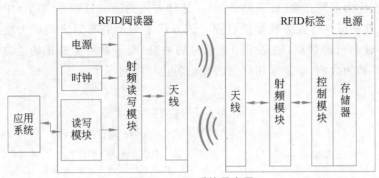

图 4-4 RFID 系统示意图

（4）阅读器的天线接收到从标签发来的信号，如果没有冲突，则阅读器首先对接收的信号进行解调和解码，然后送到后台系统进行后续处理。

（5）后台计算机系统根据业务逻辑运算判断该标签的合法性，针对不同的设定做出相应的控制。

4.3 RFID 通信协议

目前，国际上主要有三个 RFID 技术标准体系组织：全球产品电子编码中心（EPC Global）、ISO/IEC（国际标准化组织/国际电工委员会）和 Ubiquitous ID Center（UID），其中 ISO/IEC 标准具有较为重要的作用，本书以该标准为主进行介绍。

1. RFID 通信形式

在射频识别系统工作时，可能会有一个以上的应答器（标签）同时处于阅读器的射频识别范围内。在这样的系统中，就会存在两种不同的基本通信形式。

1）无线电广播式通信

从阅读器到应答器（标签）方向的无线电广播式通信如图 4-5 所示。阅读器会发送一些指令给应答器，从而协调整个读取过程。这些指令同时被所有应答器所接收，如同若干收音机同时接收一个广播电台的信号，因此这种形式也称为"无线电广播"。

图 4-5 无线电广播式通信

很显然，这种通信过程中因为只有一个信号源产生并发送信号，应答器只被动接收即可，所以是不会存在冲突问题的。

2）多路存取式通信

在阅读器的作用范围内，可能会有多个应答器都需要传输数据给阅读器（见图 4-6），这种通信方式称为多路存取(或多路访问)。这种方式的通信过程是RFID中最常见的过程，是应用软件获得具体业务数据的过程。该方式下多个应答器之间因为使用共享的信道，如同时传输自己的数据，则必定产生信号的冲突，阅读器将无法正确读取。为了正确读取所有应答器的数据，必须采用一定的算法防止冲突的产生。

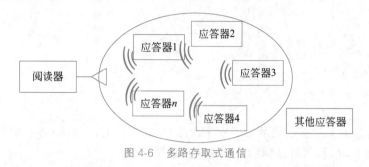

图 4-6　多路存取式通信

多路存取式通信技术非常重要，在各种通信过程中，当多个用户使用一个公共信道进行通信时都可能产生冲突，都必须采用某种算法来防止/解决冲突。

2. 空中接口

空中接口通信协议主要是规范阅读器与电子标签之间的信息交互，使不同厂家生产的设备和标签可以互用。ISO/IEC制定了五种频段的空中接口标准，包括阅读器与标签之间的物理接口、协议和命令，以及防碰撞方法，如表4-1所示。

表 4-1　ISO/IEC 相关标准

协　　议	内容及适用范围
ISO/IEC 18000-1	参考结构和标准化的参数定义，规范阅读器与标签的通信参数表、知识产权、基本规则等内容
ISO/IEC 18000-2	适用于中频段 125～134kHz
ISO/IEC 18000-3	适用于高频段 13.56MHz
ISO/IEC 18000-4	适用于微波段 2.45GHz
ISO/IEC 18000-6	适用于超高频段 860～930MHz
ISO/IEC 18000-7	适用于超高频段 433.92MHz

3. 数据标准

数据标准主要规定数据的表示形式。ISO/IEC 15961规定阅读器与应用软件之间的接口，侧重交换数据的标准方式。ISO/IEC 15962规定数据的编码、压缩、逻辑内存映射格式，以及如何将电子标签中的数据转换为对应用软件有意义的数据的方式。

4.4　ISO/IEC 18000-6 系列协议

由于UHF(超高)频段具有读写速率快、识别距离远、抗干扰能力强、标签小等优点，因此该频段的相关标准已成为关注的热点。本节主要以ISO/IEC 18000-6系列协议相关内容为主进行介绍。

ISO/IEC 18000-6 规定了阅读器与应答器之间的物理接口、协议和命令，以及防冲突仲裁机制等。ISO 18000-6 标准采用物理层（Signaling）和标签标识层两层体系结构，分别对应 ISO/OSI 参考模型中的物理层和数据链路层。其中：

- 物理层主要涉及 RFID 频率、数据编码方式、调制格式，以及数据速率等问题。
- 标签标识层主要处理阅读器读写标签的各种指令。

ISO/IEC 18000-6 系列标准中包括了 Type A、Type B、Type C 三种协议标准。其中 Type A 是较早期的标准，从读写速率、性能、准确性和安全性等方面都不如后期的 Type B 和 Type C 技术。Type B、Type C 是常用的两种标准。下面主要介绍 Type B 协议。

4.4.1 部件及通信流程

阅读器的逻辑结构如图 4-7 所示。阅读器的物理层主要实现信息的编码和调制。调制技术使用的是幅移键控（ASK）。编码部分，由阅读器到应答器方向的为曼彻斯特编码，反方向为 FM0 编码。标识层需要实现 BTree 协议来进行多路存取，使得阅读器可以和多个应答器在共享信道上进行通信。相关内容在后面介绍。

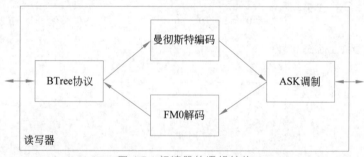

图 4-7 阅读器的逻辑结构

应答器即标签，对阅读器的命令进行应答。

标签的逻辑结构和阅读器基本相似，只是其中的箭头方向（数据流向）正好相反。

应答器内通过一个 8 位的地址进行寻址，因此应答器一共可以寻址 256 个存储块，每个存储块包含 1 字节数据，整个存储器最多可保存 2048 比特数据。其中，0 到 17 块被保留用作存储系统的信息，18 块以上的存储器才能用作普通的应用数据存储区。

Type B 协议中，RFID 系统的通信协议遵循阅读器先发言的模式：当应答器进入阅读器的识别范围内后，阅读器首先发出命令，应答器进行应答（遵循半双工模式）。其中从阅读器到应答器的数据为命令帧，从应答器到阅读器的数据为响应帧。

4.4.2 阅读器和标签间的通信

由阅读器发往标签的通信又称为前向链路通信。反方向的通信又称为反向链路通信。

1. 调制技术

Type B 中，前向链路通信和反向链路通信采用的都是 ASK 调制技术，位速率为 10kb/s 或 40kb/s。一个最简单的 ASK 调制形式是：用载波存在振幅表示数字"1"，用载波振幅为 0 表示数字"0"，如图 4-8 所示。

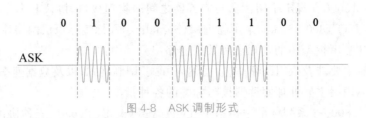

图 4-8 ASK 调制形式

2. 编码技术

Type B 采用的是曼彻斯特编码（Manchester Coding）。其特点是由一前一后两个方波表示一个数字，且两个方波必须不同。事实上，曼彻斯特编码存在两种截然相反的定义（见图 4-9）。

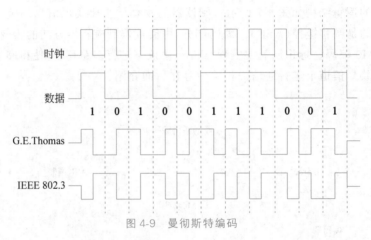

图 4-9 曼彻斯特编码

- 由 G.E.Thomas 等提出，规定由低到高的跳变表示 0，反之为 1。
- IEEE 802.3(以太网)等协议的规定与上面相反。

Type B 标准采用了第一种定义。跳变的存在使收发双方容易实现时间同步，避免长期得不到同步而导致时间漂移，进而无法正确接收信息。但编码效率降低了（2 个方波表示 1 个数字）。

3. 阅读器命令

阅读器发给标签的命令可分为：选择命令、识别命令、数据传输命令等。

- 选择(Selection)命令，在射频场范围内选择一组标签进行识别或写入数据。此命令也可用于冲突仲裁。
- 识别命令用于实现多卡识别协议，包括 FAIL、SUCCESS、RESEND 等。例如，如果阅读器发现有多个标签同时要求阅读器识别时，使用 FAIL 命令使得某些标签退避，而某些标签重新尝试再一次的识别。
- 数据传输命令用于将数据从标签存储器读出或写入标签存储器，如 READ、WRITE、LOCK 命令等。

命令又可以分为下列类型之一：强制的、可选的、定制的、专有的。符合标准的所有标签和阅读器必须支持强制的命令。如果标签不支持某可选的命令，则保持静默即可。

4. 校验方法

RFID 前向和反向链路采用同样的 16 位循环冗余校验（CRC-16）对数据进行校验，判断收到的数据是否正确。CRC 是当前常用的一种校验方法。

首先介绍一下多项式表达法：网络中传输的数据是 0 和 1 的位串，用单纯的位串书写、记忆和计算相当麻烦，为此人们采用多项式方法表达一些位串。

例如，可以用 $G(X)=X^5+X^2+1$ 代表 100101，其中位串中的数字相当于 X^n 的系数，而多项式表达式中的指数指的是 2 的指数（X^5 代表的是 2^5，其系数为 1，即位串中第一个位。X^4 代表的是 2^4，其系数为 0，即位串中第二个位，以此类推），这样表达的一个好处是可以省略位串中的 0 比特。

CRC 计算过程描述如下。

（1）发送双方事先选定一个生成多项式 P（最高位的指数为 n）。

（2）在发送端，先把数据划分为组，假定每组 k 比特，计算过程是按照组进行的。现在假设需要计算的一个数据组为 M。

（3）发送时，将数 M 乘以 2^n（相当于在 M 后面添加 n 个 0，得到 M'，长度为 $k+n$ 位）。

（4）用 M' 除以（模-2 除法，即除的过程中，将其中的减法替换为模-2 加法）P，得出余数是 R（n 位，如果不足 n 位，则前面补 0）。

（5）最终要发送的数据 $T(x)=2^n M+R$。

下面举一个简单的例子进行说明。

设生成式 $P=x^5+x^4+x^2+1$（即 110101，$n=5$），待传送的一组数据 $M=1010001101$（即 $k=10$），则被除数 $M'=M*2^5=101000110100000$。

模-2 除法的计算过程如图 4-10 所示。计算后得到的余数 R 为 01110，则最终要发送的数据 $T(x)=2^n M+R=101000110101110$。

在接收端，对收到的每一帧同样进行分组（但是每组为 $k+n$ 位），设一组数据为 $T(x)$，然后再进行 CRC 检验（用 $T(x)$ 模-2 除以 P），有如下可能：

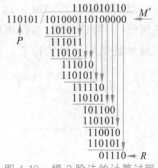

图 4-10 模-2 除法的计算过程

• 若余数 $R=0$，则判定这个帧无差错，接收。

• 若余数 $R\neq0$，则判定这个帧有差错，丢弃。

CRC 校验方法中那些被接收的数据并非真的就没有错误，但如果生成多项式 P 选得合理，这些数据将以一个非常接近 1 的概率没有错误。

4.4.3 标签和阅读器间的通信

1. 调制技术

反向链路通信采用反向散射调制技术：标签利用阅读器的载波反射作为自己的载波，根据发送数据的不同控制自己的天线阻抗，使被反射的载波在幅度上产生微小的变化。这样，反射的回波的幅度变化就可以对应不同的数字，属于 ASK 调制。

传统意义来说，无源电子标签并不能被称为发射机。这样，整个系统只存在一个发射机（阅读器）却巧妙地完成了双向的数据通信。这需要两个前提：

• 通信是基于一问一答，且阅读器先发言的方式，因为只有当阅读器发送完命令后，标签才能获得能量进行自己的操作。

• 当阅读器发送完自己的命令后，阅读器仍然要继续发送载波，但是却并不调制其

31

载波。阅读器在此阶段负责侦听来自标签的响应。

在标签发送完应答后,至少需要等待 $400\mu s$ 才能再次接收阅读器的命令。

2. 编码技术

反向链路采用 FM0 编码(见图 4-11),根据编码规则,无论传送的数据是 0 还是 1,在位窗的起始处都需要发生跳变,并且:

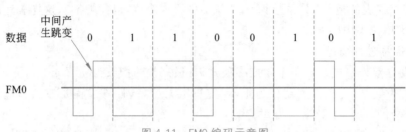

图 4-11 FM0 编码示意图

- 电平从位窗的起始处翻转后,后面一直保持不变,则表示为逻辑 1。
- 电平除了在位窗的起始处翻转外,还在位窗中间产生翻转,则表示为逻辑 0。

同曼彻斯特编码一样,FM0 编码也非常便于位同步的提取,在短距离通信中得到广泛的应用。FM0 反向链路数据速率为 40kb/s。

3. 返回应答帧

标签一旦收到阅读器命令,首先利用 CRC 检验命令帧是否有效。如果无效,应放弃该命令帧,不响应。如果是有效的,则根据需要发送应答帧。

返回帧的帧头如图 4-12 所示,能使阅读器锁定标签的数据时钟。帧头中包含了多个违例码(未遵守 FM0 编码规则的码元,第 12、13、16 位未在位窗的起始处翻转)作为从帧头域至数据域过渡的标志。采用违例码标示帧的开始被不少通信技术所采纳。

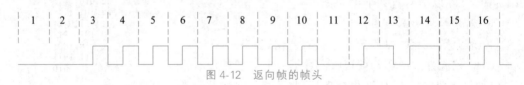

图 4-12 返回帧的帧头

4.5 防止冲突算法

很多情况下,阅读器的识别范围内会有多个标签同时发送数据,这将会相互干扰形成数据信号冲突,导致通信失败。目前,RIFD 通信有很多防止并解决冲突的算法,很多算法的基本思想都采用了随机时间分割的技术,即不同的标签将自己传输数据的时间起点根据一个随机数进行分散化,以降低时间上的重叠来达到降低冲突的目的。下面先介绍一些常用的防冲突算法,然后介绍 ISO/IEC 18000-6 系列规范中的相关算法。

4.5.1 纯 ALOHA 算法

该算法是诸多多路存取方法中最简单的方法,通常要求标签只有较短的数据(如序列号)需要传输。算法过程如下。

（1）当应答器进入阅读器工作区域并被激活后，计算一个随机数 n 并等待 n 时间，然后把数据发送到信道上，上传给阅读器。

（2）若有其他标签也在此时发送数据，则有可能使标签发送的信号重叠，导致完全冲突或部分冲突，如图 4-13 所示，导致阅读器无法正确识读标签。

（3）阅读器检测接收到的信号，判断是否有冲突发生。若存在数据冲突，则阅读器发送命令让标签停止发送，转向（1）直到数据发送成功，否则转向（4）。

（4）若没有冲突，则阅读器向发送数据的标签发送一个命令，使其转入休眠状态，不再发送数据，不对其他标签产生影响，进一步减少冲突的产生。

（5）阅读器循环读取，直至读取全部标签的数据。

从图 4-13 可以看出，纯 ALOHA 算法中不仅在两个标签同时发送数据帧时会发生冲突（完全冲突），而且两个数据帧即使只有一点时间上的重叠，也会发生冲突（部分冲突）。两者都会导致数据帧出现错误并被丢弃，标签不得不重传整个帧。

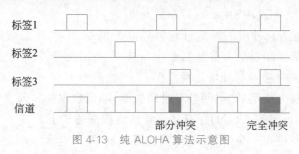

图 4-13　纯 ALOHA 算法示意图

算法是在循环过程中不断尝试将数据发送给阅读器，算法简单易行。但在多标签的情况下，为了读取一个标签，算法可能会经过多次冲突，因此算法并不适合传输标签数量/数据量很大的 RFID 系统。

4.5.2　时隙 ALOHA 算法

时隙 ALOHA（Slotted ALOHA，SA）算法是纯 ALOHA 算法的改进，主要思想是将纯 ALOHA 算法中标签发送信息的时间加以限定，使之不能在其他标签发送的过程中开始发送自己的数据，从而彻底避免纯 ALOHA 算法中的部分冲突问题。

如图 4-14 所示，SA 算法将时间域分为离散的时间间隔，称为时隙（Slot，或称时间片、时槽等）。其次，标签发送数据的起始时间只能在某一个时隙的起始处，且标签发送数据的时间不能超过一个时隙长度。SA 算法过程如下。

（1）阅读器和标签进行时间同步，告知时隙长度。

（2）标签产生一个随机数 n，代表它将在第 n 个时隙发送数据。如果 $n=0$，则标签立即发送数据，否则标签等待 $n-1$ 个时隙后发送数据。

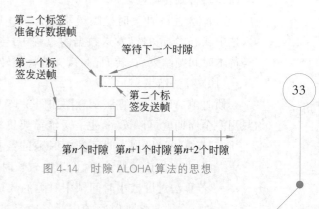

图 4-14　时隙 ALOHA 算法的思想

33

（3）阅读器检测接收到的信号，判断是否有冲突发生。若存在数据冲突，则阅读器发送命令让标签停止发送数据，并转向（2），否则转向（4）。

（4）阅读器向发送数据的标签发送一个命令，使其转入休眠状态，不再发送数据。

（5）阅读器循环读取，直至读取全部标签的数据。

算法中多个标签传送的信息要么不冲突，要么完全冲突，冲突的可能性比纯 ALOHA 算法有所减小，信道利用率有所提高。粗略分析，这个小小的改进，使信道利用率增加了一倍。但采用时隙技术，要求标签和阅读器的时间必须严格同步。

4.5.3 帧时隙 ALOHA 算法

在时隙 ALOHA 算法中，一个标签可能会反复进入冲突—等待—发送数据这一仲裁过程，并且再次等待时隙的个数是没有任何限制的，这样会对已经等待了一段时间的其他标签产生影响，不利于公平性。因此，一些研究做出了改进，产生了帧时隙 ALOHA 算法（Framed Slotted ALOHA，FSA）。

算法的主要思想是：冲突的仲裁过程被划分为周期，那些在当前周期内产生冲突的标签不能立即产生新的随机数并开始新的参与过程，而是必须等到当前周期结束，才能与其他产生冲突的标签一起重新开始仲裁过程。

算法的周期体现为所谓的"时间帧"（时间长度，不是数据帧），每个时间帧又被分割成时隙，在时间帧内执行时隙 ALOHA 算法。算法流程描述如下。

（1）阅读器发出 Query 命令，表示仲裁过程开始，其中包含一个整数 N（N 等于时间帧中包含的时隙个数）。

（2）所有标签进行时间的同步。

（3）每个标签各自产生一个小于 N 的随机整数 n，作为自己的计数器。

（4）每过一个时隙，标签将自己的计数器 n 减 1。如果 $n=0$，则标签立即进入就绪状态，并对阅读器进行响应。

（5）阅读器监测碰撞情况，如果没有发生碰撞，则继续转向（6），否则转向（9）。

（6）阅读器发送 Select 命令，只有一个标签被选中并向阅读器发送数据。

（7）阅读器收完信息后发送 Kill 命令。发送完毕的标签此后不再响应。

（8）如果所有标签都已经发送完数据，则转向（10）。否则，如果当前时间帧结束，则转向（3）；否则转向（4）。

（9）（发生了冲突时），阅读器发送一个 Unselect 命令，刚才处于就绪态的标签不能进入选中状态，知道自己发送数据的过程中产生了冲突，在本时间帧内不再响应任何命令。等待本时间帧结束后，转向（3）。其他标签转向（8）。

（10）算法结束。

帧时隙 ALOHA 算法示意图如图 4-15 所示。虽然图中只演示了两个周期，但有可能只用一个周期就可以读完，也有可能需要更多的周期才能完成。很明显：

- 若算法过度加大时间帧中时隙的数量（N），可以有效降低时间帧中冲突的概率，但也造成信道的浪费（信道在较长时间内处于空闲的状态）。
- 若算法过度减小时间帧中时隙的数量，则参与仲裁的标签所选随机数的范围将减小，会明显增加时间帧中标签冲突的概率，进而导致仲裁轮数增加。

角色	命令	时间帧1				时间帧2				时隙
		1	2	3	4	1	2	3	4	
阅读器	Query		读	读	读	读			读	阅读器动作
标签1		1	0							
标签2		<u>0</u>				3	2	1	0	
标签3		<u>0</u>				0				
标签4		2	1	0						
标签5		3	2	1	0					
		2、3存在冲突	1发送	4发送	5发送	3发送			2发送	

图 4-15　帧时隙 ALOHA 算法示意图

以上两种情况都意味着防冲突识别的速度变慢,浪费了信道的带宽。因此,FSA 算法的一个关键就是要寻找一个合理的数字 N。

4.5.4　Type A 的防冲突机制

ISO/IEC 18000-6 中 Type A 标准的防冲突机制是一种动态帧时隙 ALOHA 算法,还添加了"时隙延迟标志"进一步降低冲突的概率。

标签具有 6 种状态,如图 4-16 所示。标签在进入阅读器的射频范围后,从离场掉电状态进入准备状态。此后执行 Type A 的防冲突算法,算法描述如下。

(1) 标签进入准备状态。

(2) 阅读器发出开始识别命令,命令中包含本轮的时隙数 N。

(3) 处于准备状态的标签,在接收到开始识别命令后进入识别状态。标签根据 N 随机选择时隙 n 作为自己发送数据的时隙,同时将自己的时隙计数器复位为 1。

(4) 标签进行等待,每经过一个时隙的时间(或者收到相关命令),时隙计数器加 1。

(5) 当时隙计数器等于 n 时,转向(6),否则转向(4)。

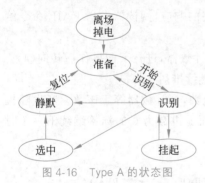

图 4-16　Type A 的状态图

(6) 标签根据自己的时隙延迟标志进行不同的响应,响应中必须包含自己的签名。

- 如果时隙延迟标志为"0",则标签立即返回响应给阅读器。

- 如果时隙延迟标志为"1",则标签随机延迟一段时间后才返回响应。

(7) 如果阅读器没有检测到标签的响应(即没有标签在该时隙内要求发送数据),为节约时间,阅读器发送结束时隙命令,提前结束本时隙并转向(4),否则转向(8)。

(8) 若阅读器在某时刻检测到了冲突(或者没有冲突,但是发现 CRC 检验失败),阅

36

读器将在确认没有标签继续应答后，发送结束时隙命令，提前结束本次时隙。

（9）那些发生冲突（或者 CRC 检验失败）的标签将被跨过，不能参与本轮的后续过程，转向（1），等待下一轮的开始。其他标签接收到命令后，转向（4）。

（10）当阅读器收到一个正确的标签应答时，可以选中该标签并读取标签数据，此后发送"下一时隙"命令，该命令包含刚读到的标签的签名。

（11）发出数据的标签根据阅读器返回的标签签名判断是否为自己，如果是，则表明本次发送成功，进入静默状态。其他标签转向（4）。

（12）当阅读器发现本时间帧结束后，根据前一次循环中的冲突数量动态优化产生新的 N，转向（2），开始新一轮的循环过程。

在一次循环中，阅读器还可以通过发送挂起命令将本次循环挂起。

动态时隙 ALOHA 算法可以以较高的效率分辨出阅读器工作范围内所有的标签。

4.5.5　Type B 的防冲突算法

Type B 的防冲突机制是自适应二进制树防冲突算法（BTree）。BTree 算法和其他算法的思想有所不同：其他算法是先利用随机数争取发送时间的分散和冲突的避免，然后进行冲突的检测和反复；BTree 算法则先检测冲突，然后再利用随机数进行冲突的避免。

Type B 的标签有四种状态，如图 4-17 所示。

BTree 算法描述如下（图 4-18 展示了 BTree 算法示意图）。

（1）当标签进入阅读器的射频范围内时，从 POWER-OFF 状态进入准备状态。

（2）阅读器使用 GROUP_SELECT 命令使全部/部分标签通过冲突仲裁竞争信道。

（3）参与冲突仲裁的标签由准备状态进入识别状态，同时把它们的内部计数器清0。

（4）所有处于识别状态的标签等待时隙的起点。如果自己内部的计数器为0，则在该时隙起点发送它们的 ID 给阅读器，否则继续等待。

（5）如果有多个标签发送 ID，阅读器将收到有冲突的响应，阅读器发送 FAIL 命令给所有标签，转向（6），否则转向（7）。

（6）当标签接收到 FAIL 命令后，查看自己的内部计数器，进行下面操作后转向（4）：

- 如果计数器不为0，则把计数器加1，发送时间继续推后。
- 如果计数器为0，标签将生成一个 1 或 0 的随机数，令计数器等于该数。产生随机数为 1 的标签退出了下一个时隙发送的竞争，而随机数为 0 的标签继续下一个时隙发送的竞争。

（7）阅读器发送 DATA_ READ 命令（包含收到的标签 ID，设为 A），开始读取数据。

（8）标签 A 收到 DATA_ READ 命令后，从冲突仲裁过程状态进入数据交换（DATA_EXCHANGE）状态，发送数据。

（9）标签 A 的数据发送完毕，阅读器判断是否全部标签都已成功发送数据，如果是，则结束算法，否则阅读器发送 SUCCESS 命令，结束本次时隙传输过程。收到命令的所有标签

图 4-17　Type B 状态转换图

将其计数器减 1,转向(4)。

角色	命令	slot1	slot2	slot3	slot4	slot5	slot6	slot7	slot8	slot9
阅读器	GROUP_SELECT			读	读		读		读	读
标签 1		0	0	0	—	—	—	—	—	—
标签 2		0	1	2	1	0	1	0	1	0
标签 3		0	0	0	0	—	—	—	—	—
标签 4		0	1	2	1	0	1	0	0	—
标签 5		0	1	2	1	0	0	—	—	—
		冲突	冲突	1 发送	3 发送	冲突	5 发送	冲突	4 发送	2 发送

图 4-18　BTree 算法示意图

如果步骤(6)中所有标签产生的随机数都是 1,则下一个时隙中阅读器就收不到任何标签的响应,为了节约时间,阅读器发送 SUCCESS 命令强制结束本时隙传输过程,收到 SUCCESS 命令的所有标签将计数器减 1 后转向(4)。

4.5.6　Type C 采用的防冲突机制

Type C 标准提出了随机时隙防冲突机制(SR),本质上属于动态帧时隙 ALOHA 算法。SR 算法设冲突仲裁过程的周期长度(即时间帧长度)为 $2Q$,SR 算法可以根据读取数据过程的实际情况动态调整 Q 值。SR 算法的标签识别过程如下。

(1) 阅读器发送 Query 命令启动识别周期,命令中包含参数 Q。

(2) 标签收到 Query 命令后更新 Q 值,并在[0,$2Q-1$]随机选择一个值,将该值载入自己的时隙计数器 SC。如果计数器为 0,则响应阅读器。

(3) 阅读器检查响应情况:

- 如果发现射频范围内只有一个标签(设为 A)发出响应(说明当前 Q 值比较合理,不存在冲突),则发送 ACK 命令给 A,通知 A 发送数据,转向(4)。
- 如果发现射频范围内没有标签响应,或存在多个标签同时响应(即存在着冲突),则说明当前的 Q 值不合理。阅读器根据不同的情况调整 Q 值后转向(1)。

(4) 标签 A 传送数据给阅读器。

(5) 如果没有其他标签需要传送数据,则算法结束,否则转向(1)。

SR 算法的流程如图 4-19 所示。其中 Q_{fp} 为 Q 的浮点表示;C 为调整因子($0.1 < C < 0.5$);Int 为基于四舍五入的取整函数。

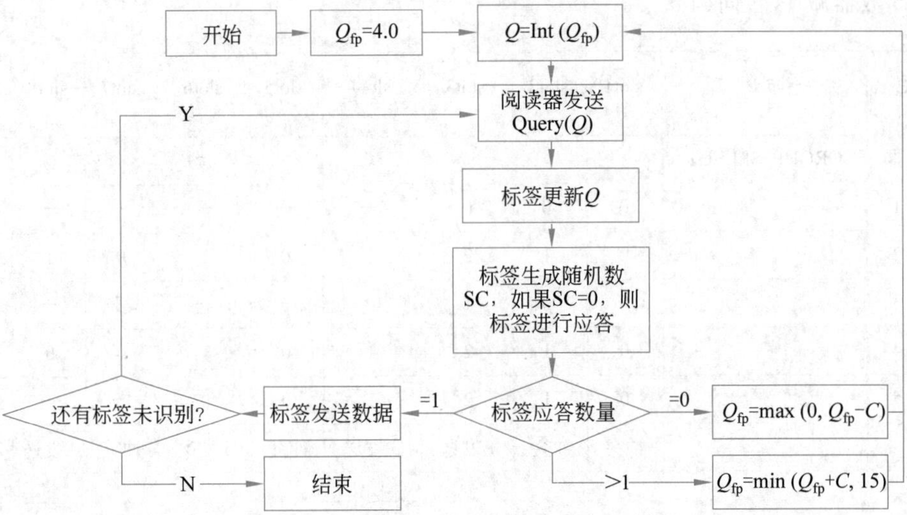

图 4-19 SR 算法的流程

第 5 章 无线电导航

位置信息是物体的另一个重要属性,本章主要介绍导航的基本原理及其通信技术。

5.1 分类

从基础设施的类型上看,无线电导航分为两类。

1) 通过地面站发射器进行的导航

过去数十年,空中航行主要依靠这种形式的测向设备。导航信息是从固定的地面发射器发射的,接收方则是机载接收设备。每个地面发射器都有一个独特的无线电频率。利用无线电波的传播特性可测定飞行器的导航参量(如方位、距离和速度等),算出与规定航线的偏差,由飞行员(或自动驾驶仪)操纵飞行器消除偏差以保持正确航线。当到达发射器后,飞行员调整接收设备的频率为下一段航线的发射器的频率,飞向下一个发射设备。将这些发射器串起来,即形成整条航线。

飞行员常用的无线电导航系统包括甚高频全向信标系统(VORS)、测距装置系统(DMES)和塔康导航系统(TACANS)等。这种无线电导航的无线电波在大气中传播几千千米,由于受电离层折射和地球表面反射的干扰较大,所以精度不是很理想。另外,如果航线数规模很大,则需要部署巨量的地面基站,费用太高。为此,越来越多的研究人员借助卫星实现定位。

2) 通过卫星进行的导航

卫星导航技术是当前应用的热点,作为战略性技术受到各国的重视。20 世纪 60 年代,美国实施了子午仪(Transit)卫星导航系统并取得成功,此后各国发展了多个卫星导航系统,最著名的是美国的 GPS(Global Positioning System)、俄罗斯的 GLONASS(GLObal NAvigation Satellite System)和中国的北斗(COMPASS)。欧洲的伽利略系统则发展较为缓慢,印度等国也在积极推动自己的卫星导航技术。

卫星导航技术在军事和民用方面起到重大的作用,可以轻松获得物体的位置信息,本章主要对其进行介绍。

5.2 GPS

GPS 是一个中距离圆形轨道卫星导航系统,它可以为地球表面绝大部分(98%)地区提供准确的定位、测速和高精度的授时服务,基于 GPS 的系统如案例 3-3。

1993 年起,GPS 开始向各种用户提供三维位置、三维速度和时间信息,精度如下。

- 对于军用或其他有高精度要求的需求,可以提供的定位精度优于 10m,速度优于

0.1m/s,时间优于 100ns。

- 对于民用需求,获得的定位精度为 30m,但是出于国家安全方面的考虑,故意将民用码的定位精度降到 100m,即在卫星的时钟和数据中引入了误差。

2000 年 5 月,美国空军宣布启动新一代 GPS 系统计划——GPS Block Ⅲ（简写为 GPS 3）,较当时用的 GPS 卫星更精确、更可靠。例如,在目前无法定位的环境（如室内）依然可以精准地定位。GPS 3 还计划使卫星开始具备抗干扰能力。

5.2.1 GPS 工作原理

GPS 采用的是 WGS84 坐标系统,时间起点是 1980 年 1 月 6 日的 00：00：00。GPS 系统定位的大概过程如下。

(1) 卫星已知自己的位置,并将其包含在卫星发射的信号中（还包括发出的时间）。

(2) 用户/GPS 接收机收取多颗卫星的信号,求各卫星和用户之间的相对距离。

(3) 用户接收机解算得到用户自身位置。

理想情况下,若用户接收机和卫星的时间一致,则可以利用 $R=C\times t$ 求得第(2)步所需的距离,其中 t 为信号到达接收机所经过的时间,C 为电磁波速度。

第(3)步只需同时接收三个卫星的信号,就可以得到三个以卫星为球心,以用户到卫星的距离为半径的球面,三个球面的交点就是用户接收机所在位置（实际上求得的是 2 个交点,但是远离地球的那个交点可以被排除）。

但是,由于不能在接收机上安装高精度原子钟,所以接收机无法和卫星做到时间上的同步（所有卫星的时间是严格同步的）,所以用 $R=C\times t$ 求出的距离是不准确的,是伪距（PR）,因此称 GPS 是基于“无线电伪距定位”技术的。伪距可以表示为

$$PR_i=R_i+C\times\Delta t=\sqrt{(x_i-x)^2+(y_i-y)^2+(z_i-z)^2}+C\times\Delta t \qquad (5\text{-}1)$$

其中 Δt 为接收机和卫星的时钟误差,可为正、负；(x_i,y_i,z_i) 为卫星 i 的空间坐标。这样,需求解的未知数包括用户的三维坐标 x、y、z 和 Δt,因此,GPS 不得不接收 4 颗卫星（$i=1\sim4$）的信号才能正常工作。由此,GPS 导航的过程如下。

(1) 接收机接收并根据 4 颗卫星的信息形成四元二次方程组,进行求解得到位置和时间信息。

(2) 根据(1)中求得的经、纬度,结合电子地图里面的经、纬度调出地图,并确定接收机在地图上的位置,从而完成 GPS 定位在地图上的显示。

一般可以先用 3 颗星的信息快速计算,进行粗定,然后再用第 4 颗卫星精确定位,这是一个较为实用的方法。如果采用差分技术,GPS 可以达到提高定位精度的目的。

5.2.2 GPS 组成

GPS 系统主要由空间星座、地面监控和用户设备三部分组成。

1) 空间星座

空间星座负责周期性地发出定位信号,最初的 GPS 的卫星星座由 24 颗卫星组成,21 颗工作,3 颗备用。卫星均匀地分布在 6 个轨道上,每个轨道 4 颗。后期的 GPS 发展为 32 颗卫星。空间星座部分的功能包括:

- 接收并执行由地面站发来的控制指令,如调整卫星姿态和启用备用卫星等。

- 卫星上设有微处理机,进行部分必要的数据处理工作。
- 通过星载的高精度铷钟、铯钟产生基准信号和提供精密的时间标准。
- 向用户不断发送导航定位信号。

需要注意的是,GPS 系统由美国控制,美国随时可以扩大信号误差、甚至关闭特定区域的信号让 GPS 失灵。由美国主导的臭名昭著的银河号事件中,中国的银河号货轮就是因为所在地区 GPS 被关闭,导致无法正常航行。

更严重的是,早期中国电信的 CDMA 和中国移动的 TD-SCDMA 在网络时间同步等方面严重依赖 GPS 系统,因此当 GPS 系统升级时或人为关闭时,网络就会受到严重的影响。后期,我国网络利用北斗卫星作为时间信号源,摆脱了对 GPS 的依赖。

2) 地面监控

地面监控部分由 6 个监测站(Monitor Station)、1 个主控站(Master Control Station)和 4 个地面天线站(Ground Antenna,又叫注入站、加载站)组成,工作方式如下。

(1) 当某颗 GPS 卫星通过当地时,监测站便汇集从卫星接收到的导航电文等数据,将其发送给主控站。

(2) 主控站对导航电文数据进行计算和处理后,制定出这颗 GPS 卫星的星历和星钟偏差参数,形成注入电文,并将其发送给注入站。主控站还可以对卫星进行一定的控制,向卫星发布指令,当工作卫星出现故障时,调度备用卫星工作进行替代,等等。

(3) 注入站将注入电文发送给该卫星。

利用这种方式,GPS 卫星的电文数据每天至少更换一次,使整个系统始终处于良好的工作状态。

3) 用户设备

GPS 的用户设备就是 GPS 信号接收机。GPS 信号接收机的任务包括:

- 捕获卫星信号,选择并接收至少 4 颗卫星的导航信号并跟踪这些卫星的运行。
- 对接收到的 GPS 信号进行变换、放大和处理。
- 解析 GPS 卫星所发送的导航电文。
- 实时计算接收机的三维位置、速度和时间。进行坐标的变换,计算出在地图上的位置,由显示设备显示出地图和自身所在位置,以及速度和时间等信息。

5.2.3 GPS 通信技术

1. GPS 多址接入

接收机如何与 4 颗卫星同时通信呢,这需要多址技术。多址技术和信道的多路复用技术非常密切,甚至可以说属于同一种技术,属于物理层的技术。

1) 多址技术

多址技术指多个用户共享使用一个公共传输媒质,实现各用户之间无冲突地共同通信的技术。在 GPS 场景下就是多个卫星的信号需要同时在空间传送而不能相互干扰。那么,为什么前面的 RFID 做不到相互不干扰,而需执行防止冲突算法呢?

多址技术是在事先安排、调度好相关资源(如频带、时间、空间、代码序列等)的前提下才能实现的,这种情况下,用户的通信只使用安排好的资源即可。根据相关资源,多址技术主要分为频分多址、时分多址、空分多址、码分多址等。

（1）频分多址（Frequency Division Multiple Access，FDMA）。

以不同的频率实现对通信用户的区分，即一对通信用户使用的信道，其频率范围和其他用户对的频率范围是不同的，用户对之间不会产生相互干扰，如同广播电台的工作机制一样。可以简单地理解为把总的信道分成若干子信道，不同的用户对使用不同的子信道。而如果知道了子信道的频率范围，也就知道了这是哪一对用户。

频分多址如图 5-1 所示。

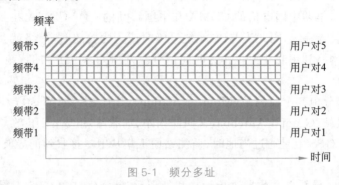

图 5-1　频分多址

（2）时分多址（Time Division Multiple Access，TDMA）。

时分多址是以不同时隙实现对通信用户的区分，如图 5-2 所示。

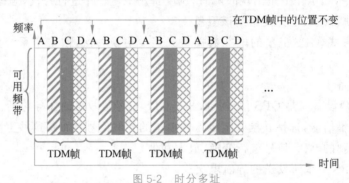

图 5-2　时分多址

TDMA 把时间分成周期，一个周期称为一个 TDM 帧，在 TDM 帧内按照用户使用情况把时间划分成若干时隙，每一对用户使用一个时隙，且该时隙在 TDM 帧中的位置固定不变。通信过程中信道的总频带资源全部都给某一对用户使用，但是使用时间受限，用户对只能在属于自己的时隙内使用，到了时间必须让给后续用户使用。当所有用户对都发送完毕，便开始下一个 TDM 帧，如此循环。

如果知道时隙在 TDM 帧中的位置，也就知道了这是哪一对用户在通信。

（3）空分多址（Space Division Multiple Access，SDMA）。

空分多址是以不同空间的信号实现对通信用户的区分。该机制下用户占用不同空间（如空间角度）的传输媒质，形成自己独享的信道。如图 5-3 所示，基站 A 可以向两个方向发出相同的射频信号，同时与 B 和 C 进行通信。

（4）码分多址（Code Division Multiple Access，CDMA）。

码分多址是以不同的代码序列实现对通信用户的区分。

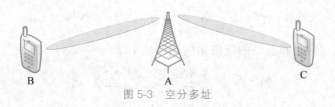

图 5-3 空分多址

2）码分多址

GPS 使用 CDMA 体制，使 24 颗卫星能够在共享的信道中同时通信而不相互干扰。

在 CDMA 的通信系统中，多址接入的实质是给每个用户安排一个设计良好的伪随机码字（代码序列），它实质上是一个扩频码序列，又称为码片（Chip）序列。

通信过程中，用户终端使用自己的码字将欲发送的数据转换成宽带扩频信号，即用自己的码字代表数据中的"1"，用码字的反码代表数据中的"0"，则原来的 1、0 序列就变成了由码字组成的、更长的新序列。

例如，设结点 S 的 8bit 码字为 00011011（实际参与计算的是向量（$-1,-1,-1,+1,$ $+1,-1,+1,+1$））。S 在发送比特 1 时，就发送码字 00011011，发送比特 0 时，就发送其反码序列 11100100，即（$+1,+1,+1,-1,-1,+1,-1,-1$）。在此例下，若原来 S 欲发送 n 比特的序列，但实际上发送的是 $8 \times n$ 比特的序列，发送数据率相同的情况下，最终发送信号的频率是原来所需频率的 8 倍，这就是所谓的扩频，如图 5-4 所示。

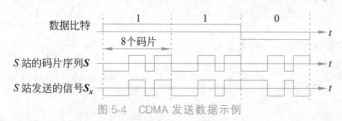

图 5-4　CDMA 发送数据示例

扩频是利用高速率扩频码片流与低速率信息数据流相乘，把一个符号扩展为多位的码字，从而将窄带信息频谱扩展为宽带频谱。扩频有直接序列扩频（直扩）、跳变频率（跳频）、跳变时间（跳时）和线性调频等，CDMA 属于直扩。扩频技术是当前通信技术中常用的一项重要技术，主要优势是抗干扰、抗多径衰落、低截获概率等。

CDMA 中的码字的选取有严格的规定：

* 分配给结点的码字必须各不相同，以便对结点进行区分，如同身份证。
* 不同结点的码字必须互相正交，这是 CDMA 用户在共享信道上同时传输数据的基础。

令向量 S_v 表示结点 S 的码字向量，令 T_v 表示另一个结点 T 的码字向量。所谓正交，就是向量 S_v 和向量 T_v 的规格化内积等于 0，即满足：

$$S_v \cdot T_v \equiv \frac{1}{m} \sum_{i=1}^{m} S_i T_i = 0 \qquad (5-2)$$

其中 m 为向量 S_v 和 T_v 的维数。举例来说，设 T 的码字为 00101110，则 $S_v \cdot T_v =$ $[(-1 \times -1)+(-1 \times -1)+(-1 \times 1)+(1 \times -1)+(1 \times 1)+(-1 \times 1)+(1 \times 1)+(1 \times -1)]/8=0$。即 T_v 和 S_v 满足正交关系，符合上述规定。

如果两个码字正交，则其中一个码字与另一个码字的反码也正交，即

43

$$S_v \cdot (-T_v) \equiv \frac{1}{m}\sum_{i=1}^{m} S_i(-T_i) = -\frac{1}{m}\sum_{i=1}^{m} S_i T_i = 0 \tag{5-3}$$

任何一个码字向量和自己的规格化内积都是1。

$$S_v \cdot S_v = \frac{1}{m}\sum_{i=1}^{m} S_i S_i = \frac{1}{m}\sum_{i=1}^{m} S_i^2 = 1 \tag{5-4}$$

一个码字向量和自己的反码向量的规格化内积是-1。

$$S_v \cdot (-S_v) = \frac{1}{m}\sum_{i=1}^{m} S_i(-S_i) = \frac{1}{m}\sum_{i=1}^{m} -S_i^2 = -1 \tag{5-5}$$

根据 CDMA 技术的工作原理，即便要发送的比特串同样为 110 三个比特，结点 S 和结点 T 也是可以同时在同一个共享信道上发送的。也就是说，即便两者的信号在空间进行了叠加，也不影响接收方对自己想要数据的接收。更多结点同样。

下面举例说明 CDMA 的工作原理。如图 5-5 所示，为了发送比特"1"，S 发送的是 $S_x = S_v$，而 T 发送的是 $T_x = T_v$，两者叠加的信号 $S_x + T_x = (-2,-2,0,0,+2,0,+2,0)$。

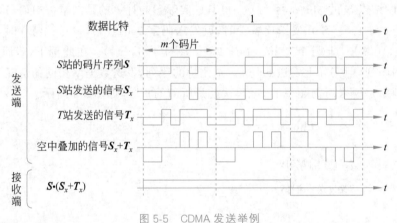

图 5-5　CDMA 发送举例

在接收数据之前，接收端必须首先通过一定的协议交互来获得发送端的码字（例如 S 的向量 S_v）。接收端在得到叠加的空间总信号（$S_x + T_x$）后，将其与 S_v 进行规格化内积，即 $S_v \cdot (S_x + T_x)$。读者可以自己证明，这个计算过程是满足分配律的，即

$$S_v \cdot (S_x + T_x) = S_v \cdot S_x + S_v \cdot T_x \tag{5-6}$$

根据式(5-2)和式(5-4)可得，$S_v \cdot (S_x + T_x) = S_v \cdot S_v + S_v \cdot T_v = 1 + 0 = 1$。最后的 1 即接收方恢复出来的数据比特 1。

为了发送比特"0"，S 发送 $-S_v$，T 发送 $-T_v$，接收端进行同样的处理，最后得出的结果为 -1，代表接收方恢复出来的数据比特为 0。其他两种情况（结点 S 发送比特 1，而结点 T 发送比特 0；结点 S 发送比特 0，而结点 T 发送比特 1）同样。

有了 CDMA，用户接收机在发现 4 颗卫星的过程中，可以获得这 4 颗卫星的码字，通过 4 个码字，可以同时获取这 4 颗卫星的信号。

2. GPS 的调制

每颗工作卫星均工作在 L 波段（L1＝1575.42MHz 为主频率、L2＝1227.60MHz 为次频率）范围内。大气电离层对该波段无线电信号的折射影响较小。

L1 波段的信号用两个正交的伪随机码进行调制。

- C/A 码,用于粗略测距和捕获 P 码的粗码,也称捕获码,供民用。C/A 码不加密,很容易截取。
- P 码,提供精确定位服务的精密码。如果希望捕获 P 码,需先捕获 C/A 码,然后利用其中转换字(Hand Over Word,HOW)所提供的信息,完成 P 码的捕获。

L2 波段的信号一般只使用 P 码进行调制,特殊情况下也可以用 C/A 码调制。

P 码和 C/A 码都采用二相 BPSK 调制技术。

BPSK 又称二进制相移键控,是最基本的调制技术之一。最简单的 BPSK 是用载波的 0 和 π 两种相位代表数字 1 和 0,如图 5-6 所示。还可以有更多的相位作为参数进行调制,如四相调制、八相调制等。

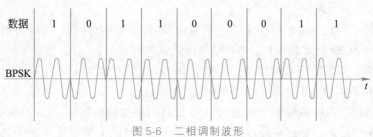

图 5-6　二相调制波形

四相调制又称为正交相移键控(QPSK)调制,是一种频谱利用率高、抗干扰性强的数字调制方式,广泛应用于各种通信系统中。QPSK 通过改变载波的相位(例如 0、π/2、π、3π/2),将载波调制出 4 种状态的正弦波(码元),如图 5-7 所示。因为具有 4 种状态,所以每个码元可以携带 2 比特的信息。

码元的种类数(n)和一个码元能够携带/代表的比特数(len)的关系是:

$$\text{len} = \log_2 n \tag{5-7}$$

通信领域中常采用星座图辅助描述对载波的调制情况。星座图采用了极坐标系,其中星座点的极径长度代表了波形的振幅,极角代表了波形的相位。如图 5-8 所示的星座图展示了图 5-7 中四种码元的相位、振幅情况。

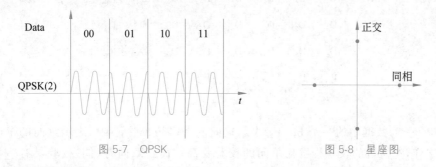

图 5-7　QPSK　　　　　　　　图 5-8　星座图

3. GPS 导航电文

卫星发射信号的主要内容为导航电文(Navigation Messages),是用户定位的数据基础,主要包括卫星工作状态信息、卫星星历、卫星时钟校正参数、电离层传播延时校正参数、从 C/A 码转换为 P 码所需的时间同步信息等。导航电文又被称为数据码、D 码。

一般的 GPS 接收机只能接收 L1 波段的信号,并从该信号中提取出导航电文。

一个 GPS 电文由 25 个连续的主帧(Frame/Page)构成,每个主帧 1500bit,一共

37500bit。电文的广播速率为 50b/s，因此一个完整的 GPS 电文传输时间长达 12.5min。

每一主帧又分为五个子帧（sub-frame/sub-page），每个子帧 300bit，分为 10 个字，每个字为 30bit。每个子帧的开头都是遥测字和转换字。

- 遥测字（Telemetry Word，TLM）前 8 位是用于同步的二进制数 10001011，其后的 16 位用于授权的用户，最后 6 位是奇偶校验位。
- 转换字（Hand Over Word，HOW）的前 17 位表示星期时间（从周日 00：00：00 到周六 23：59：59，从 0 开始计数，每 6 秒加 1），20 到 22 位表示子帧页码，最后 6 位为奇偶校验位。

下面介绍奇（偶）校验法。奇（偶）校验法是最简单的数据错误检验方法。基本的奇（偶）校验法分为以下两种。

- 偶校验：如果给定数据中 1 的个数是奇数，那么校验位就设为 1，否则为 0，从而使得所传数据（包含校验位）中 1 的个数是偶数。
- 奇校验：如果给定数据中 1 的个数是偶数，那么校验位就设为 1，否则为 0，从而使得所传数据（包含校验位）中 1 的个数是奇数。

采用奇（偶）校验的典型例子是面向 ASCII 码的数据帧的传输，ASCII 码是七位，用第八位作为奇偶校验位。奇偶校验存在一个问题：对数据中出错比特个数为偶数个的情况（2，4，6，…比特出错了）无能为力。

复杂一些的包括双向奇（偶）校验（又称方块校验、垂直水平校验）。下面举例进行介绍：把传输的数据进行分组（如 7bit 一组），一组为一行，6 行组成一个数据块，则图 5-9 实现了对 6 组数据的双向奇（偶）校验。

D_{11}	D_{12}	D_{13}	D_{14}	D_{15}	D_{16}	D_{17}	P_{r1}
D_{21}	D_{22}	D_{23}	D_{24}	D_{25}	D_{26}	D_{27}	P_{r2}
D_{31}	D_{32}	D_{33}	D_{34}	D_{35}	D_{36}	D_{37}	P_{r3}
D_{41}	D_{42}	D_{43}	D_{44}	D_{45}	D_{46}	D_{47}	P_{r4}
D_{51}	D_{52}	D_{53}	D_{54}	D_{55}	D_{56}	D_{57}	P_{r5}
D_{61}	D_{62}	D_{63}	D_{64}	D_{65}	D_{66}	D_{67}	P_{r6}
P_{c1}	P_{c2}	P_{c3}	P_{c4}	P_{c5}	P_{c6}	P_{c7}	

图 5-9 双向奇（偶）校验

其中 D_{xy} 为数据中的一个 bit，P_{rx} 表示横向的奇（偶）校验位，P_{cy} 表示纵向的奇（偶）校验位。这样，每个数的校验程度比单向的校验要高。而且双向奇（偶）校验具有一位纠错的能力。例如，如果校验发现第 i 行的横向校验出现了错误，第 j 列的纵向校验出现了错误，就知道 D_{ij} 错了，把 D_{ij} 取反就可以纠正数据的错误。

GPS 导航电文如图 5-10 所示。25 个主帧中的第 1，2，3 子帧是重复的，实现了每 30s 重复一次。其中，第 1 子帧的第 3～10 字为第一数据块，它包括本星的相关信息：载波的调制波类型、星期序号、卫星的健康状况、卫星时钟改正参数等。第 2，3 子帧是第二数据块，它载有本星的星历、修正的开普勒模型信息等，采用这些数据能够估计出卫星的位置。

每 30s 重复一次意味着 GPS 接收机每 30s 就可以接收到发射信息的卫星的完整星历数据和时钟。

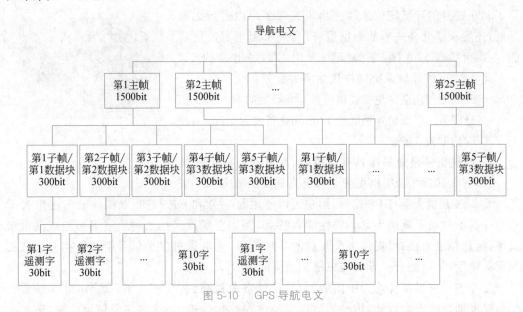

图 5-10　GPS 导航电文

25 个主帧中的所有的 4、5 子帧共同构成了第三数据块，提供其他卫星的概略星历、时钟改正和卫星工作状态等信息。该数据块每 12.5min 为一周期发送给用户接收机。

4. GPS 相关协议

和 GPS 定位技术紧密相关的还有 NMEA0183、NTRIP 等协议，这些协议主要负责将 GPS 的定位信息从 GPS 接收机读出。本书将 NMEA0183 归纳为末端网传输技术在后续章节进行介绍。

5.3　北斗卫星导航系统

5.3.1　概述

1. 背景

出于国家安全战略的考虑，中国曾要求加入欧洲伽利略导航系统的研发，未果。中国自行研制出的北斗卫星导航系统（Beidou/COMPASS Navigation Satellite System，BDS），是继 GPS 和 GLONASS 后第三个实用的卫星导航系统，是国家级战略性发展项目，突破了很多国外的技术封锁。案例 4-1 中就是采用北斗卫星导航系统进行渔船的管理。

北斗系统经历了三代（北斗一号、北斗二号和北斗三号）。系统采用了中国 2000 大地坐标系统（CGCS2000），时间叫作北斗时，属于原子时，起算时间是 2006 年 1 月 1 日协调世界时 0 时 0 分 0 秒，最新的卫星系统全部使用国产铷/氢原子钟，突破了国外的封锁，性能优于进口。

北斗也分为军用和民用两种，民用方面制定了神州天鸿终端通信协议。

北斗一号将在后面介绍，并且为方便起见，下面将后两者统称为"北斗 X"。

2. 北斗二、三号

北斗二号属于区域性卫星导航系统,北斗三号属于全球性卫星导航系统。图 5-11 展示了北斗三号的导航定位芯片。北斗 X 除了可以进行无源导航,还继承了北斗一号的短信服务,实现了短报文通信功能,一次可传送 120 个汉字的信息(军用 120,民用版 49)。

图 5-11 北斗三号的导航
定位芯片

北斗 X 卫星导航系统同样包括两类服务:

- 开放服务向全球免费提供定位、测速、授时和短报文信息服务。平面位置精度为 10m;测速精度为 0.2m/s;授时精度为 50ns。

- 授权服务是为那些具有高精度、高可靠导航需求的用户(如军队)提供更安全和更高精度的服务。

北斗 X 还能兼容 GPS 信号,用户可以使用北斗 X 和 GPS 进行双模导航。北斗 X 具有一些其他导航系统所不具备的性能和特点,例如空间段采用三种轨道卫星组成的混合星座,抗遮挡能力强;可提供多个频点的导航信号,能够通过多频信号组合使用等方式提高服务精度;创新融合了导航与短报文通信的能力。

北斗三号关键器件均为中国造,单星设计寿命提高到 10~12 年。另外,北斗还进行了高强度加密等安全设计,传输的信息先经过粉碎化处理,还通过多条信道传输,破解一个信道只能获得一堆无用的碎片,有利于隐私保护。

3. 北斗二、三号系统的组成和工作机制

北斗 X 与 GPS 的组成非常类似,由空间卫星、地面站和用户端三部分组成。地面站相关功能与 GPS 相似。但由于中国缺乏海外基地,所以这些站只能建在国内。

用户接收机端方面,由于建立了完整的产业链和技术,加上工艺、产能的提升,国产北斗芯片单价已降至 6 元。目前,中国所有公务船、危险品车、大客车、班线客车和渔船都安装了北斗终端。百度地图已经优先采用北斗导航信息。

北斗采用无源和有源相结合的方式,针对无源方式,北斗的定位原理和 GPS 完全一样,采用无线电伪距定位。这样的方式保证了系统的用户容量不再受限制,并可提高用户的位置隐蔽性。

【案例 5-1】 带有导航定位的共享单车

当下非常火爆的共享单车都内置了定位芯片,单车的位置信息可以通过芯片进行定位、发送和传输。其中,小蓝单车(见图 5-12)采用的 MT2503 是一枚体积小巧的物联网芯片,其最大特色在于具备秒速定位功能和极低功耗精准轨迹追踪功能,北斗、GPS、GLONASS 等多星系定位的支持让芯片的定位没有死角。※

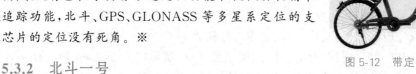

图 5-12 带定位技术的
共享单车

5.3.2 北斗一号

1. 概述

北斗一号作为实验也称为双星定位导航系统。我国 2000 年开始先后发射了 4 颗导航卫星(地球同步卫星,两颗备份),为用户提供有源区域(主要覆盖中国地区)导航定位、双向数字报文通信和授时服务。系统具有卫星数量少、投资小等特点，可在一定程度上满足我国导航定位的需求。

北斗一号的定位精度为 20m，授时精度为 100ns，短信 120 字/次。由于是试验系统，因此系统能容纳的用户数为每小时 540000 户。

【案例 5-2】 水情自动测报系统

该方案将北斗一号双星定位技术的报文通信技术应用于水情数据传输。采用该通信方式，水情自动测报系统具有不需要申请专用信道、传输可靠性高、时效快、通信费用低、抗干扰能力强、误码率低等特点。

该方案中，系统的遥测站数据采集终端将数据通过 RS-232 串口传送给北斗卫星终端，卫星终端通过北斗卫星将数据传送给导航系统地面站，地面站将数据传送给本系统的数据中心接收机，中心接收机最后将数据传送给系统的后台计算机进行处理加工。另外，中心站也可以通过北斗卫星向各个遥测站点发送各项指令，监控整个系统的运行情况。

根据资料，水利部长江水利委员会水文局是国内首家将北斗卫星民用系统应用于水情自动测报领域信息传输的研究单位，组建了江口电站水情自动测报系统、大渡河瀑布沟水电站施工期水情测报及气象服务系统、国家防汛指挥系统汉口分中心系统等，运行效果良好。

水情是关系国家安危的一个业务监控，采用北斗可以有效提高安全性。该案例的系统并没有利用北斗的定位功能，而只是把北斗通信作为一种末端网技术。※

2. 北斗一号的组成和通信

导航系统由地球静止卫星、地面中心控制系统、标校系统和各类用户机等组成。

- 北斗卫星由四颗地球静止轨道卫星所组成，其中两颗备份。
- 地面段由中心控制系统和标校系统组成。中心控制系统主要用于卫星轨道的确定、电离层校正、用户位置确定、用户短报文信息交换等。
- 用户段即用户接收端。

一号系统的通信波段为 L/S 波段，具有较好的抗干扰性，其数据传输速率可达到入站 16.625 kb/s，出站 31.25 kb/s。数据传输采用 CDMA 进行编码，进一步增加了抗干扰性。数据传输为超长报文，每帧报文长度 210 字节。

3. 北斗一号的工作过程

系统采用了有源定位(其他是无源定位)，即用户需要通过与地面中心站的信息交互才能完成定位工作。北斗一号的工作流程(见图 5-13)如下。

(1) 地面中心控制系统向卫星 A 和 B 同时发送询问信号。

(2) 询问信号经卫星转发器向服务区内的用户进行广播。

(3) 用户接收其中一颗卫星(假设 A)的信号并同时向两颗卫星发送响应信号。

(4) 响应信号经卫星变换并转发回中心控制系统。

(5) 中心控制系统接收并解调用户发来的信号，根据用户的申请服务内容进行相应的数据处理，包括计算用户三维坐标等信息。加密后发给其中一颗卫星。

(6) 收到信息的卫星将信息转发给用户。

对于用户的定位申请，中心控制系统需要测出两个时间延迟：

- 从中心发出询问信号，经某一颗卫星(设为 A)转发到用户，用户发出响应信号，经 A 转发回中心的时延(图 5-13 中 A 的步骤 1、2、3、4)。

49

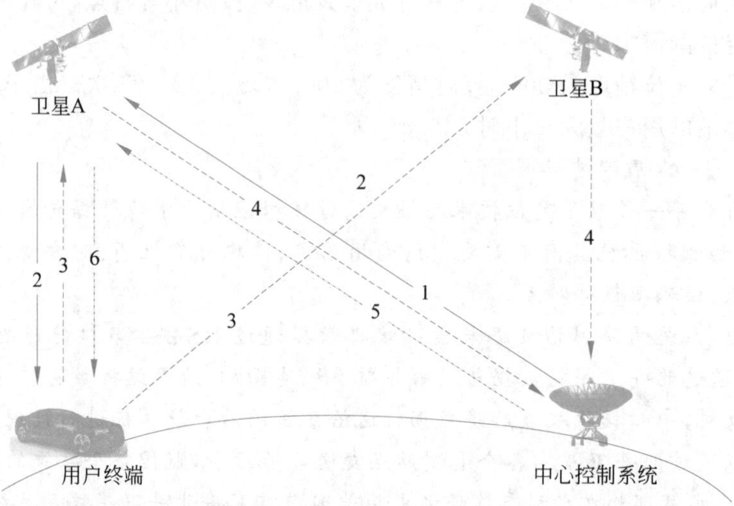

图 5-13　北斗一号的工作过程

- 从中心发出询问信号经 A 到达用户，用户发出信号经 B 转发回中心的时延（图 5-13 中 A 的步骤 1、2 和 B 的步骤 3、4）。

中心通过电磁波速度×时间算出两条路径的长度。由于中心和两颗卫星的位置是已知的，因此，由上面信息可以算出用户分别到卫星 A、B 的距离 d_A 和 d_B。

进而可以得到两个球面（分别以 A 和 B 为球心，d_A 和 d_B 为半径），这两个球面的圆形交线（图 5-14 中的粗虚线圆）与地球将形成两个交点，取国内的点为用户的地理位置。

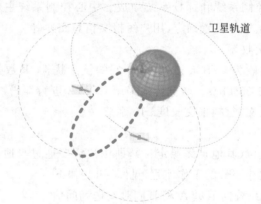

图 5-14　双星定位原理

中心还可以从存储的数字化地图中查寻到用户高程值，得到用户的三维坐标。

4. 北斗一号的分析

由于北斗一号是主动双向测距的询问-应答式系统，因此用户设备需向同步卫星发射应答信号。这样便带来若干问题：

- 对地面中心控制系统的依赖性很大，因为位置信息是在那里进行集中式解算的。
- 导航过程路径过多，再加上卫星转发时延、中心控制系统的处理时延等，定位延迟较长，对高速运动体定位误差较大。
- 用户终端工作时要发送无线电信号，会被敌方侦测设备发现，不适合军用。

虽然北斗一号存在着一些缺陷,但最重要的是北斗一号是我国独立自主建立的卫星导航系统,解决了中国自主卫星导航系统的有无问题。

5.3.3 北斗通信相关技术

1. 调制和编码

北斗卫星导航系统在 L 波段和 S 波段发送导航信号,其中在 L 波段的 B1、B2、B3 频点上发送服务信号,包括开放的信号和需要授权的信号。

国际电信联盟(ITU)分配了 1590MHz、1561MHz、1269MHz 和 1207MHz 四个波段给北斗系统,这与伽利略系统的波段存在重合。ITU 的政策是先占先得,中国以北斗一号先占的事实确定了对相应波段的优先使用权。最好的频段已经被 GPS 占用了。

北斗具有三个频点,其中 B1 频点载波频率为 1561.098MHz,传输的信号分成 2 类:

- I 的信号具有较短的编码,用来提供开放服务(民用)。
- Q 部分的编码较长,且有更强的抗干扰性,用作需授权的服务(如军用)。

北斗卫星发射的信号采用 QPSK 调制,采用 CDMA 进行编码。

2. 北斗电文

北斗 MEO/IGSO 卫星的 B1 信号播发 D1 导航电文,GEO 卫星的 B1 信号播发 D2 导航电文。下面以 D1 导航电文进行介绍。

D1 电文包括本卫星的基本导航信息(如本周内的秒计数、整周计数、电离层延迟模型修正参数、星历参数、钟差参数等)、全部卫星历书、与其他系统时间的同步信息等。超帧是 D1 电文的主体,结构如图 5-15 所示。

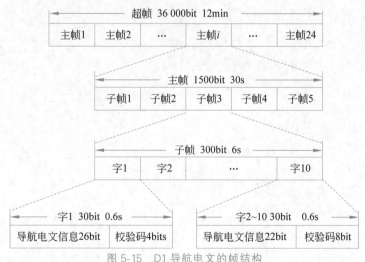

图 5-15　D1 导航电文的帧结构

每个超帧为 36000bit,历时 12min,由 24 个主帧(1500bit)组成。每个主帧由 5 个子帧组成,每个子帧由 10 个字(30bit)组成。其中子帧 1～3 用来播发本卫星的基本导航信息,每个主帧都包含该信息,即第 1,2,3 子帧是不断重复的,每 30s 重复一次。1～24 主帧的子帧 4 和 1～10 主帧的子帧 5 用来播发全部卫星历书信息、与其他系统时间的同步信息;11～24 主帧的子帧 5 预留。

52

3. 其他

1) 星间链路

北斗地面站只能建设在国内,为了随时能够对卫星进行监测和控制,北斗三号卫星配备了相控阵星间链路(在卫星之间搭建的通信测量链路,实现卫星间的通信),借助这些星间链路能实现对运行在境外的卫星进行监测、注入,并可实现卫星之间的双向精密测距和通信,进而可以自主计算并修正卫星的轨道位置和时钟,大大减少了对地面站的依赖。星间链路是北斗实现自主导航的关键,即使地面站全部失效,30多颗北斗导航卫星也能通过星间链路的协助对外继续提供定位和授时服务。

2) 北斗三号短报文通信

借助北斗三号短报文进行天地间双向通信,可不依赖传统基站,在弱信号、无信号等恶劣环境中依旧能进行信息传送,为在特殊环境工作的人群提供服务。

常规的窄宽卫星通信条件下,通信容量十分有限,但国内研究已实现通过北斗进行语音通信。通过发送端App输入语音消息,经过处理后将短报文发给北斗卫星,接收端收到短报文即可直接播放语音。

第6章 激光制导

6.1 概述

激光制导最初用于军事目的,使得炸弹、导弹(后统称为弹药)等可以基于激光通信技术,对敌方目标进行准确跟踪和攻击,大大提高了攻击效率。激光制导弹药首次投入使用是在越南战场上,后来美军飞机奔袭利比亚,海湾战争中袭击伊拉克等等,都取得了辉煌的战果。图 6-1 展示了中国研制的激光制导炸弹。

随着技术的发展,该技术渐渐用于民用行业,比如激光制导测量机器人、基于激光制导的无人机撞网回收系统、城市灭火导弹等。

本章以激光制导弹药为讲解背景,认为它们是被相关设备(执行结点)操纵的物。

图 6-1 中国研制的激光制导炸弹

激光波束方向性强、制导精度高、抗电磁干扰能力强。但某些波段的激光易被云、雾、雨等吸收,使用受到限制,容易被敌方借此进行干扰。

激光制导的感知原理其实非常简单,持续对目标进行照射,通过照射/反射的激光感知目标所在的方向即可,无须复杂的通信层次,但会涉及物理层的编码问题。

1. 激光制导系统组成

激光制导系统一般由 3 部分组成。

- 激光指示器负责发射指示用的激光束,对目标进行持续照射,指出寻的目标的方向。为了进行激光的辨识(防止被其他激光诱导)或者进行方向的指示,一般会将激光进行编码。
- 激光接收器一般位于弹体上,负责接收激光信号或经由目标漫反射过来的激光信号,经过解码后发给控制器。
- 控制器根据激光信息算出弹药偏离航线的程度,通过控制飞行舵调整弹药飞行方向,使弹药沿着指定航线前进,最终命中目标。

整个通信过程基本上是一个单向传输的过程。

2. 激光制导方式

根据具体的工作方式,以及激光指示器和激光接收器的位置,激光制导可以分为激光驾束制导、半主动寻的制导和主动寻的制导等。

1) 激光驾束制导

激光驾束又称为激光波束,激光指示器安装在飞机、战车等制导站上,激光接收器和控制器在弹药上,如图 6-2 所示。工作过程如下。

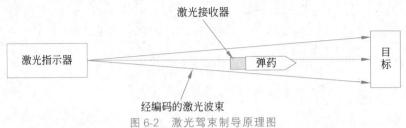

图 6-2　激光驾束制导原理图

(1) 激光照射器首先捕捉并跟踪目标,给出目标所在方向的角度信息,以最佳角度发射弹药,使后者进入激光波束中。

(2) 在弹药飞行过程中,激光接收器需时刻接收激光指示器的激光信号。

(3) 弹药的飞行可能会偏离方向,即偏离激光波束的轴线,接收器可以通过事先规定的规则感知到偏离的方位和程度,将这些信息送入弹药的控制器。

(4) 控制器根据偏差形成控制指令调整弹药的飞行方向和姿态,使弹药重新与激光照射光束的轴线相重合,直至击中目标。

2) 半主动寻的制导

系统中的激光接收器与激光指示器也是分开的(见图 6-3),但引导方式有所不同。这种制导方式在战场上使用得最多,其工作过程如下。

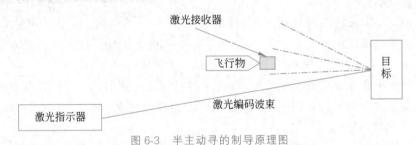

图 6-3　半主动寻的制导原理图

(1) 用激光指示器对准目标发射激光束,然后发射或投放弹药。

(2) 激光束照射到目标的表面后,会产生漫反射效应。

(3) 弹药的激光接收器捕获漫反射回来的激光,弹药上的控制器根据偏差形成控制指令调整弹药的飞行方向和姿态,直至击中目标。

3) 主动寻的制导

系统中的激光接收器与激光指示器都是安装在弹药上的(见图 6-4),工作过程如下。

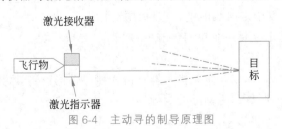

图 6-4　主动寻的制导原理图

（1）弹药自己发出照射目标的激光波束。

（2）激光波束照射到目标的表面后，产生漫反射效应。

（3）弹药前端的接收器捕获漫反射回来的激光，弹药上的控制器形成控制指令调整弹药的飞行方向和姿态，直至击中目标。

这种制导方式虽然复杂，成本较高，但不需要操作人员一直照射目标，对于保护操作人员来说具有极大的优势。

4. 激光指令制导

这种方式和激光驾束制导非常相似，但是控制器是在制导站上。工作过程如下。

（1）弹药发射后进入激光波束内。

（2）制导站跟踪目标，实时测量弹药相对瞄准线的偏差，根据偏差以及相关算法形成控制指令（如调整弹药方向的指令），通过激光波束编码后传输给弹药。

（3）弹药根据控制指令不断调整自身状态，直至命中目标。

因为跟踪弹药和生成控制指令都在制导站上，所以可以采用复杂的算法，而弹药上的系统仅根据指令进行控制即可，弹药成本低。

指令制导还有一种形式在早期的反坦克导弹上使用较多，在导弹尾部设置一个光源（如图6-5中方框所示），向制导站发出光束，制导站跟踪这个光束，测出弹药与目标的偏差角，再遥控弹药修正这个偏差角。

图 6-5　红箭 7 反坦克导弹

6.2　激光制导编码

因为以下原因，需要对激光制导中的激光进行编码。

（1）为了实现激光制导过程。

（2）为了避免激光制导弹药受到外界/敌方激光干扰而迷失制导方向。

（3）为了避免在使用多枚激光制导弹药攻击集群目标（即多目标）时，互相干扰而无法正常瞄准，导致重炸、漏炸现象。

针对（2），可以给激光制导信号进行具有加密性质的编码，使其规律性较难发现。例如，弹药只在收到周而复始的"10011010"激光脉冲波束时才进行姿态调整。这样，只要敌方不知道编码规则，就不能发出相同规律的激光波束，弹药就不会受到干扰。

针对(3),可以给每个弹药激光脉冲设置不同的编码(相当于身份证),弹药按照各自的编码接收符合要求的激光脉冲,只攻击那些被自己编码所照射的目标。

激光编码是指以激光作为信息传播载体,通过对激光的各种物理特性(如激光能量、偏振方向、脉冲宽度、重复频率、波长及相位等参量)进行改变,使激光具有不同的状态,从而可以携带指定的信息。一般在激光指示器进行编码,在激光接收器进行数据的解码。激光编码可采用的方式是由当前的激光技术和光电检测技术等综合因素所决定的,目前主要利用光束强度和偏振实现调制/编码。

6.2.1 激光波束制导的编码

1. 斩光式

斩光式采用调制盘实现光的调制,模型如图 6-6 所示。调制盘放置在发射光路中,由调制盘的转动实现对激光束进行切割。显然,不同的调制盘切割而成的光束的特性是不同的,被切割(调制)后的激光束经过投影物镜被投影到目标方向。

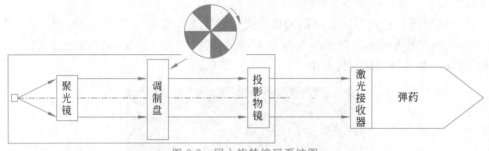

图 6-6 同心旋转编码系统图

调制盘的图案多种多样,图 6-7 中显示了一个调制盘样例,其中黑色部分不透明,激光不可穿越,白色部分为透明的,激光可穿越。图 6-6 中,调制盘的图案中心与激光束的中心相重叠(也可不重叠),调制盘围绕这个中心旋转。

弹药上的激光接收器接收激光脉冲信号,经过译码器解码并算出导弹偏离瞄准线的位置信号,供驾驶仪控制导弹飞行。

弹药的激光接收器具有一些感光探测器(一个假设的探测器布局如图 6-8(a)),如果弹药在飞行过程中偏离了光轴,某些探测器(图 6-8(b)中的两个灰色探测器)处于光束

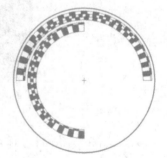

图 6-7 调制盘样例

的外部,则灰色的探测器接收到光脉冲次数将少于其他探测器,弹药就知道已偏离方向了。该示例中,弹药还可以根据处于光束外的探测器的数量知道自己偏离了多少。

不同的调制盘对激光的调制也不同,弹药可借此判断收到的激光束是否为己方发出的。

斩光式较为简单,但是缺点也是不容忽视的:

- 要求激光是连续的,或者具有很高的重复频率。
- 调制盘工作时需高速旋转,这需要有很好的机械性能。且因有旋转的机械装置,体积大,旋转时易产生振动干扰。

(a) 探测器布局样例   (b) 弹药偏离光轴情况

图 6-8　感光探测器样例

- 接收器边缘容易收到较多光束,因此中心编码精度较低。

2. 空间扫描编码方式

这种方式在目标方向上规定一个特定的截面范围,使激光束在该范围内进行空间扫描,形成空间编码激光信号。弹药接收器接收编码后的激光,经过译码,解析出弹药的位置信号。图 6-9 展示了一个示例,将瞄准的空间区域 A 等分成 $n \times n$ 个小区域,给每个小区域 $A_{ij} (i=1,2,\cdots,n; j=1,2,\cdots,n)$ 都赋予一个代码 C_{ij}。

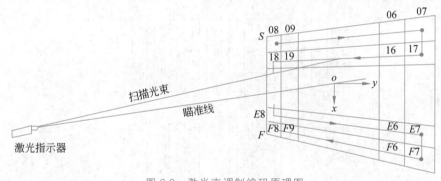

图 6-9　激光束调制编码原理图

在制导过程中,激光指示器调制光束从 A 的起始点 S 开始,沿箭头方向扫描到终结点 F 完毕,形成一个扫描周期,然后再跳回到 S 点开始新的扫描。并且,光束在扫描的过程中,根据扫描区域的不同,发送不同的 C_{ij}。飞行中的弹药如果被光束扫描到,可以获得弹药现在所处方位的代码 C_{ij},根据 A_{ij} 所在 A 的位置算出弹药偏离瞄准中心线的误差,重新把弹药调整到中心线上。

3. 空间偏振编码方式

典型的空间偏振编码技术是利用晶体的线性电光效应对激光束进行调制,使得激光束在不同位置具有不同的偏振态,每种偏振态代表一种位置信息,从而使激光束携带空间位置信息。由于不同偏振态与空间位置的对应关系,因此弹药检测出不同的偏振态即可算出自身飞行轨道偏离目标中心的方向和大小,原理有些像空间扫描编码方式。

6.2.2　激光寻的制导的编码

采用编码后的激光脉冲作为制导信号,是激光寻的制导武器实现同时攻击多目标和

57

提高抗干扰性的重要手段。如图 6-10 所示，激光编码一般按指示/照射周期（ΔT）组织，其中每一个向上的箭头代表一个激光脉冲。

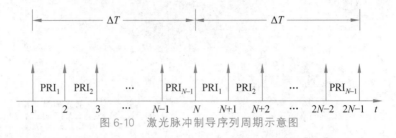

图 6-10　激光脉冲制导序列周期示意图

1）精确频率码

编码的激光脉冲间隔在整个照射周期内固定不变，即 $PRI_1 = PRI_2 = \cdots = PRI_{N-1} = T_0$。这种编码及解码都很简单，但很容易被识别和复制，因此其抗干扰性较差。

2）脉冲调制码（PCM）

这种编码对 ΔT 内的激光脉冲进行一定规律的屏蔽，使得发射的脉冲符合编码的要求，重复循环发出。

如图 6-11 所示，对激光脉冲（$\Delta T = 7$）进行编码，码型为 1001011，其中横坐标为时间，竖线为激光脉冲，若有脉冲，则表示 1；若无脉冲，则表示 0。

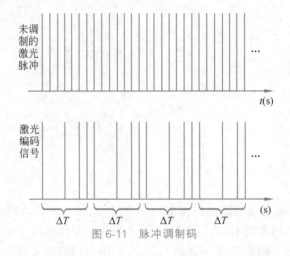

图 6-11　脉冲调制码

该编码技术简单，一定程度上增加了敌方识别的难度，但如果编码位数较低，则抗干扰性一般。

3）等差型编码

各个脉冲间的间隔具有某种趋势，例如从小到大，脉冲间隔的规律可以用一个约定好的公式（算法）求得，使得接收方可以按照相同的规律顺利接收。例如，两种首脉冲间隔为 PRI_1 的等差型编码规定如下。

等差递增：$PRI_N = PRI_1 + (N-1)\Delta t$。

等差递减：$PRI_N = PRI_1 - (N-1)\Delta t$。

该编码的脉冲间隔在整个照射时间内不存在周期性，并且编码与解码较简单，其规律性依据算法的不同而具有不同的复杂度和抗干扰性。这种编码只适用于短时间的激光照射,无法持续长时间地照射。

4）伪随机编码

这种编码实质上是将制导信号（可以是经其他编码技术编码后的信号）与伪随机信号在时间轴上进行交叠,如图 6-12 所示。也可以简单地直接使用伪随机信号作为编码的信号。

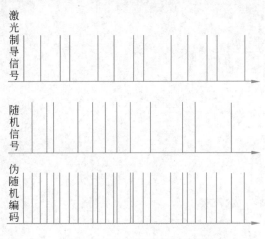

图 6-12　伪随机编码示意图

该编码的前提是,接收方需要事先知道随机数的产生算法和随机范围等。

这种编码不存在固定的循环周期,编码后的信号具有伪随机性,抗干扰性好。

5）脉冲间隔调制编码

脉冲间隔调制（PIM）编码方法通过改变相邻两个脉冲的时间间隔实现编码的目的。

首先将相邻脉冲的时间间隔分组（例如,将相邻 3 个脉冲的 2 个时间间隔分为一组）,不同的间隔顺序代表不同的码字。这样,n 个间隔最多可以组合成 n^2 个码字。PIM 编码标准性、通用性和可扩展性较好,有较强的抗干扰性能。

6）脉冲宽度调制编码

脉冲宽度调制（PWM）编码指对各个激光脉冲的时间长度进行控制,使激光制导信号的各个脉冲宽度不完全相同,从而达到编码的目的。如用 1.2ms 宽度的脉冲代表 1,用 0.6ms 宽度的脉冲代表 0。PWM 编码与 PIM 编码本质上是相同的,不同之处在于二者调制的物理量一个是脉冲宽度,一个是脉冲间隔宽度。PWM 编码系统在实现上较为复杂。

7）不断发展的编码技术

鉴于目前激光有源干扰技术的不断发展,特别是激光告警技术、激光解码技术和激光器技术的不断发展,前面介绍的各种激光编码技术相对于目前的激光有源干扰技术,都表现出抗干扰性越来越差的趋势。因此,有必要提出新的编码方法,以提高激光编码的抗干扰性。例如,将 PIM 编码与 PWM 编码进行结合,既可以对抗激光角度欺骗干扰,又可以对抗高重频激光干扰。

第 3 部分
末端网通信技术——有线通信技术

本部分开始介绍末端网部分的相关通信技术,这些技术负责把接触环节获得的信息"收集"起来,传递到互联网上,或者反向分发。如果把互联网/接入网比喻成主干神经,末端网像人类的末端神经,帮助互联网向物理世界进行深度扩张。

末端网可以是有线通信方式,如采用串口线直接连接到主机上;也可以是无线通信方式,如蓝牙、红外、无线传感器网络(WSN)等;还可以是多种技术共同使用达到传输的目的。末端网技术有以下特征。

- 多数末端网技术不用 IP 地址作为通信实体的地址标识,如串口线用串口号对接触结点进行标识。
- 随着对实施便利性要求的不断提高,无线方式将逐步占据主要角色。

末端网技术可以分为以下两大类。

1. 直接连接到智能终端

这个模式主要用在前面介绍的直接通信模式中,可以分为有线技术和无线技术。有线技术包括串行接口、USB、SPI(Serial Peripheral Interface)、现场总线、I²C(Inter-Integrated Circuit)总线等。这类通信方式和协议相对简单。无线技术目前日益流行,如采用蓝牙技术、红外线技术替换传统的线缆方式。

2. 借助网关的通信方式

在物联网不断发展的情况下,前面的方式会越来越无法满足需要。例如,在地震、水灾等重大灾难后的灾区现场,已有的网络基础设施已经损毁,无法利用;在广袤的大草原,为偶尔的通信进行基础设施的架设,经济上难以维系,等等。这些场景需要一种能临时快速、自动组成一个网络的通信技术,以接力的方式,把数据传递给某处一个合适的互联网接入点(网关)。移动自组织网络可能是一个重要的选择。

末端网在传输数据时,肯定会涉及物理层和数据链路层,因为传输过程必定涉及结构化的数据以及所带来的链路管理。很多技术还会涉及网络层,如各种Ad Hoc 网络等,因为这些网络需要路由技术的支持。还有一些研究,对物联网的传输层也进行了探讨,产生了一些针对物联网传输层的协议和算法。

本部分将首先从有线通信方式进行讲解,后续部分讲解无线方式、Ad Hoc网络的相关概念和技术。

第7章　串行接口通信

7.1　概述

串行通信是指每个时间节拍传一位数据。它需要少数几条线即可,适用于较远距离的通信。并行通信将数据字节的各位用多条数据线同时进行传送,传输速度快、效率高,比如用 8 根数据线传送 1 字节,一个时间节拍即可完成,但并行通信成本高,因此通信领域大多采用串行通信方式。

串行接口通信是串行通信最常见的方式之一,技术简单,价格便宜,方便使用,非常普遍。案例 1-2 和案例 3-2 都是采用串口通信进行数据采集的。

有几个常见的标准:EIA-232、EIA-422、EIA-449、EIA-485 与 EIA-530 等,最初都是由电子工业协会(EIA)制定颁布的。EIA 提出的标准习惯以 RS 作为前缀。表 7-1 是三种串行接口的部分性能参数。

表 7-1　三种串行接口的部分性能参数

性 能 参 数	RS-232	RS-422	RS-485
工作方式	单端	差分	差分
结点数	1 收 1 发	1 发 10 收	1 发 32 收
最大传输电缆长度/m	15	1219	1219
最大传输速率	20kb/s	10Mb/s	10Mb/s

不同接口必须通过串口转换器才能混接,并且建议不要带电插拔串口。

7.2　RS-232 串行接口标准

1. 概述

RS-232 是于 1970 年制定的串行通信的标准,全名是"数据终端设备(DTE)和数据电路终端设备(DCE)之间串行二进制数据交换接口技术标准",是计算机与通信业中应用最广泛的一种接口。其中 DTE 和 DCE 是通信系统中两个重要的概念。

- DTE(Data Terminal Equipment),是具有一定数据处理能力的设备,如计算机,一般不直接连接到网络。
- DCE(Data Circuit-terminating Equipment),在 DTE 和传输线路之间提供信号变换功能,并负责建立、保持和释放链路的连接,如网卡。

RS-232 目前较新的版本号为 E,相对广泛应用的 C 版本电气性能改进了不少。

RS-232 采取不平衡传输方式,即所谓的单端通信。单端通信方式是相对于差分(在 RS-422 中介绍)通信方式而言的,它仅使用一条信号线进行传送,当信号线为信号电流提供正向通道时,接地线负责提供回流通道。单端接口的优点是简洁、成本低,但缺陷也明显:对噪声较为敏感、易产生横向电磁波、造成串扰(串扰是相邻信号和控制线之间的电容和电感耦合)。

标准只涉及物理层的相关规定,还需规定数据链路层相关协议才能使用。

2. 接口标准

RS-232 标准规定采用 25 脚的 DB-25 连接器,这是机械特性。E 版本 RS-232 规定使用其中的 23 根引脚(只有 2 个予以保留)。

标准对各种信号的电平等加以规定,这是电气特性。

标准对连接器每个引脚的信号内容加以规定,这是功能特性。

RS-232 标准虽然指定了 23 个不同的信号连接,但很多厂商并没有全部采纳。出于资金和空间的考虑,9 芯的 DB-9 型连接器被广泛使用。

这些接口外观呈 D 形,俗称 D 型头,对接的两个接口又分为针式的"公插头"和孔式的"母插座"(见图 7-1)。对接口所有引脚都加以编号,如 Pin 1～Pin 9 和 Pin 1～Pin 25。

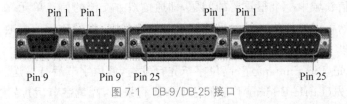

图 7-1 DB-9/DB-25 接口

3. 电气标准

RS-232 标准规定信号电平在 $-3～15V$ 或 $3～15V$,接近 0 的电平是无效的,其中负电平为 1,正电平为 0。图 7-2 是数据传输的一个示例图(图中数据为 8 位,第一个 0 为起始位,最后一个 1 为结束位)。这种编码属于不归零编码,易导致收发时间不同步问题。通常,如果通信速率低于 20kb/s,RS-232C 直接连接的最大物理距离为 15m,但是可以通过增加中继器进行延伸。

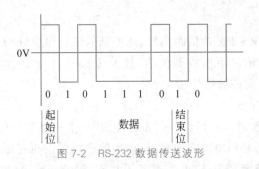

图 7-2 RS-232 数据传送波形

4. 功能规定

表 7-2 展示了 9 芯 RS-232 接口的信号和引脚分配。

63

表7-2　9芯 RS-232 接口的信号和引脚分配

引脚号	缩写符	信号方向	说　明
1	DCD	输入	载波检测,也叫接收线信号检出,用来表示 DCE 已接通通信链路
2	RXD	输入	接收数据
3	TXD	输出	发送数据
4	DTR	输出	数据终端准备好
5	GND	公共端	信号地
6	DSR	输入	数据装置准备好
7	RTS	输出	请示发送
8	CTS	输入	允许发送
9	RI	输入	振铃指示,该信号有效(ON 状态)时,通知终端呼叫

还有一种最为简单且常用的三线制接法,即只使用地线、接收数据线和发送数据线。DB-9 和 DB-25 两个不同类型的接口也可以通过三根线互联,省去了转换器的转换。

5. 传输顺序

计算机通信领域中一个很重要的问题,即通信双方交流的信息单元(如比特、字节等)应该以什么样的顺序进行传送。如果不达成一致的规则,将导致通信失败。针对字节序,目前通常采用以下两种顺序。

* 大端优先(Big-Endian)序:高位字节先行发送,低位字节后行发送。
* 小端优先(Little-Endian)序:低位字节先行发送,高位字节后行发送。

串行接口通信的传输过程默认是发送端按小端优先序逐字节、逐位传输。假设发送方发送的数据是 0x6812,根据小端优先序的规定,数据传输的比特流将是 01001000 00010110,其中 0100 是 0010(即 0x2),1000 是 0001(即 0x1),0001 是 1000(即 0x8),0110 是 0110(即 0x6)。

7.3 其他串口技术

1. RS-422

RS-422 是为改进 RS-232 通信距离短、速率低的缺点而设计的,目前的应用主要集中在工业控制环境,特别是长距离数据传输,最大传输距离为 4000 英尺(约 1219m,要求100kb/s 速率以下),最大传输速率为 10Mb/s。

1) 差分传输

RS-422 使用了平衡通信接口(又叫"差分传输"),由相互对称的两根数据导线构成电气回路,传输一路信号,它们电流方向相反,产生的磁场可以相互抵消,具有较好的抗干扰性。两条信号线中一条定义为 A,另一条定义为 B。通常规定 A、B 之间的电平差(例如 A的电平减 B 的电平)在 $+2\sim+6\text{V}$ 之间是一个逻辑状态(例如 1),在 $-6\sim-2\text{V}$ 是另一个逻辑状态(例如 0),如图 7-3 所示。

差分传输方式与单端传输方式相比,能有效地提高数据率,因为差分方式能缩小信号的电压振幅。具体来讲,若以 0V 为低,4V 为高,传输信号时电压无法瞬间从 0V 变为

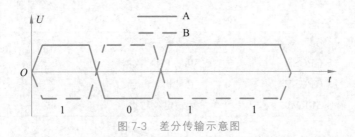

图 7-3 差分传输示意图

4V,变换需要一段时间。但如果以 0.3V 为高,电压跃迁就能在较短时间内完成。但信号跃迁范围变小,会增加信号电压判断的难度,还易受噪声的影响,为此差分方式通过合并两条线路的信号可以获得 2 倍的电压振幅(如 0.6V)。另外还有一个好处,对外部电磁干扰免疫,因为一个干扰源很难相同程度地影响信号对的每一条线。

差分方式得到了广泛的应用,如 USB、HDMI、PCI Express、SATA 等。

2)传输模式

RS-422 允许在一条线上最多连接 10 个设备,其中一个为主(Master)设备,其余为从(Slave)设备,实现点对多点的双向通信,从设备之间不能通信。为了避免两个或多个从设备同时发送信息而引起冲突,通常采用主设备呼叫、从设备应答的方式,即只有被主设备呼叫的从设备(每台从设备都有自己的地址)才能发送信息。

2. 串口的扩展

一般来说,一台计算机的串口数有限,但某些情况下计算机需控制的设备会很多,如一台播控计算机需同时控制录像机、切换台、字幕机等各种设备,这就需要对串口进行扩展。RS-232 只能实现 1 对 1 的通信,但是通过特殊的模块,可以实现 1 对多的通信,如武汉鸿伟光电的 E232H4 4 路 RS-232 高速隔离集线转换器,就可以实现一个串口设备与 4 个串口设备间的主、从式通信。

再如,MOXA CI-134 是专在工业环境下设计的 RS-422/485 四串口卡,它支持 4 个独立的 RS-422/485 串口,在一对多点的通信应用下最多可控制 128 个设备。

3. GPS 输出通信协议——NMEA0183

上面讲述的主要是物理层的内容,下面简要介绍一个应用于串口通信技术之上的数据链路层的协议。为了让不同厂家的软件能够读取任一台 GPS 接收机的数据,就需要制定一个统一格式的数据交换标准,为此提出了 NMEA0183。该标准已成为 GPS 导航设备统一的 RTCM 标准协议。符合 NMEA0183 标准的 GPS 接收机,其硬件接口推荐 RS-422,但应兼容计算机的 RS-232C 协议串口。

NMEA0183 协议以 ASCII 码为基础规定了一系列的命令,如表 7-3 所示。

表 7-3 NMEA0183 定义的命令

序号	命 令	说 明	最大帧长/B
1	$ GPZDA	UTC 时间和日期	
2	$ GPGGA	全球定位数据	72
3	$ GPGLL	大地坐标信息	
4	$ GPVTG	地面速度信息	34

65

序号	命 令	说 明	最大帧长/B
5	$GPGSA	卫星 PRN 数据	65
6	$GPGSV	卫星状态信息	210
7	$GPRMC	运输定位数据	70

NMEA0183 通信协议的发送次序为 $GPZDA、$GPGGA、$GPGLL、$GPVTG、$GPGSA、$GPGSV * 3、$GPRMC。协议语句的数据帧格式形如:

$ aaccc,ddd,ddd,…,ddd * hh<CR><LF>。其中:

- "$"为帧命令起始位,","为域分隔符。
- aaccc 为命令,前两位 aa 为识别符,后三位 ccc 为语句名。
- ddd…ddd 为数据。
- " * "为校验和前缀,表示其后面的两位数为校验和,hh 为校验和。
- CR(回车)+ LF(换行)代表命令帧的结束。

校验和是 $ 与 * 之间(不包括这两个字符)的所有字符 ASCII 码的校验和,各字节做异或运算,得到校验和后,再转换成十六进制格式的 ASCII 字符。

以 GPGGA 为例,它包含了 GPS 定位信息,是使用最广的帧。其格式为

$GPGGA,<1>,<2>,<3>,…,<13>,<14> * <15><CR><LF>

其中:

<1> UTC 时间,格式为 hhmmss.sss,h 为时,m 为分,s 为秒;

<2.>纬度,格式为 ddmm.mmmm,dd 为度,00~90,mm.mmmm 为分的度分格式,若前导位数不足,则补 0;

<3>纬度半球,N 或 S(北纬或南纬);

<4>经度,格式为 dddmm.mmmm,ddd 为度,000~180,mm.mmmm 为分;

<5>经度半球,E 或 W(东经或西经);

<6>定位质量指示,0=定位无效,1=定位有效;

<7>使用卫星数量,00~12;

<8>水平精度因子,0.5~99.9;

<9>天线离海平面的高度;

<10>高度单位,m 表示单位米;

<11>大地椭球面相对海平面的高度;

<12>高度单位,m 表示单位米;

<13>差分 GPS 数据期限(RTCM SC-104),最后设立 RTCM 传送的秒数量;

<14>差分参考基站标号,从 0000~1023(若前导位数不足,则补 0);

<15>校验和。

第 8 章 USB 总线

8.1 USB 概述

1. USB 的发展

USB(Universal Serial Bus,通用串行总线)由康柏、IBM、Intel 和微软于 1994 年提出,旨在统一外设接口(如打印机、鼠标等),最大的特性是支持即插即用和热插拔功能,在民用领域目前已经发展成为主流通信技术之一。

【案例 8-1】 WSN/USB 网关

成都索蓝科技有限公司推出的 WSN/USB 网关支持用户 WSN 相关模块与计算机 USB 接口的无缝连接;另外,USB 数据电缆可以实现供电的功能(可选)。

案例结合了 WSN 和 USB 两种通信技术。※

USB 发布了若干标准,大的版本包括:半双工方式的 USB 1.0、USB 2.0 和支持全双工方式的 USB 3.0、USB 4.0。它们的数据率提升很快:USB 1.0 只有 1.5Mb/s,USB 2.0 理论上为 480Mb/s,USB 3.0 理论上为 5.0Gb/s,USB 4.0 理论上可达 40Gb/s。

之所以称理论速率,以 USB 3.0 为例,由于采用的是 8b/10b 编码方式,因此实际的数据率只能达到 4Gb/s 左右,加上协议开销以及具体实现的影响,最终速度还会更低。

USB 4.0 最高可支持 100W 供电,涵盖大部分设备的充电功率,解决外接设备过多供电不足的问题。

2. USB 组成

USB 通信技术主要为了连接外设和主机,在 USB 系统中一般只有一个主机,主机可以连接多个 USB 设备(理论上,USB 主机一个接口最多可以支持 127 个设备),当 USB 设备连接主机以后,由主机负责给此设备分配一个唯一的地址。

USB 设备主要分为:

* 集线器可以为主机提供更多的 USB 连接点。
* 功能部件为主机提供了具体的附加功能。

USB 集线器是一种复用设备,拥有多个连接点,每个连接点称为一个端口。集线器可让不同性质的设备连接在主机的一个 USB 口上,复用该 USB 口。

集线器的上游端口连接主机,每个下游端口可以连接另外的集线器或功能部件。集线器可检测每个下游端口所连设备的安装或拆卸,为下游端口的设备分配能源。

一个集线器包括两部分,集线放大器(Repeater)和集线控制器(Controller)。集线放大器是一种处于上游端口和下游端口之间的协议控制开关,支持复位、挂起、唤醒等信号。集线控制器则提供了与主机之间的通信。集线器允许主机对其特定状态进行设置、发布命令进行控制,并监视和控制其端口。

3. USB 体系拓扑

USB 体系在物理结构上采用分层的树形拓扑（又称为菊花链）连接所有的 USB 设备，如图 8-1 所示，USB 体系最多支持 7 层（Tier）。一个复合设备可以同时包括若干 USB 集线器和功能部件，占据多层。

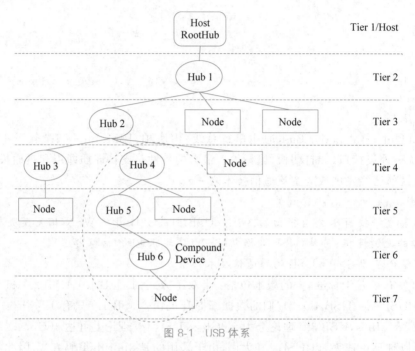

图 8-1   USB 体系

虽然 USB 设备通过集线器级联形成的物理拓扑为树形，但在逻辑上，主机与各个设备是直接通信的，形成了一跳的星形拓扑。

8.2   USB 的通信

8.2.1   USB 的层次结构

USB 通信的层次结构如图 8-2 所示。其中黑色箭头为实际数据流，白色箭头为按照对等原则进行的逻辑数据通信。主机端主要有如下部件。

- 客户软件是在主机上运行的、使用某一个 USB 设备的用户程序。
- USB 系统软件，使用主机控制器（Host Controller）对主机与 USB 设备之间的数据传输进行管理，一般由操作系统提供。
- USB 主机控制器负责控制主机和 USB 设备的通信，是一个软硬综合体，功能包括：串并转换、帧透明传输、协议使用、传输错误处理、远程唤醒、根 Hub 和主机系统接口等功能。

USB 设备端主要有如下部件。

- USB 物理设备是基于 USB 通信完成某项功能的一种软硬件集合，可运行一些设备程序，如基于 USB 的打印机。
- USB 逻辑设备对 USB 系统来说就是一个端点的集合，每个逻辑设备都有一个唯

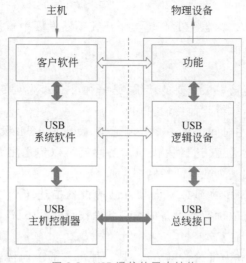

图 8-2　USB 通信的层次结构

一的地址。

- USB 总线接口提供了在主机和设备之间的连接,负责实际传送和接收数据包。

8.2.2　USB 传输方式

1. 基本概念

每个 USB 设备都有一个唯一的地址,是在设备连上主机时由主机所分配的。

标准允许多种不同的数据流相互独立地进入某 USB 设备,独立完成主机上的软件与设备间的通信,而每个数据流都在设备上的某个端点(Endpoint)处结束,不同的端点用于区分不同的数据流。而每个端点在设备内部具有唯一的端点号。

这种主机和 USB 设备端点间的通信称作通道(或管道)。有两种通道:单向的和双向的。其中控制端点可以双向传输数据,而其他端点只能单向传输数据。

USB 设备可以拥有许多通道,例如,可以使用两个端点形成两个通道:一个用来传输主机到 USB 设备的数据;另一个用来传输 USB 设备到主机的数据。

USB 中有一个特殊的通道——缺省控制通道,它属于消息通道,当设备一启动即存在了,从而为设备的设置、查询状况和输入控制信息提供一个入口。

2. 基本通信模式

USB 是一种基于轮询(Polling)的总线系统,由主机启动所有的数据传输,设备不能主动与主机进行通信。USB 设备通过由主机调度的、基于令牌(Token-Based)的协议共享 USB 带宽。每一总线执行动作最多传送三个数据包(可理解为三个阶段):

(1) 传送开始时,主机控制器发送一个描述传输过程的种类、方向、USB 设备地址等信息的数据包,这个数据包通常称为令牌包(Token Packet)。

(2) 传输开始时,由令牌包标志数据的传输方向,然后发送端开始发送具体的数据包,或申明自己没有数据需要传送。

(3) 接收端发送一个握手的数据包表明是否传送成功。

3. 传输类型

USB 包括以下几种传输类型(且传输类型还在不断发展中),每种类型对上述阶段进行不同的取舍。

1) 控制传输方式

控制传输是 USB 传输中最重要的传输,是一种可靠的双向传输,只有在正确执行完控制传输后,才能进一步执行其他传输模式。

控制传输为设备与主机间提供一个控制通道,负责向 USB 设备发送一些控制信息。每个 USB 设备都有控制通道,这样主机与设备间就可以传送配置、命令或状态信息了。每个 USB 设备必须实现一个缺省的控制端点(0 号端点)。

USB 设备千差万别,其内部必须记录自己的设备描述符。当主机检测到设备联机后,首先读取设备描述符以确定该设备的类型和操作特性,并对该设备进行一定的设置。

2) 数据块(Bulk)传输方式

数据块传输方式又称为批量传输方式,是一种可靠的单向传输,但无延迟保证,它尽量利用可以利用的带宽完成数据的传输,适用于数据量比较大的传输。如果数据出现错误、传送失败,则需要进行重传。相对于其他传输类型,该类型的优先级最低。

该方式包括三个阶段,即上面所介绍的令牌包、数据包、握手包。

3) 同步(Synchronous)传输方式

同步传输方式支持具有周期性、时延有限的,且数据传输速率不变的设备与主机间的数据传输。该方式用来联接那些对时间较为敏感的设备,如麦克风、摄像机等,这些设备需要连续传输数据,且对数据的正确性要求不高(实时性才是最重要的)。

同步传输方式下,要求发送方和接收方必须保证传输速率的匹配。

同步传输只有两个阶段,没有最后一步的握手阶段。

4) 中断传输方式

中断传输方式是一种单向的传输,该方式用来传送数据量较小,无周期性,但需要及时处理的设备数据,这些设备要求马上响应,以达到实时性的效果,如键盘、鼠标、游戏手柄等。

8.2.3 USB 传输技术

1. 概述

USB 1.0、USB 2.0 采用 4 针接头。USB 3.0 在 4 线结构的基础上又增加了 5 条线路(接口结构见图 8-3),其中 2 根用来发送数据,2 根用来接收数据(形成 2 对差分全双工电路),还有 1 根地线。USB 4.0 采用了 Type-C 接口,24 线。

USB 信号采用差分传输模式,通过协议协商的方式决定数据的传输方向。采用 CRC(循环冗余校验)方式进行差错的排查(见 4.4.2 节)。USB 采用小端(Little Endian)格式传输字节,即先传输字节的最低有效位,最后传输字节的最高有效位。

图 8-3 USB 3.0 接口示意图

2. 编码

USB 2.0 采用不归零翻转编码(Non Return-to-Zero Inverted Code,NRZI),USB 3.0 采用 8b/10b 编码(用 10 个 bit 替换原数据的 8 个 bit)。NRZI 编码用电平的一次翻转代表 0,与前一个电平保持相同(无反转)代表 1,如图 8-4 所示。

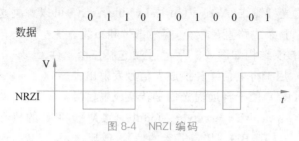

图 8-4 NRZI 编码

NRZI 编码有一个特点,即信号经过反向后,解码后的内容不变。

NRZI 编码规定发送数据前首先发送同步头 SYNC,内容为 00000001,前面 7 个 0 经过 NRZI 编码后,将得到 7 次翻转信号。接收端很容易根据这样的脉冲得到接收时钟。此后根据这个时钟对后面的数据进行采样(可以理解为读取)。

当数据包含连续的 1 时,NRZI 编码后,长时间内没有产生翻转信号,会导致接收端无法从中得到同步信号,进而造成接收时钟的漂移,无法正确接收后续的数据。USB 解决这个问题的办法是:采用位填充法(Bit-stuffing)强制插 0。协议规定:

- 待发送的数据中一旦出现连续的 6 个 1,进行 NRZI 编码前,首先在这 6 个 1 后面插入 1 个 0(不管后面是否为 0),然后再进行 NRZI 编码。
- 接收端如果收到连续的 6 个 1,则自动去掉后面的 1 个 0,再继续解码。

3. 数据包

数据传输以包为单位。数据包分为以下 4 类。

- 令牌包/标记包(Token),如 OUT、IN、SETUP、SOF。
- 数据包(Data)。
- 握手包(Handshake),如 ACK、NAK、STALL、NYET。
- 特殊包(Special)。

令牌包中,OUT、IN、SETUP 用来在主机和设备端点之间建立数据的传输。

数据只能存在于数据包中,大小为 0～1023B,数据域以 16 位的 CRC 校验和结束。产生的多项式为 $G(x) = x^{16} + x^{15} + x^2 + 1$。

握手类的包中,ACK 表示传输成功;NAK 表示传输失败,要求重新传输;STALL 表示功能错误;NYET 表示尚未准备好,要求等待。

8.3 USB 的相关技术

1. 无线 USB 技术

无线 USB 技术将帮助用户在计算机连接设备时从纷繁复杂的电缆连线中解放出来。无线 USB 要求在个人计算机和外设中装备无线收发装置以代替电缆连线。无线 USB 可以采用超宽带技术进行通信(后面章节将会讲到),数据传输速率可达 480Mb/s。

2. USB 3.0 主动式光纤缆线

为了保证 5Gb/s 的信号质量，同时还须考虑电磁干扰等问题。USB 3.0 缆线（铜线）必须使用 9 根线材，采用特殊的绕线方式，这都使得 USB 3.0 的线缆较为粗重。另外，如果线缆超过规范规定的最长长度（3m），则还须使用特殊技术加强信号。

USB 3.0 主动式光纤缆线（Active Optical Cable，AOC）可以解决这些问题，每条光纤的纤径只有 62.5μm，整条线路直径较小，容易携带和布线。

USB 3.0 AOC 接头结构如图 8-5 所示，主要包括三个组件。

- 激光器（Tx），用于将电信号转换成光信号发射出去。
- 光电接收器（Rx），用于将远程光信号转换成电信号。
- 光电收发器（Optical Transceiver Module，OTM），AOC 的核心，负责把设备传来的信号转换成与 USB 3.0 接口兼容的信号（或反之）。

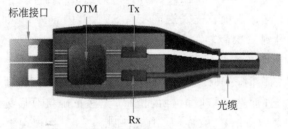

图 8-5　USB 3.0 AOC 接头结构

第 9 章　现 场 总 线

9.1　概述

现场总线（Field Bus，也称现场网络）作为工厂环境下通信网络的重要技术，可用于制造自动化、楼宇自动化等诸多领域中，使现场智能设备之间、现场智能设备和控制室之间实现互连，进而进行双向、串行、多点的数字化通信。

传统的工业连线方式如图 9-1(a)所示，厂房和控制室间线路复杂，可维护性、可扩展性差。采用现场总线（见图 9-1(b)）后，两者之间只需一根线缆即可，厂房内的各种设备也很容易实现互联。现场总线的出现将原有的末端网由单线连接方式升级为真正的网络方式。现场总线应具有如下特点。

- 协议简单，布线简单，便于节省安装费用，提高了系统的可靠性。
- 全数字化通信，多数技术具有短帧传送、信息交换频繁等特点。
- 开放型的互联网络，包括通信规约的开放性、开发的开放性，并可与不同的控制系统相连，实现可互操作性与互用性。
- 具备较强的抗干扰性、稳定性、容错能力、便于查找/更换故障结点的诊断能力。
- 具有较高的实时性。

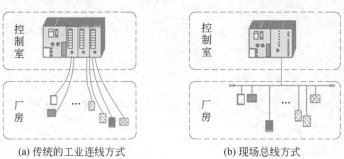

(a) 传统的工业连线方式　　　　(b) 现场总线方式

图 9-1　工业连线的变迁

9.2　CAN 总线

1. 概述

CAN（Control Area Network）由德国博世（BOSCH）公司推出，其所具有的高可靠性、实时性和良好的错误检测能力受到越来越多的重视，被广泛应用于工业自动化生产线、汽车、传感器、医疗设备、智能化大厦、电梯控制、环境控制等领域。

CAN 总线规范的物理层和数据链路层已被 ISO 制定为国际标准，并不断新增加了部分内容。如 ISO 11519 标准主要采纳了低速 CAN 规范,速率在 125kb/s 以下。ISO 11898 标准主要采纳了高速 CAN 规范,速率为 125kb/s~1Mb/s。

美国国家海洋电子协会(NMEA)制定了基于 CAN 总线的船舶应用协议——NMEA 2000,用以统一船载电子设备(如传感器、执行器、控制模块等)间的数据通信标准。

可以借助一些辅助仪器进行开发,如总线分析仪。CANScope 是一款综合性的 CAN 总线开发与测试专业工具,可对 CAN 网络通信正确性、可靠性进行多角度、全方位的评估,帮助用户快速定位故障结点,解决 CAN 总线应用的各种问题。

【案例 9-1】 基于 CANOpen 的电梯监控

图 9-2 是一个基于 CANOpen-CiA DSP 417 的电梯监控系统示意图。CANOpen 是基于 CAN 总线的一个应用层协议,而 CiA DSP 417 是 CANOpen 在电梯领域的应用体现,传输实时性高,现场抗干扰能力强,系统可靠性好。

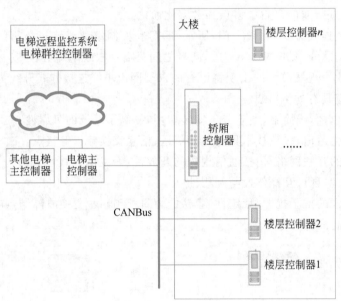

图 9-2 基于 CANOpen 的电梯监控系统

基于 CiA DSP 417,可以实现电梯部件的即插即用,就像 PC 配件一样,这样可以大大降低产品垄断性。※

2. CAN 总线系统组成

基本的 CAN 总线系统由以下三个主要功能部件组成。

- CAN 收发器:兼具收发功能,将控制器的数据转换为电信号并送入数据传输线,或从数据传输线收取电信号转换为数据转交给控制器,存在于图 9-3 的结点中。
- 数据传输线:双向的数据总线,负责数据信号的传输。
- 数据传输终端:即电阻,防止电信号在总线线端被反射,影响数据的传输,即图 9-3 中的 R。

多个 CAN 总线可以实现互连,但不同 CAN 总线的速率和识别代号等不同,可以采用网关在不同总线间进行相关的转换。另外,一些网关可以将那些不具备 CAN 通信接口的设备变成一个 CAN 结点。还有一些网关可以实现其他网络(如 Wi-Fi、以太网等)和

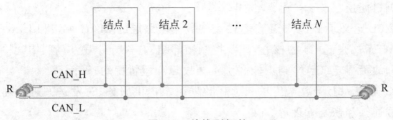

图9-3 总线型拓扑

CAN 总线间的数据转换。

3. CAN 拓扑

总线型拓扑是基本结构,如图 9-3 所示,由高、低电压两根线组成双向数据总线,实现一路信号的差分发送。每个控制器及其收发器被看作一个结点。

CAN 总线可通过中继器(Repeater)连接到干线,形成树形拓扑,如图 9-4 所示。

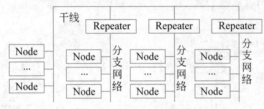

图9-4 CAN 树形拓扑

4. CAN 协议栈

CAN 采用了 ISO/OSI 体系的物理层、数据链路层和应用层。

1) 物理层

CAN 的通信介质可以是双绞线、同轴电缆或光纤,最常用的是双绞线。通信距离最远可达 10km(5kb/s),数据率最高可达 1Mb/s(40m),结点数可达 110 个。

CAN 信号使用差分电压传送,两条信号线分别定义为 CAN_H 和 CAN_L,定义总线电平为:总线电平＝CAN_H－CAN_L。CAN 规定:

- 隐性,总线电平小于或等于 0,表示数据 1。
- 显性,总线电平大于 0,表示数据 0。

由于采用了差分信号收发方式,因此 CAN 总线适用于高干扰的环境,并可以具有较远的传输距离。在这样的规定下,只要有一个结点输出显性电平,总线即表现为显性电平;只有所有结点都输出隐性电平,总线才为隐性电平。在此基础上,为了满足数据链路层的仲裁协议,CAN 规定:

- 空闲时总线处于隐性状态。
- 在没有节点发送显性位时(可以发送隐性位),总线处于隐性状态。
- 当有结点发送显性位时,显性位覆盖隐性位,总线处于显性状态。

为了避免数据中包含太多相同的位而导致双方失去同步,CAN 规定,发送结点如果连续发送了 5 个 1(或 0),则自动在其后添加一个 0(或 1),强制实现跳变。接收方如检测到 5 个连续的 1(或 0),自动丢弃后面跟随的一位填充位即可。

75

2）数据链路层

CAN 2.0B 定义了 ISO/OSI 参考模型中数据链路层的 MAC 子层和 LLC 子层。

- MAC 子层是 CAN 的核心，涉及控制帧的结构、执行仲裁、应答、错误检测、出错标定和故障界定（CAN 结点能区别永久故障和短暂扰动）等。
- LLC 子层为上层数据传送和远程数据请求提供服务，对发送方进行确认，并实现超载通知和恢复管理等。

CAN 可实现点对点、点对多点及全局广播等几种传输方式，采用了短帧结构，传输时间短、受干扰概率低。短帧可满足通常工业领域的一般要求，同时不会占用总线时间过长，从而保证了通信的实时性。

当多个结点希望同时发送数据时，需由 CAN 规定的总线仲裁技术进行仲裁。

3）应用层

在 CAN 的发展过程中出现了各种版本的 CAN 应用层协议，目前定义了应用层协议的有 ISO 11783、CANOpen、CANaerospace、NMEA 2000 等。

9.3　CAN 的数据链路层

1. CAN 标识符

CAN 不使用地址信息，而是为每个结点规定了一个总线标识符（ID），结点的数据帧需包含该 ID。通常情况下，标识符代表了数据帧的内容，具有解释数据的功能。用户可以自行定义 ID 的值和含义，例如 CANOpen 协议把 ID 的其中一部分作为"源地址"，其他部分作为"目的地址"，这样数据从哪里来到哪里去都清晰了。

网络上的其他结点，需要根据自身情况定义自己的过滤机制，对收到的标识符进行过滤，根据过滤结果判断是否接收数据帧（可以理解为信息路由）。这种方式可使不同的结点同时收到相同的数据，这一点在分布式控制系统中非常有用。

CAN 标识符的第二个作用，是用作 CAN 总线的仲裁（见下面的媒体控制），数据帧 ID 越低，优先级越高，在两个不同标识符数据帧同时上线时，仲裁机制使得标识符值低的占用总线，标识符值高的退出竞争。

这些规定使得不须考虑结点软硬件的改变，可直接在 CAN 中添加结点。

2. CAN 的多路访问

1）发送过程

CAN 的多路访问控制非常简单：

（1）数据发送前，结点收发器对总线进行监测，如果总线空闲，就可以启动数据的传送。

（2）数据传送过程中，收发器还需继续监测总线，当发现总线上的数据信号与自己的不相符时，表示产生了冲突，中断本次发送。

（3）数据到达目的结点后，接收结点对数据帧的 CRC 域进行检测，当检测到错误时，产生一个错误帧，并将其发送到总线上。

这个过程有些类似于以太网的 CSMA/CD 协议，但出现冲突时，CAN 可以进行非破坏性仲裁，保证高优先级帧继续发送，而 CSMA/CD 将破坏性地丢弃所有数据。

2）非破坏性总线仲裁技术

当几个结点同时传输时，CAN 基于隐性/显性的定义，按优先级进行仲裁。CAN 优先级是定义在结点标识符中的，标识符越小，优先级越高。

如果多个结点同时开始发送数据帧，这些结点需参与仲裁过程：从已发到总线上的标识符的第一位开始，与自己的标识符进行对比。其中最先连续输出显性电平最多（标识符中含 0 最多，标识符最小）的结点（设为 A）可继续发送，其他结点将发现自己的标识符大于 A 的标识符，于是终止本次发送。

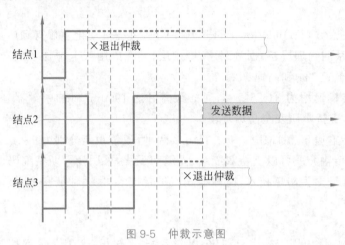

图 9-5　仲裁示意图

另外，CAN 规定：具有相同标识符的数据帧和控制帧竞争总线时，数据帧具有优先权，而控制帧停止发送，即保证数据帧优先被发送。

以图 9-5 为例介绍仲裁技术，假设结点 1 的标识符为 011111（优先级最低），结点 2 的标识符为 0100110（优先级最高），结点 3 的标识符为 0100111。

某时刻 3 个结点同时发送，因 3 个标识符前两位（01）相同，所以即使同时发送，也不会相互干扰，三个结点都不认为产生了冲突，都继续发送。

在第 3 位进行比较时，结点 1 的标识符是"1"（隐性），被结点 2、3 的显性位所覆盖，结点 1 知道自己标识符大于其他结点而停止发送，结点 2、3 继续。结点 2、3 的标识符在 4、5、6 位都相同，它们继续发送自己的标识符，并不认为产生了冲突。直到第 7 位时，结点 3 才发现自己的优先级比不过结点 2，于是停止发送。最终只有结点 2 发送完自己的数据。

在仲裁过程中取消发送的结点，等待总线的下一个空闲期尝试重新发送。

这种总线仲裁方法的优点在于，在最终确定哪一个帧被传送以前，该帧的起始部分已经在网络上传送了，且不会被破坏。

3. CAN 的错误处理

CAN 结点使用了五种检查错误的方法：

- 帧正确性，CAN 采用 CRC 检查数据帧的正确性。
- 帧检查，检查数据帧的格式和大小来确定数据帧的正确性。
- 应答错误，接收结点通过明确的应答机制确认数据帧的正确接收。
- 总线检测，发送结点需持续探测发送位和总线上正在传输的位的差异。
- 位填充检查，如在一帧中有 6 个相同位的电平，则可以判断出现了错误。

结点如果探测到错误,下一位开始时立即发送错误标志,阻止其他结点接收错误的帧。发送结点探测到错误后,在 23 个位周期内重新开始发送帧。

CAN 还提供了一种区别偶然错误和永久错误(结点失效)的办法:对出错结点进行统计评估,若确定该结点本身出现了问题,则关闭该结点。

9.4 其他现场总线技术

1. 基金会现场总线

基金会现场总线(Foundation Fieldbus,FF)在过程自动化领域得到广泛的支持,采用了 ISO/OSI 体系的物理层、数据链路层、应用层,并在应用层上增加了用户层。基金会现场总线分两种,低速 H1 和高速 H2。

- H1 的传输速率为 31.25kb/s,通信距离可达 1900m(可加中继器延长),可支持总线供电,支持本质安全防爆环境。
- H2 的传输速率为 1Mb/s 和 2.5Mb/s 两种,通信距离分别为 750m 和 500m。

FF 的物理传输介质可以支持双绞线、光缆和无线,采用曼彻斯特编码。

所谓的本质安全型防爆技术,简称本安型防爆技术,是一种最安全、最可靠、适用范围最广的防爆技术。

2. LonWorks

LonWorks 广泛应用于楼宇自动化、保安系统、运输设备、工业过程控制等行业,采用 ISO/OSI 体系全部七个层次和面向对象的设计方法,把网络通信设计简化为参数设置。LonWorks 可使用双绞线、同轴电缆、光纤、射频、电源线等多种通信介质,速率 300b/s～15Mb/s 不等,通信距离可以达到 2700m(78kb/s,双绞线)。

LonWorks 还可以通过各种网关实现与以太网、FF、Modbus、DeviceNet、Profibus 等的互联。LonWorks 还开发了相应的本安型防爆产品,被誉为通用控制网络。

3. HART(Highway Addressable Remote Transducer)

HART 由 Rosemount 公司开发,得到 80 多家著名仪表公司的支持。HART 利用总线供电,可挂载 15 个设备,最大传输距离可达 3000m,也可满足本安型防爆要求。

HART 采用了 ISO/OSI 参考模型的物理层、数据链路层和应用层,传输速率为 1200b/s,支持两种通信方式:点对点主从应答方式和多点广播方式。

HART 采用统一的设备描述语言(DDL)描述设备特性,现场设备开发商需要使用 DDL 描述自己设备的特性,HART 基金会负责登记管理这些设备描述。主设备运用 DDL 技术理解这些设备的特性参数,而不必为这些设备开发专用接口。

4. 其他

主流现场总线还包括 DeviceNet、Profibus、CC-Link 等。工业以太网已经推出,改变了以太网无法满足实时性、环境适应性、总线馈电等要求的不足。

不少产品积极和 TCP/IP 结合,如基金会现场总线的 HSE(High Speed Ethernet)、施耐德公司的 Modbus TCP/IP 是各自产品与以太网和 TCP/IP 结合的产物。西门子将原有的 Profibus 与互联网技术结合,形成了 ProfiNet 网络,等等。

第 4 部分
末端网通信技术——无线通信底层技术

本部分开始介绍末端网的无线通信底层部分,之所以称为底层,是因为本部分所讲述的通信技术,主要工作包含在 ISO/OSI 参考模型的物理层和数据链路层内。这一部分的技术涉及的是实际的、"面对面"的通信技术,是下一部分内容(Ad Hoc 网络)的基础,很多内容实际上也适用于后面的接入网络。

无线通信方式因为能量的辐射,容易导致信号在传输过程中产生衰退和相互干扰,数据信号的质量难以保证,所以无线方式下,一般传输协议比较复杂,往往需要接收方的确认机制来保障数据的可靠传输。

这部分技术中,数据链路层这一范畴应该是会涉及的,因为传输过程必定涉及结构化的数据以及所带来的链路管理。因为是底层通信技术,所以不考虑网络层的相关算法和协议,这将在下一部分内容中讲述。

本部分首先介绍物理层、数据链路层的相关概述以及相关算法,然后介绍超宽带、红外连接技术、IEEE 802.15.4 等具体的无线通信技术。

第 10 章　无线通信底层技术概述

10.1　物理层

1. 数字通信模型

无线通信过程易受外界影响,为了提高可靠性,往往需增加更多的检错/纠错手段。这里将图 2-3 细化为如图 10-1 所示的模型,把编码依不同目的分为信源、信道编码。

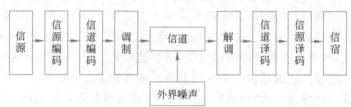

图 10-1　数字通信的模型

信源编码的目的是提高信号的有效性和传输效率。为提高有效性,需提供相关机制使接收方更方便地接收信息,如曼彻斯特编码用两个方波作为一个码元代表一个比特,给接收方提供了良好的同步措施。为了提高效率,可以进行信息的压缩。

信道编码又称纠错编码,目的是消除信道各种失真和干扰,降低传输误码率,提高通信的可靠性。一般在信息中增加相关冗余比特后才输出。如果信息出错,对于查错性质的校验方法(如奇偶校验),接收方可要求发送方重新发送;对于有纠错能力的校验方法,接收方可根据冗余信息纠正一定的错误。

2. 物理层的主要工作

物理层首先对物理传输介质进行了规定,如把物理层类比于道路建设规划,则马路宽度对应介质能提供的信道带宽、车道方向的规划对应是否全双工、车道数对应信道复用等。而供应商提供符合规定的通信设备相当于交通建设部门按照规定铺就了马路。其次,物理层通过对无线通信传输介质的利用,为上层数据传输提供物理的连接,执行信号的发送和接收工作。为了完成这些工作,无线通信的物理层还需要包括信道的区分和选择、无线信号的监测、信号的发射和接收,等等。

由于存在多种干扰因素,因此无线通信的物理层设计目标之一就是以相对低的功能损耗获得较大的链路容量。为此,物理层经常采用的关键技术包括多天线、自适应功率控制、自适应速率控制等。举一个简单的例子,我们平时所用的手机,如果在通信环境较好的条件(如距离基站较近),则会自动降低信号发射的功率,反之则增强。

3. 物理层的传输介质

无线通信的可能传输介质有电磁波和声波等。

电磁波按频率划分,包括无线电波、光波、X 射线和伽马射线等,如图 10-2 所示。其中的紫外线、X 射线和伽马射线等因会对人体的健康造成影响,所以较少使用。

无线电波按照频率分为特低频、甚低频、低频(长波)、中频(中波)、高频(短波)、甚高频、特高频、超高频、极高频,后面几个波长较短的又叫作微波。无线电波是目前使用最为广泛的无线介质,在各个通信环节(包括末端网环节)都可以被有效利用。但是,无线电波的频带有时需要申请。

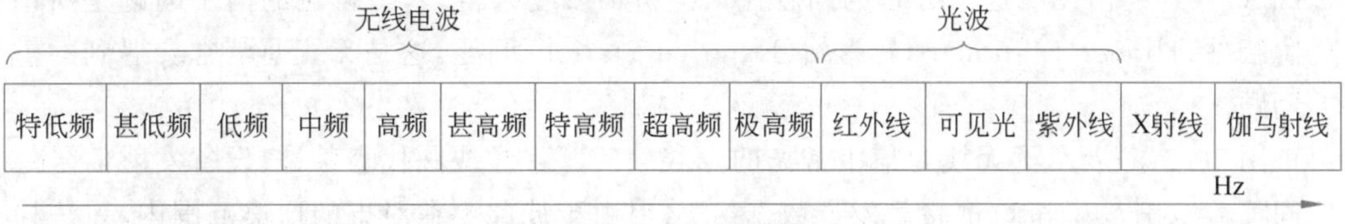

无线电波									光波				
特低频	甚低频	低频	中频	高频	甚高频	特高频	超高频	极高频	红外线	可见光	紫外线	X射线	伽马射线

Hz

图 10-2　电磁波谱

光波包括红外线、可见光、紫外线,以激光形式进行无线通信,功耗比无线电波低,更安全,可利用带宽大,但缺点明显:只能直线传输且无障碍物,通信双方需彼此对准,传输过程易受大气状况影响等。其中,红外线被认为是一种对人体有益的无线传输介质,更适合家居使用(比如各种遥控器)。

水下通信中有效的通信方式是声波通信,但声波通信速率低、延迟大(水下约为1400m/s),性能提升困难,为此水下激光通信和无线电波通信也在探索之中。

10.2　数据链路层相关工作

1. 数据链路层的主要工作

数据链路层在通信双方间建立、维持、拆除数据链路,以进行数据的通信,如同运输部门通过马路进行货物/人员的输送,但需要交警进行管理。其工作主要集中在 MAC 子层。无线通信的 MAC 子层有一项重要工作就是信道分配,即如何把信道分配给不同的用户。基于不同的思想,MAC 协议可分为调度方式和竞争方式两类。

2. 基于调度的方式

基于调度的方式事先把频道进行划分并分配给某些用户使用(如事先安排甲和乙使用 A 信道,丙和丁使用 B 信道),这种方式不会产生冲突,因此基于调度的 MAC 协议也称为无冲突的 MAC 协议或无竞争的 MAC 协议。

但如果用户数量较多怎么办呢?可以让不同的用户轮流使用这些信道。

这种方式会带来一些新问题,如谁负责调度呢?如何让大家时间一致呢(如不一致,就无法有效实现轮流)?是否允许新用户加入呢?如何做到公平呢?等等,这些都需要考虑。

3. 基于竞争的方式

竞争方式下典型的例子如:Wi-Fi 路由器(接入点 Access Point,AP)附近有多个移动设备时,大家采用的方式是谁先抢到信道谁先使用,即所谓的竞争。那么就需要处理以下几个问题。

* 如何让所有用户合理地共享通信资源,避免有两个或两个以上的用户同时发送信

81

号给某一个设备。

- 如何实现公平,避免某些用户始终不能发送数据,如 RFID 防冲突算法中的帧时隙 ALOHA 算法就对此进行了考虑。
- 如何提高通信的效率。

不少协议都采用了类似人类讲话的原则:讲话前先听一听旁边的人是否在讲话,如果别人在讲话,我就暂时闭嘴,这叫载波侦听多路访问(Carrier Sense Multiple Access, CSMA)方式。但无线通信处理的问题比人类讲话要复杂得多,最常见的两个问题是所谓的隐蔽站(Hidden Station)和暴露站(Exposed Station)问题,这是无线通信常会遇到的重要问题。

图 10-3(a)展示了无线通信中常见的隐蔽站问题。虚线圆代表某站/设备发射信号的空间覆盖范围。A 和 C 都希望发送数据给 B,但由于彼此不在对方的通信范围内,无法检测到对方的无线信号,都以为 B 是空闲的,都向 B 发送了数据。结果,在 B 处,两者的信号发生了碰撞,B 无法收到有效的信号。

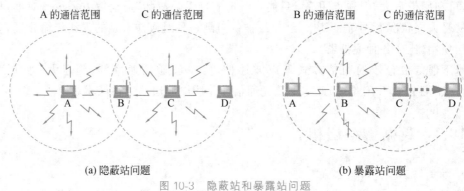

图 10-3　隐蔽站和暴露站问题

图 10-3(b)展示了无线通信中常见的暴露站问题。B 向 A 发送数据时,C 想和 D 通信。但由于 C 检测到媒体上有 B 的信号存在,于是不敢向 D 发送数据。但实际上 C 发送信号给 D 是没有问题的,因为 C 的信号一旦向右超出 B 的通信范围,就会恢复正常了。这个问题降低了整个系统的通信效率。

针对这两种情况,不少无线协议采用通过 RTS(Request To Send)/CTS(Clear To Send)进行预约的模式来缓解,即在发送数据之前,发送方用 RTS 帧预约信道,接收方发送 CTS 帧对预约进行确认。而且在预约过程中,RTS 和 CTS 帧之间的等待时间间隔被设定为最小,使得其他站点难以抢占信道(相当于聊天过程中,对话双方停顿时间很短,让别人无法插嘴),保证了整个会话的完整性。

如图 10-4(a)所示,A 希望和 B 进行通信,事先广播一个 RTS 帧。如果 B 正空闲,则广播一个 CTS 帧,如图 10-4(b)所示。此后双方进行正常的通信。

如 A 先向 B 发送了 RTS 进行预约,B 返回 CTS 确认,在预约成功的前提下(RTS/CTS 很短,预约过程很快),C 可以收到 B 的 CTS,知道 B 的信道已经被 A 预约,于是 C 等待,不发送自己的数据给 B,从而在一定程度上避免了隐蔽站的问题。

如果 B 希望和 A 通信,向 A 发送了 RTS,而 A 返回的 CTS 无法到达 C,C 虽然收到了 B 的 RTS,但知道 B 与 A 的此次通信不会影响到自己发向 D 的通信,所以可以向 D 发

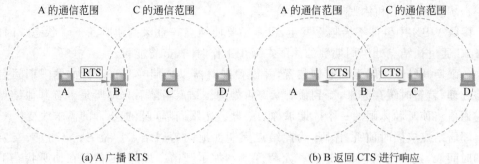

| (a) A 广播 RTS | (b) B 返回 CTS 进行响应 |

图 10-4 RTS/CTS 访问模式

送自己的数据,这在一定程度上避免了暴露站的问题。

需要注意的是,预约帧也有可能发生碰撞,但是因为它们都很简短,所以碰撞的概率很小。

10.3 MAC 子层通信协议

10.3.1 基于竞争的 MAC 协议

这类协议包括 Aloha、CSMA/CA、S-MAC、T-MAC、B-MAC、RI-MAC、Sift 等。Aloha 相关协议前面已经介绍过。

1. CSMA/CA 协议

CSMA/CA 协议其实是一大类协议,具体的不同算法在细节上有所区别,并且被很多协议所借用。这里先简要讲一下其主要思想。

(1) 任一结点(设为 A)在发送数据前,首先监听周围是否有其他结点在发送数据。

(2) 如有其他结点在发送数据,则 A 等待。如没有,则 A 可以发送数据,有些协议在此步需要 A 再等待一段随机时间(退避时间)以避免这种情况:有多个结点都检测到信道空闲,如果都立即发送数据,会导致碰撞。因为随机时间很可能不一样长,这样可以把多个结点发送数据的时间点分散开,退避时间长的结点发现其他结点已经发送,不得不再次等待。

(3) 发送过程中还可能产生冲突(包括隐蔽站问题),一旦产生冲突,所有结点须重新尝试发送数据。

2. S-MAC 协议

S-MAC 是针对那些需节省能量的应用(如 WSN)设计的,包括了多种节省能耗的方法,工作过程如图 10-5 所示。

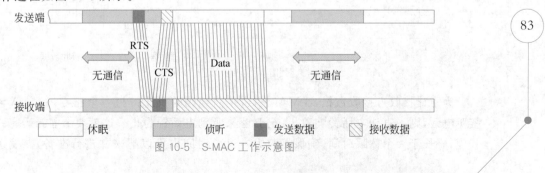

图 10-5 S-MAC 工作示意图

1）周期性侦听和休眠

多数 WSN 中事件不会频繁发生，没有必要使结点一直保持侦听的工作状态。因此，S-MAC 通过让结点处于周期性的休眠来减少工作时间，节省能量。

休眠期间结点关闭无线通信装置，并设置定时器以定期唤醒自己。如休眠期间有数据需处理，就暂时缓存起来，等到侦听状态再处理。结点唤醒后再侦听是否有其他结点想和它通信。侦听和休眠的一个周期被称为一帧。休眠间隔可根据不同的需求改变。

邻居结点应同时侦听/休眠，为此结点周期性地向邻居结点广播 SYNC 包来交换它们的时间表，进而进行同步，这在一定程度上增加了开销。另外，通信只在侦听状态下进行增加了通信的延迟，需要使用者在能量和延迟上进行权衡。

2）通信过程

通信过程采用 CSMA/CA 进行工作，并且采用 RTS/CTS 预约机制，发送完毕还需接收方对发送方进行确认。RTS/CTS 预约成功后，两个结点开始通信，并且可以利用它们的休眠时间进行传输，直到完成传输后才遵循它们的休眠时间表。

每个数据帧中都有一个持续时间信息来表示该帧需要的传输时长。邻居结点收到持续时间信息后获取该时间，可知自己在多长时间内不能发送数据，以避免反复无用地侦听信道。

3）分割机制

无线环境下发送大段数据出错概率较大，重传会造成较大浪费。S-MAC 采用了消息分割机制，将长消息分割成小的片段，依次发送各个片段。接收结点每收到一个片段便向发送结点发送 ACK 表明此片段成功接收，发送结点可以发送后续片段。

4）发展

S-MAC 具有较好的节能性，但 S-MAC 在侦听状态下也可能并不需要进行通信，如图 10-5 中灰色双向箭头所示的时间就被浪费了。针对 S-MAC 协议的不足，出现了大量的改进协议，如 B-MAC、T-MAC、P-MAC 等。

3. B-MAC 协议

B-MAC 同样是周期性地休眠和唤醒，但 B-MAC 是一种异步协议，不要求结点同时休眠和唤醒，如图 10-6 所示。

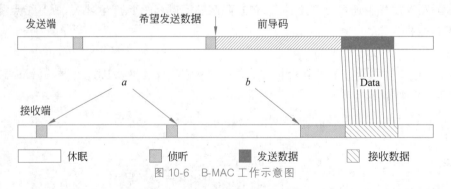

图 10-6　B-MAC 工作示意图

为了让接收方接收数据，B-MAC 引进了前导码的概念。打一个比方，如果 A 希望 B 接听电话，则一直让电话铃响着，直至 B 醒来听到电话铃为止。这就要求前导码有一定的长度，略长于一个休眠时间（确保接收方在这个时间内可以醒来并进行准备）。发送结点在发送完前导码后,可以立即发送数据。

其次,为了节省能量,B-MAC 的唤醒/侦听持续时间非常短,仅用来感知是否有其他结点发送数据给自己,如果没有,则继续休眠(如图 10-6 中的 a 点),否则(侦听到邻居结点的前导码)继续保持侦听状态准备接收数据(如图 10-6 中的 b 点)。

B-MAC 的前导码消耗了发送结点的能量,且占用信道,造成浪费。

4. RI-MAC 协议

针对 B-MAC 前导码造成浪费的问题,RI-MAC 使用了一种新的策略,由接收方进行"预约"。RI-MAC 工作示意图如图 10-7 所示。

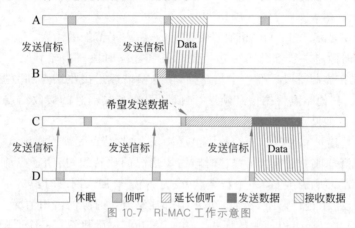

图 10-7　RI-MAC 工作示意图

当一个结点(B 或 C)在侦听状态下希望发送数据时,便不再进入休眠状态,此时不会占用信道而影响其他结点通信。其他结点(A 或 D)唤醒后立即广播一个表示自己"已唤醒"的信标(一种特殊帧)表示自己现在可以接收数据,然后侦听一段时间,查看自己是否需要接收数据,如果没有侦听到数据,则立即转入睡眠。

当发送结点收到信标后得知接收方已经唤醒,就立即发起通信。

10.3.2　基于调度的 MAC 协议

1. 基本机制

基于调度的 MAC 协议把信道资源无冲突地分配给不同的用户,用户的资源使用互不干扰,发送的数据也就不会产生冲突。其中资源包括时间、频率、码字、空间等,依据这些资源,调度机制可分为基于 TDMA(时分多址)、FDMA(频分多址)、CDMA(码分多址)和 SDMA(空分多址)等。

以基于 TDMA 为例,给每个结点分配使用信道的时段(称时隙、时间片、时槽等),各结点只在属于自己的时隙内才能发送数据,时隙结束后必须转让信道给其他结点。通过这样的错时使用信道,就可以避免结点之间相互干扰。但是,如何安排哪个结点在 TDM 帧中的哪个时隙内发送数据呢? 这就需要有调度机制进行安排了。

从调度角色上看,调度机制可分为集中式和分布式。

- 集中式调度:通信范围内有一个特殊角色的结点负责为本范围内的所有结点分配通信资源。
- 分布式调度:所有结点都参与运算,通过相互的交流确定自己所使用的资源。

85

从分配机制上看，调度的实现可以分为静态分配和动态分配。

- 静态分配：事先进行人工的安排，运行后不再改变。
- 动态分配：调度算法根据时间的推移动态决定各个结点对资源的占用。

对于动态分配机制，相应的 MAC 协议一般都是按照周期运行的，每个周期又往往分为两个阶段。

- 第一阶段：结点通过信令交换收集参与者信息，然后进行通信资源使用上的安排。在这个阶段，还可以完成结点的添加、删除等。
- 第二阶段：结点依照资源的分配结果发送和接收数据。

2. LMAC 协议

LMAC 协议是基于 TDMA 机制进行通信的，考虑了节能的因素。

LMAC 将时隙进一步细分为传输控制时段和数据时段。当轮到某一个结点发送数据时，该结点先在控制时段广播一个信息帧，信息帧描述了接收结点和数据的长度，然后立即传输数据。其他站点根据信息帧进行判断，只有本次消息的接收结点才需要进行侦听和数据接收，其他结点立即进入休眠状态。

LMAC 将传输可靠性的工作交给了上层协议，接收结点无须回送确认。

LMAC 的信息帧中还包含了描述时隙占用情况的比特组，指明了当前 TMA 帧中哪些时隙被哪些结点所占用。当一个新结点（设为 A）需要加入网络时：

（1）A 对比特组进行监听，从而获取所有邻居结点对时隙的占用情况。

（2）A 计算出自己可以使用的那些空闲时隙，在其中随机选择一个时隙。

（3）对于选择的时隙，A 需要与其他新加入的结点进行竞争，确定最终占用者。

（4）在下一个 TDM 帧中，当 A 选取的时隙到来时，A 在控制时段发布自己持有的比特组信息。

（5）A 的邻居结点接收到 A 的比特组信息，对自己的比特组信息进行修改，以避免其他新结点加入时把该时隙误认为空闲的。

结点发送的信息帧大小与网络的规模有关，网络规模越大，帧长度就越大，从而增加了结点数据传递时延和开销，所以 LMAC 协议的可扩展性较差。

3. DMAC 协议

WSN 中常用的通信模式是树形结构，且多数是单向汇聚的数据采集情况（由叶子结点汇聚到 Sink 结点），基于此，DMAC 采用不同深度结点交错调度的机制，使数据能沿着多跳路径连续向上传输，消除了因休眠带来的数据传输停顿，减少了通信延迟。

DMAC 将结点的工作阶段划分为接收（Rx）和发送（Tx）两个阶段。处于上层的结点，其接收阶段对应下层结点的发送阶段，如图 10-8 所示。这样，当数据（F1、F2…）从下层结点发出后，上层结点正处于接收阶段，因此数据就能不停顿地从源结点传送到汇聚结点，从而避免了下层结点等待上层结点唤醒所带来的延时。

DMAC 在延迟要求很高的应用中有很好的性能。但是，当树形结构中同一层的结点（如 C 和 F）试图向同一个上层结点（B）发送数据时，就会不可避免地产生冲突。另外，该协议要求事先知道 WSN 的网络拓扑，这个要求不是很合理。

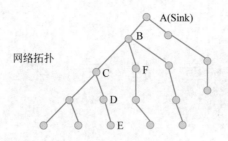

网络拓扑

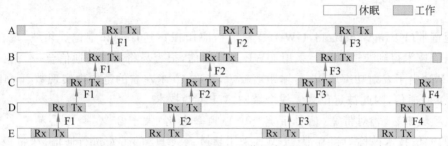

图 10-8　DMAC 工作示意图

10.3.3 混合方式

1. 混合方式的引入

以上两类协议各有优缺点。

- 基于竞争的 MAC 协议扩展性好,易于实现,但在网络负载较重时会导致网络内结点发送的信号频繁产生冲突,传输效率大幅下降。
- 基于调度的 MAC 协议能够减少冲突,节省能耗,但扩展性较差,且有调度分配、时钟同步等额外要求。

因此,不少研究提出了混合方式的通信协议,同时具有两种协议的某些优点,但实现困难且比较复杂。这类协议如 Z-MAC 等。

2. Z-MAC 协议

Z-MAC 作为典型的混合型协议,把 TDMA 和 CSMA 两类协议进行了结合。

Z-MAC 在网络布置初期为每个结点分配时隙(需确保在两跳范围内任意两个结点拥有不同的时隙)。不同于传统的 TDMA 方式,时隙的拥有者只是在自己的时隙中拥有较高的数据发送优先级。如果时隙拥有者在自己的时隙内需要发送数据帧,其等待的时间最短,从而"屏蔽"其他结点(等待时间长)发送数据的可能性;否则,其他结点可以通过竞争(类似于 CSMA 协议)获得该时隙的使用权。

当结点参与竞争其他结点的时隙或空闲时隙(没有拥有者的时隙)时,结点将广播一个通知帧,以减少隐蔽站问题。

在网络负载低的时候,Z-MAC 的性能类似于 CSMA 协议,在负载高时类似于 TDMA 类协议,可降低冲突。

Z-MAC 协议已经在 TinyOS 上得以实现。

第11章 超 宽 带

11.1 概述

超宽带(Ultra WideBand,UWB)技术最初应用在雷达探测和定位等领域,现在作为无线通信技术得到快速发展。采用 UWB 进行通信,很容易将定位与通信合一。

UWB 由于发射功率受限,传输距离较短,能在 10 米左右的范围内实现数百 Mb/s 至数 Gb/s 的通信,因此被定位为无线个域网(WPAN)技术。

从频域来看,相对带宽(信号带宽与中心频率之比)大于 25%,且中心频率大于 500 MHz 的通信技术被称为超宽带。UWB 采用超过 7.5GHz 的带宽进行通信,频带极宽,表面上看它占用了其他无线通信技术的频带,是一个共享他人频带的技术,为此 UWB 被认为有可能干扰现有的其他无线通信系统。实际上,UWB 信号在时间轴上稀疏分布,能量分散在极宽的频带范围内,对一般通信系统而言仅相当于白噪声。正因为这样,UWB 隐蔽性好、安全性高,难以被敌方检测到。

按照实现的方式,UWB 分为两种:脉冲无线电(Impulse Radio,IR)和多频带正交频分复用(Multi-Band OFDM,MB-OFDM)。由于两种技术方案截然不同且都拥有强大的技术阵营支持,因此制定 UWB 标准的 IEEE 802.15.3a 工作组将其交由市场选择。

起初 UWB 仅限于 ISO/OSI 体系中的物理层,但后来 MB-OFDM 联盟又制定了数据链路层中 MAC 的标准,并绕开了 IEEE 由欧洲国际计算机制造商协会推出相关标准。

目前有代表性的应用包括 WUSB(Wireless USB)和无线体域网(IEEE 802.15.6)。

UWB 与 IEEE 802.11 技术相比,传输距离近,但速率高,功耗低;与蓝牙(3.0 之前)相比,有效距离和功耗差不多,但 UWB 速率高。因此,在短距离范围内提供高速无线数据传输将是 UWB 的重要应用领域。如果基于超宽带实现 WSN,可以为传感器和汇聚结点之间传输大量数据提供很好的实时性。

11.2 脉冲无线电

1. 概念

与传统的、采用载波承载信息的通信技术不同,脉冲无线电是一种无载波的通信技术,它利用纳秒级的脉冲直接实现调制,并把调制后的信息放在一个非常宽的频带上进行传输,而且脉冲无线电可以动态决定带宽所占据的频率范围。

脉冲无线电最基本的工作原理是收发脉冲间隔严格受控的超短时脉冲(收发双方时间需严格同步),一般利用单周期的脉冲携带一位信息,如图 11-1(a)所示。其工作脉宽多在 0.1~1.5ns,利用的频带以 GHz 为单位,这也使得其脉冲宽度改变一点就会导致频带跨度很大。图 11-1(b)显示了周期性重复的单脉冲序列。

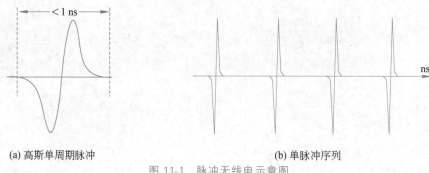

(a) 高斯单周期脉冲　　　　　　　　(b) 单脉冲序列

图 11-1　脉冲无线电示意图

2. 基本调制方式

调制方式包括对脉冲幅度进行调制(脉幅调制,PAM)、用脉冲在时间轴上的位置进行调制(脉位调制,PPM),以及利用脉冲的正负极性调制,等等。

PAM 方式下可以让高幅度的脉冲信号表示信息"0",低幅度的脉冲信号表示"1"。

PPM 用脉冲信号超前或落后于标准时刻(如图 11-2 中虚线脉冲所在的时刻)一个特定的时间表示不同的信息。如图 11-2 所示,设 t 为规定的标准时刻,用比 t 提前 δns 的脉冲代表信息"0",用比 t 滞后 δns 的脉冲代表"1"。

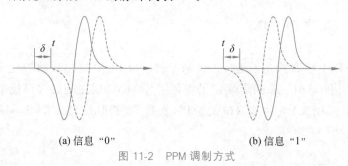

(a) 信息 "0"　　　　　　　　(b) 信息 "1"

图 11-2　PPM 调制方式

为了让多对结点在共享的无线信道中获得自己专用的信道,实现通信系统的多址,可以让位置偏移量 δ 大小不一(如 A 和 A′之间通信使用偏移量 δ_a,B 和 B′之间使用偏移量 δ_b 等),实现不同接收方按脉冲位置偏移量进行各自数据的接收,此即跳时多址(THMA)。

3. 伪随机时间调制

为了进一步提高安全性,还可借用 CDMA 的思想,利用伪随机码和变化的时间偏移量 δ 区分不同的发送方,这就是伪随机时间调制。图 11-3 显示了伪随机时间调制的示例,图中有 A 和 B 同时进行通信,其中 A 采用的伪随机码序列为 $\{1,4,3,2\}$,B 采用的伪随机码序列为 $\{2,3,1,1\}$,A 和 B 都发送数据比特"0000"。接收方只有采用同样的编码序列才能正确接收。

调制后的脉冲无线电序列,其空间信号接近白噪声,且如果敌方无法拿到/分析出发送方的伪随机码,对信息的捕获则会非常困难。

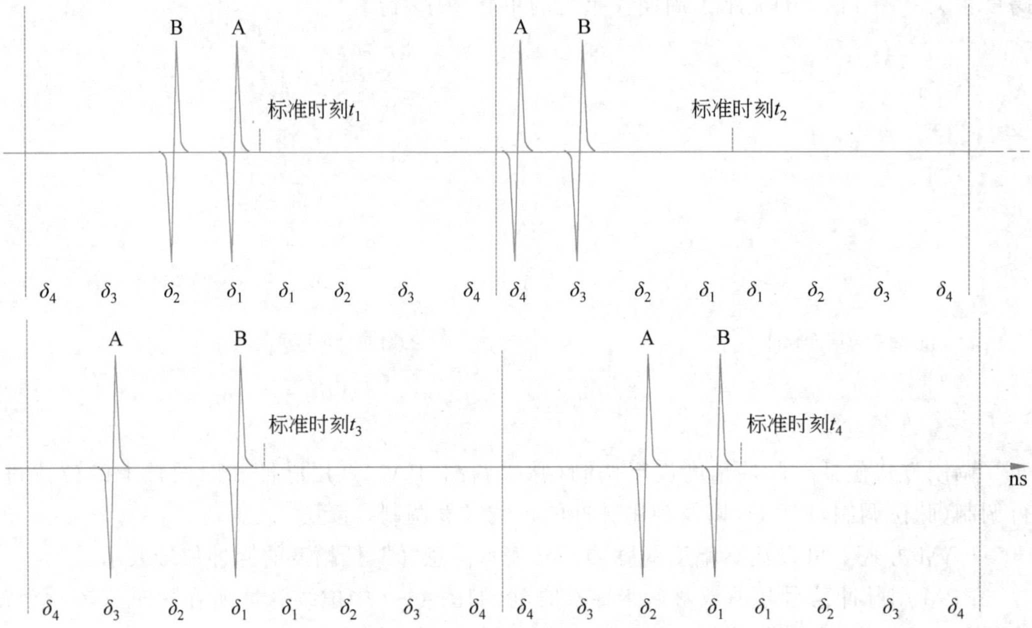

图 11-3 伪随机时间调制

11.3 多频带 OFDM

多频带 OFDM 超宽带的标准为 ECMA-368 和 ECMA-369，前者定义了基于 MB-OFDM 的物理层和 MAC 层，后者规定了物理层与 MAC 层之间的接口规范。

MB-OFDM 采用 3.1～10.6GHz 的频谱，支持 53.3Mb/s、106.7Mb/s 和 200Mb/s 等数据率。

1. 物理层

MB-OFDM 是一种多载波调制技术，将可用频带划分为多个独立的子频带，每个子频带都有自己的载波（甚至多个载波），形成 N 路子载波。MB-OFDM 把串行的数据流变换为 N 路数据率较低的并行子数据流，并行地在 N 路子载波上调制和传输。虽然 MB-OFDM 采用了多个载波，但是仍然把它考虑为基带传输技术。

并行传输使得脉冲干扰的影响分散到多个并行传输的信号上，相对强度减弱，因而 MB-OFDM 对脉冲噪声具有很强的抗干扰性，特别适合高速无线数据的传输。

标准将 3.1～10.6GHz 的带宽分割成 14 个 528MHz 的频带，每个频带又分成 128 个子频带，待发信息被分配到 128 个子载波上同时传输，信道的最高速率达 480 Mb/s。子载波由于分布在较大的带宽范围，因此支持非常低的发射功率——37μW（Wi-Fi 允许的发射功耗超过 300 mW），传输距离却达 10m，并可穿过 25cm 厚的砖墙。

2. MAC 层

1）超帧的概念

MAC 按照超帧的形式发送数据。超帧是周期性的时间段，用来协调各设备的帧传输。超帧长 65536μs，由 256 个媒体访问时隙（Medium Access Slots，MAS）组成，每个

MAS 长 256μs,如图 11-4 所示。超帧由信标期（Beacon Period,BP）和数据期（Data Period,DP）组成,超帧开始的时刻被称为 BPST。

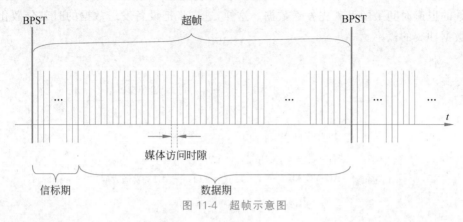

图 11-4　超帧示意图

2）信标期

信标期占用 1~96 个 MAS,是定时同步的基础。处于活跃状态的设备能够在信标期发送信标,并且在所有信标时隙中侦听邻居的信标。导致信标期长度变化的情况包括:信标群合并、成员设备的变化所导致的信标期内部调整。

设备通过信标主要实现以下功能。

- 网络定时,信标群中的 BPST 是相同的,被作为设备的时间同步基础,只有同步的设备间才能传输数据。
- 设备周期性的广播信标,向其他设备宣布自己的存在和自己的当前状态。
- 与其他设备交换管理/控制信息,获取邻居设备通信需求,并利用信标回应。
- 交流数据期内的预留资源信息,协商数据帧的收发规则和占用秩序,实现信道共享,避免冲突。

3）数据期

数据期用于发送信标帧外的其他类型帧,如数据帧、命令帧和控制帧等。数据期内的帧传输有两种方式:基于预留的 DRP 方式、基于竞争的 PCA 方式。

DRP 方式指设备间以分布的方式协商以预留带宽的机制。主要过程如下。

（1）源设备根据自身业务和 MAS 使用情况,在信标期自己的 MAS 中填写并发送预留请求,说明希望预留的数据期 MAS。

（2）目的设备收到预留请求后,分析 MAS 的忙闲情况,判断是接受还是拒绝,并发送预留响应。

（3）协商成功后宣布预留的信道资源,其他设备获悉后不再尝试占用。

PCA 方式是一种区分业务优先级的载波侦听多路访问/冲突避免（CSMA/CA）机制。

首先,PCA 规定设备在竞争媒体时,当侦听到信道空闲后,还不能立即发送自己的数据,必须等待一段时间,称为 AIFS。如图 11-5 所示,PCA 规定了 AC-VO（Voice）、AC-VI（Video）、AC-BE（Best Effort）从高到低三类优先级。信道空闲后不同优先级的帧等待的 AIFS 不同,AC-VO 帧等待最短,优先竞争信道;AC-BE 帧等待最长,错后竞争信道。通过不同的优先级和 AIFS,可以错开时间进行信道的竞争。

　　其次,PCA 规定各个设备在等待 AIFS 时间后,还需要进入一个所谓的竞争窗口,再次进行竞争以决定最终的信道使用权。此过程中各设备随机选择一个等待时间(退避时间),谁的退避时间最短谁就先发送数据。这样,进一步把设备发送数据的时刻分散化,减少了数据冲突的概率。

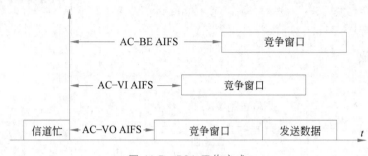

图 11-5　PCA 工作方式

第 12 章 IrDA 红外连接技术

12.1 概述

红外线属于不可见光线。利用红外线也可进行通信,以取代线缆连接。IrDA(Infrared Data Association,红外数据组织)制定了红外通信的相关标准。

IrDA 通信距离有限,被认为是 WPAN 的实现技术之一。当前,IrDA 广泛应用于家电遥控器,手机、笔记本电脑、打印机等也都支持 IrDA。IrDA 无须申请频带的使用权,通信成本低;IrDA 设备体积小、功耗低、连接方便、简单易用;红外线不受无线电干扰,安全性高;红外线是对人体有益的光线,无有害辐射。

但 IrDA 是一种视距传输技术,且要求通信设备之间必须对准方向、双方之间不能被物体所阻隔,这都限制了通信过程中设备的移动性。

典型的红外通信系统构成如图 12-1 所示。

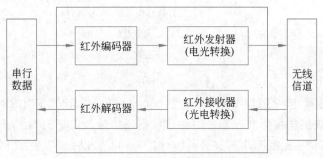

图 12-1 典型的红外通信系统构成

- 红外编/解码器进行串行数据和 IrDA 编码之间的转换。
- 红外发射器将电信号转换成红外光信号并发射出去。
- 红外接收器利用红外探测器对红外信号进行感知,将光信号转换成电信号。
- 解码器负责把电信号解码为接收端需要的数据。

【案例 12-1】 基于 IrDA 标准的矿用本安型压力数据监测系统

图 12-2 展示了杭州电子科技大学开发的基于 IrDA 的矿用本安型压力数据监测系统。本安型压力探测器安放在矿井中进行监测,工作人员手持本安型压力数据采集通信设备在矿井下对探测器进行数据的采集,返回到地面后通过 IrDA 和综合监测设备传输接口进行数据的通信,最后通过串口通信发给后台计算机。计算机对数据进行各种分析。

采用 IrDA 可便于在工作过程中交流数据,而不需要经常插拔设备。※

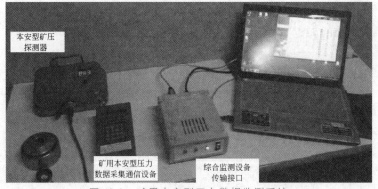

图 12-2　矿用本安型压力数据监测系统

12.2　IrDA 的协议栈

IrDA 的通信协议栈如图 12-3 所示。

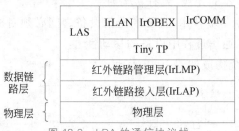

图 12-3　IrDA 的通信协议栈

1. 物理层协议

IrDA 物理层规定所用红外线波长在 850～900nm，定义了 4Mb/s 以下（不包括 VFIR）速率的半双工连接标准。物理层中将数据通信分为以下三类。

- SIR(Serial InfraRed，串行红外)，9600b/s～115.2kb/s，覆盖了 RS-232 的速率，传输角度为 30°。
- MIR(Mid-InfraRed，中速红外)，支持 0.576Mb/s 和 1.152Mb/s 的速率。
- FIR(Fast InfraRed，高速红外)，通常用于 4Mb/s 的速率。

其中 FIR 采用了 4PPM(Pulse Position Modulation，脉冲位置调制)，具有调制简单、能量传输效率高等优点。其原理是将二进制数据流按每两位进行分组，根据表 12-1 的对应关系转换为 4 个时隙(Chip)序列，序列中的 1 代表该时隙有光脉冲，0 代表该时隙无光脉冲。

接收方需要和发送方进行时隙的同步，以 4 个时隙作为一个接收单元，依据光脉冲在时间上的位置解析数据。

表 12-1　4PPM 编码

输入数字	输出时隙
0　0	1　0　0　0
0　1	0　1　0　0

输 入 数 字	输 出 时 隙
1 0	0 0 1 0
1 1	0 0 0 1

2. 红外链路接入协议(IrLAP)

IrLAP 是 IrDA 协议栈的核心之一,是从高级数据链路控制(HDLC)协议演化来的半双工、面向连接的协议,采用了 HDLC 中的帧类型,定义了链路初始化、设备地址发现、建立连接、数据交换、切断连接以及地址冲突解决等操作过程。

IrLAP 也采用了主/从设备的概念,由主设备进行通信过程的协调。在正常环境下,启动连接的设备是主设备,其他设备是从设备。

IrLAP 使用了两类地址:设备地址(32 位,唯一地标识 IrLAP 实体)、连接地址(7 位,唯一地标识一个从设备)。连接初始化时,设备随机选择一个设备地址。

连接初始化后,可以进行设备的发现、地址的生成、连接的建立等。连接地址是由主设备随机产生并分配给从设备的,以进行后续的数据传输。通信过程中,主设备控制信息的交换过程。

3. 红外链路管理协议(IrLMP)

IrLMP 主要用于管理 IrLAP 所提供的连接,评估设备上的服务,并管理相关参数(如数据速率、连接转向时间等)的协调、数据的纠错等,从而实现在一个 IrLAP 链路上的多路复用。

4. 高层协议

高层协议是 IrDA 的可选项,为基于 IrDA 开发各种应用提供更好的支持。

微小传输协议(Tiny Transport Protocol,Tiny TP)对传输数据进行流控制,负责数据的拆分、重组、重传等。该协议在许多情况下是应该实现的,具有重要的作用。

信息访问服务(Information Access Service,IAS)相当于设备的黄页,所有操作和应用都包含在 IAS 中。

红外对象交换协议(IrOBEX)制定了文件和其他数据对象传输时的数据格式。

红外模拟串口层协议(IrCOMM)将红外通信封装为串口通信接口,允许已有的、使用串口通信的应用软件依然像使用串口一样使用红外通信。

红外局域网访问协议(IrLAN)在设备进行组网时,为这些设备提供通信。

5. 其他应用协议

红外手机协议 IrMC 定义了可移动通信终端的交换功能,可提供多种数据的交换(如地址簿、日历、电子邮件等)、实现手机数据的备份和恢复、完成手机和 PC 间的数据同步,等等。还可以实现手机和车载设备间的通信。

红外电子结算协议 IrFM 是获得 IrDA 认可的红外付费服务的全球标准,规定了现有信用卡和其他付费系统的兼容标准。

IrSimple(InfraRed Simple Connect)是一个规定了简单和标准的模块实现高速通信的国际标准,可实现多媒体数据从手机到打印机等的瞬时传达。

95

12.3 IrLAP 工作原理

1. IrLAP 工作过程

IrLAP 是采用半双工的传输模式，通信过程中分为主设备和从设备两个角色，进行一问一答的工作模式。其中主设备负责组织数据的传输，通信过程中只有一个主设备。从设备接受主设备的调度，配合完成数据的传输。

IrLAP 的工作过程（见图 12-4）如下。

图 12-4　IrLAP 的工作过程

（1）IrLAP 采用协商机制确定一个设备为主设备，其他设备作为从设备。

（2）主设备在可视范围内搜寻所有从设备，从对它进行响应的设备中选择一个设备作为通信对端。

（3）主、从设备建立起连接，以它们共同的最高通信能力作为最后的数据率（寻找和协调的过程中，双方都是在 9.6kb/s 的速率下进行的）。

（4）组织发送数据，并进行数据流控制。

（5）数据传送后，通信双方关闭连接。

2. 地址发现过程

IrLAP 设备初始化时需随机选择一个 32 位的设备地址，虽然发生地址冲突的概率很小，但也必须加以考虑，为此规范在地址发现过程中规定了地址冲突检测和解决的过程。地址发现过程中，主导设备发现过程的设备称为初始者（Initiator），回应这个过程的设备称为响应者（Responders）。地址发现过程包括如下几个步骤。

（1）初始者广播一个发现命令帧（XID），告知其他设备自己为初始者，设定本次发现过程使用 n 个时隙，并意味着时隙 0 的开始。

（2）收到 XID 的设备成为响应者，各自产生一个随机数 $k(0 \leqslant k \leqslant n-1)$。若 $k=0$，则立即返回一个应答帧（包括自己选择的设备地址）；否则响应者等待。

（3）初始者为每一个时隙 $i(1 \leqslant i \leqslant n-1)$ 安排一次发现过程，发送 XID[i]。若 $i=n-1$，则初始者在时隙结束后发送一个 XID[FF] 表示结束，转向（5）。

（4）响应者收到 XID[i] 后，对比 i 和自己所选的随机数 k，若 $i=k$，则发送自己的响应（包括自己选择的设备地址）；否则继续等待，转向（3）。

（5）发现过程结束后，初始者登记它所收到的响应，检查是否存在不同响应者具有相同地址的情况,如果存在重复的地址,则将采用地址冲突处理过程解决。

图 12-5 展示了地址发现过程的一个例子,其中 ⊨ 表示发送帧。可以看出,通过随机数,在发现过程中将不同响应者的响应时刻进行了分散,减少了冲突的可能性。

(1) A 作为初始者,设置时隙数 $n=8$,广播 XID 帧,启动发现过程。

(2) B、C、D 作为响应者,在发现过程开始时,分别选择了 2、6、4 为自己的时隙。

(3) 前两个时隙轮空。B 在 A 发出 XID[2]后,在时隙 2 内向 A 发出响应。D 在时隙 4 内向 A 发出响应。C 在时隙 6 内向 A 发出响应。

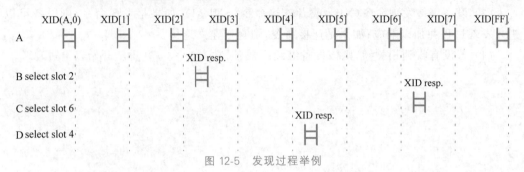

图 12-5 发现过程举例

3. 地址冲突解决过程

地址冲突解决过程同地址发现过程相似,但参与对象仅限于有地址冲突的设备。

(1) 初始者发现有地址冲突时,多播 XID(设置时隙数为 S)给地址冲突设备。

(2) 存在地址冲突的设备,分别选择一个新的地址,以及一个新的响应时隙 $k(0 \leqslant k \leqslant S-1)$;

(3) 和地址发现过程类似,地址冲突的设备在自己选择的时隙 k 内进行响应。

(4) 如果仍有冲突,则反复进行此过程。

4. 建立连接

一旦地址发现过程和冲突解决过程完成后,应用层就可以获知有哪些被发现的设备,并根据需要连接到相关设备。

IrLAP 通过发送设置正常响应模式帧(SNRM)连接远程设备,若远程设备接受连接请求,则启动协商过程确定双方都能接受的通信参数。若远程设备不接受,则拒绝。

5. 信息交换

信息交换过程中,设备利用建立起的连接进行数据帧的交换。主设备负责整个数据传输过程中数据流的控制,发送的帧称为命令帧。主设备发送命令帧给从设备,帧中包含从设备的地址,从设备根据这个地址判断是否为自己被允许传输数据。主设备必须不停地轮询(Poll)从设备,使得从设备可以发送数据。

从设备只有在主设备和它对话时才能发送数据帧(称为应答帧,Response Frames),其中需包含自己的地址,告知主设备是哪一个从设备发送的数据。应答帧可以有一个或多个,从设备必须明确指出哪一个帧是最后一帧。

6. 连接断开

一旦数据传输完毕,主设备发送 DISC(Disconnect)命令,或从设备发送 RD(Request Disconnect)命令来断开连接。断开连接的设备下次可以重新建立连接发送数据,也可能关闭设备(如需要再次发送数据,则重新执行地址发现过程)。

7. 唤醒过程

唤醒过程(Sniff-Open Procedure)允许一个设备以一种节约能量的方式发布建立连接的请求。唤醒过程如下。

(1) 设备监听信道,如果监听到其他设备在通信,则继续睡眠。

(2) 如果没有其他设备在通信,广播一个 XID 响应帧(目的地址为 FFFFFFFF,不同于其他响应帧),声明自己希望作为一个从设备,以建立起连接。

(3) 设备等待发现命令(XID)或者连接命令(SNRM),如果是发现命令,则设备可以进入发现过程并加以响应;如果是连接命令,则直接建立连接。

(4) 若没有收到相关帧,则该设备继续睡眠(通常为 2~3s)并重新开始以上过程。

第13章 水下通信

13.1 概述

1. 概述

当前水下通信网的研究飞速发展,采用网络技术对单个、孤立的水下传感器进行网络互联形成水下传感器网络,可以极大地提高水下工作的效率,扩大信息获取的范围,从而大大提高对海洋信息的获取和处理能力。

电磁波在水中存在很大的衰减,只有超长波的传输距离(穿透深度为 100～200m)勉强可用,但要求的天线尺寸较大。蓝绿光在水中具有较大的穿透深度(海水呈蓝色的原因),最大深度可达 600m,成为水下光通信的主要使用波段。但水下环境对光信号的干扰作用(如折射、反射、散射等)使得基于光波的水下通信受到了制约。

声波在水中衰减较小,利用声波在水中通信可达数十千米的通信距离,特别是超声波,还具有良好的方向性,容易得到较为集中的能量。水声通信就是利用声波在水里的传播实现的。

1914 年的水声电报系统是水声通信的雏形。美国 1945 年研制的水下电话系统在潜艇之间的通信距离可达几千米。美国在 20 世纪 50 年代初开始建设的水声监视系统SOSUS 在其战略反潜中起了重要作用。20 世纪 80 年代至 90 年代,美国对浅海局域网进行了进一步的研究。欧洲也开展了相关研究,各个国家对水声通信十分重视并防止泄密。

最初的水声网络以点对点的方式为主进行通信,目前趋势则是将水下设备形成网络(如水下传感器网络),实现更加复杂的功能。水声通信技术经过几十年的发展已经达到了实用的水平,但还面临着以下困难。

- 声波的频率范围有限,导致声波通信的可用带宽严重受限。
- 水下各种噪声较强,严重影响了水声通信的性能。
- 水中声速约 1500m/s,比空气中的光速低了五个数量级,导致传播延迟大幅增加,常用的网络算法必须针对这一特点进行改进。

【案例 13-1】 我国"蛟龙号"深水载人潜水器的水声通信

2012 年,我国"蛟龙号"深水载人潜水器潜入 7000 多米深的海底,向太空的神舟九号航天员送去祝福,与国家海洋局进行通信,这一切都依靠"蛟龙号"的水声通信系统。其水声通信机既具有数字通信能力,又具有模拟语音通信能力,海底的潜航员就是通过水声通信机将水下拍摄到的各种图片实时传输到母船的。※

2. 水声通信系统的组成和协议栈

一个简单的水声通信系统的组成如图 13-1 所示。

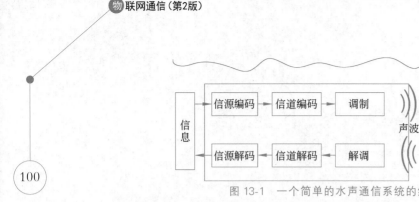

图 13-1　一个简单的水声通信系统的组成

发送端将信息转换成串行信号，由信源、信道编码器编码后，换能器将其转换为声波发射到水中。接收端的换能器将声波信号转换为电信号，电信号经过信道、信源解码器解码后，最终形成接收到的信息。

水声网络协议可以分为五层：物理层、数据链路层、网络层、传输层和应用层。

（1）物理层的主要功能有信道的区分和选择、水声信号的监测、编/解码、调制/解调等。

（2）数据链路层的主要功能包括成帧、差错控制和流量控制等。特别是水下环境影响太大，差错控制和流量控制有非常重要的作用，使接收方可以正确接收到信息。

（3）水声通信的发展趋势是组成水下网络（如水下传感器网络），这将涉及网络层的路由选择、搜索及维护路由信息等相关功能。

（4）水声通信不可靠，数据的丢失、差错和失序在所难免，为了进行可靠的数据传输，传输层是很有必要的。

（5）应用层运行指定的应用，完成特定的功能。

13.2　物理层调制技术

水声系统可以采用前面所讲的三种基本数字调制方式：幅移键控（调幅）、频移键控（调频），相移键控（调相）。

1. 幅移键控（ASK）

最基本的调幅即二进制振幅调制（2ASK），用二电平基带信号控制正弦载波幅度的变化。例如，当需要调制的基带信号为"1"时，传输载波；当需要调制的基带信号为"0"时，不传输载波，如图 13-2(a)所示。

可以把 2ASK 扩展为 MASK（多进制 ASK，$M=2^n$），此时称为 M 进制振幅键控。可以简单理解为载波被调制为 M 种幅度，则通信系统具有 M 种码元，这时可以用一个载波携带 n 比特基带信号。如 4ASK（见图 13-2(b)），令振幅为 V_0 的载波代表基带信号 00，振幅为 V_1 的载波代表 01，振幅为 V_2 的载波代表 10，振幅为 V_3 的载波代表 11，则一个载波可以携带（代表）2 比特信息。

多进制调制（包括下面的调频、调相）系统具有如下两个特点。

- 每个码元可以携带 $n=\log_2 M$ 比特信息，因此，当信道频带受限时，可以使信息传输率增加。当然，这将增加实现上的复杂性，并增大了误码率。

- 在传输相同数据速率的情况下，多进制方式的码元传输速率（波特率）比二进制方

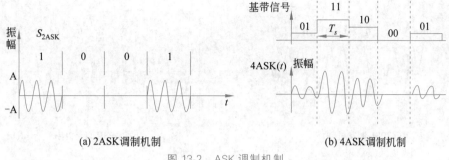

(a) 2ASK调制机制　　　　　　(b) 4ASK调制机制

图 13-2　ASK 调制机制

式要低,因而持续时间比二进制方式要长,这样可以减小码间干扰。

2. 频移键控(FSK)

最基本的调频即二进制频率调制(2FSK),用不同频率的信号表示数字信息,如图 13-3(a)所示,令频率大的 f_1 波形代表数字 1,频率小的 f_2 波形代表 0。

同样,可以把 2FSK 推广到多进制频率调制(MFSK, $M = 2^n$)。图 13-3(b)展示了 4FSK 的情况,即用 4 种频率的载波表示不同的 2 位数字。同样,每个载波可携带 2(即 $\log_2 4$)比特的信息。

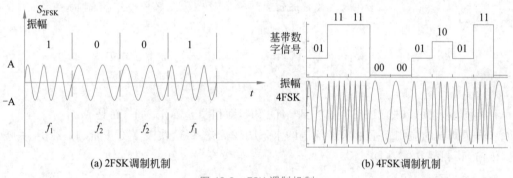

(a) 2FSK调制机制　　　　　　(b) 4FSK调制机制

图 13-3　FSK 调制机制

在水下,声波信号的频率成分可以较好地得以保留,而幅度和相位由于混响的作用会变化很大,因此 MFSK 具有很大的优势。大多数的水声 FSK 系统还采用了一些技术来减小信号失真,如多频分集技术以及纠错编码技术等。

美国 Woods Hole 等公司研制的水声数据遥测系统,载频为 20 000~30 000Hz,采用 MFSK 调制技术,最大数据传输速率为 5kb/s,传输距离达 4km。

3. 相移键控(PSK)

相移键控用不同相位的信号表示信息,又可分为绝对相移键控(PSK)与相对相移键控(DPSK)。

二进制绝对相移键控(2PSK)用基带二进制信号改变载波的两个相位,例如用相位 0 和 π 分别表示数字 1 和 0,如图 13-4(a)所示。

相对相移键控(DPSK,又称差分相移键控)用前后相邻码元的载波相位是否变化代表不同的信息,如图 13-4(b)所示,设第 1 个载波相位为 0;第 2 个数字是 1,根据 DPSK 规定,其载波相位需要改变,这里设为 π;第 3 个数字是 1,相位仍然需要改变,为 0;第 4 个数

101

字为 0，不需改变，相位为 0；以此类推。

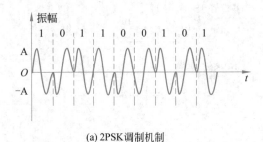 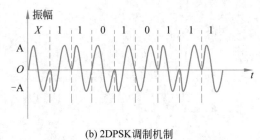

(a) 2PSK调制机制　　　　　　　　　　　　(b) 2DPSK调制机制

图 13-4　PSK 调制机制

同样，可将 2PSK 推广到多进制相移键控（MPSK，$M = 2^n$），如 4PSK 可采用 0、$\pi/2$、π、$3\pi/2$（或 $\pi/4$、$3\pi/4$、$5\pi/4$、$7\pi/4$）分别代表 00、01、10、11，星座图如图 13-5 所示。4PSK 又称为正交相移键控（Quadrature Phase Shift Keying，QPSK）。

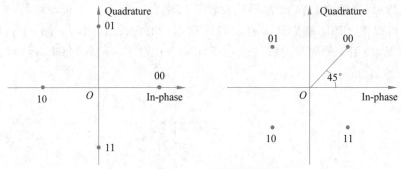

图 13-5　4PSK 调制的星座图

相同地，也可以把 2DPSK 推广到 MDPSK，即相位差不止 2 个，而是 M 个。

法国研制的应用于垂直水声信道的水下图像传输系统，实现了 2 千米、19.2kb/s 的数据传输，其调制方式为 DPSK。

4. 组合方式

在传输条件良好的通信系统中，还可以把三种基本调制方式结合起来，形成更加复杂的调制方式，组成更多种类的码元，这样一个码元就能携带更多的数据位了。

图 13-6 展示了一种结合调幅、调相的调制方式，提供了 12 种相位，每相位有 1 或 2 种振幅，共 16 个星座点（即 16 种码元状态），则每个码元可携带 4 比特信息。

奈氏准则指出信道上的最高码元传输速率（每秒传多少个码元，即波特率 baud）受信道可用频带所限，因此，在波特率受限的情况下，一个码元携带的信息位越多，数据率就越高。

当然，若码元状态过多，则在接收端进行解调时正确识别每种码元就会很困难。

5. 多天线（Multiple Input Multiple Output，MIMO）技术

水声通信可采用多天线技术以提高信道容量、抗衰落、降低误码率。MIMO 原理是在发送端和接收端利用多天线技术实现并行发送和接收，如图 13-7 所示。

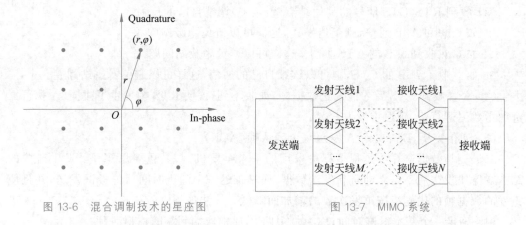

图 13-6　混合调制技术的星座图　　　　　　　图 13-7　MIMO 系统

MIMO 有以下不同的使用方法。

(1) 可实现多个并行数据流的同时传输,也可以是一个数据流分成多段同时传输。多个并行数据经编码、调制后通过多个天线同时发射,由多个接收天线同时接收,经过信号处理后分开并解码这些数据流信号。在不增加信道带宽和天线发射功率的情况下,MIMO 可使频谱利用率成倍地提高。

(2) 实现一个数据流多份副本并行传输,虽然整个系统的带宽并未增加,但是提高了系统的可靠性,降低了系统的误码率。

为了保证接收信号的不相关性,要求天线之间的距离足够大,在理想的情况下,接收天线之间的距离只需要波长的一半就可以了。

6. 发展

扩频技术(GPS 中提及)具有优良的抗多径和抗干扰能力,可在低信噪比(信号强度/噪声强度)的条件下完成通信任务,成为水声通信技术研究的热点。

为提高水声通信的正确率,一个有效的方法是提供通信的纠错能力,为此往往采用各种复杂的信道编码技术,如 RS 码、级联码、低密度奇偶检查码(LDPC)、高密度奇偶校验码(HDPC)和中密度奇偶校验码(MDPC)等。

13.3　MAC 层技术

本节主要介绍两个应用于水声通信中的 MAC 层算法协议。

1. MACA 协议

1) 基本的 MACA 算法

MACA 协议是典型的、基于随机竞争的 MAC 协议,它利用 RTS/CTS(见末端网通信技术——无线通信底层技术)完成对共享无线介质的检测和预约。RTS/CTS 机制可大幅减少通信中的冲突问题,提高通信效率,在水声通信中显得尤为重要。工作过程如下。

(1) 发送结点(设为 A)向接收结点(设为 B)发送 RTS 请求传输数据,RTS 包含后续数据帧的长度(占用信道的时间 T),邻居结点收到后知道 A 要占用信道。

(2) B 收到 RTS 后,如果空闲,则回复 CTS 确认。CTS 帧也包括 T。

103

（3）收到 RTS/CTS 信号的其他结点（设为 C）调整自己的行为。

- 如 C 想和 A/B 通信，则延迟发送，这样可以避免隐蔽站问题。
- 如 C 只收到了 B 的 CTS，同上，这样可以避免隐蔽站问题。
- 如 C 收不到 B 的 CTS，则可以继续自己的通信，这样可以避免暴露站问题。

（4）A 在收到 CTS 后才能发送数据帧，如收不到，说明 RTS 帧发生了碰撞，A 执行二进制指数退避算法，延迟重发 RTS 帧。

（5）通信完毕，B 需要向 A 发送一个确认帧（ACK）。

二进制指数退避算法是很多算法采用的一个重要机制，其重要思想是：发生碰撞的结点在停止发送后不是立即重新发送数据，而是推迟一个随机时间后再尝试发送，并且使重发的数据帧的优先级按重发次数的增加而降低。算法如下。

（1）确定一个基本退避时间，称为争用期 r，通常取端到端的往返时延。

（2）定义重传次数 n。结点成功发送帧后，n 置为 0；否则每次碰撞后，n 加 1。

（3）从 $\{0,1,2,\cdots,2^n-1\}$ 中随机选择一个数 m，下次重传等待时间为 $m \times r$。

（4）如 n 大于规定次数（比如 10）而仍不能发送成功，则放弃传输该帧。

2）自适应的 MACA 算法

在基本协议中，如一次发送不成功，发送结点将不断尝试发送 RTS 帧进行信道的预约，若经历 K 次重传后仍然失败，则丢弃数据，信道浪费较大。

自适应 MACA 协议增加了一个 WAIT 帧，当接收结点状态繁忙而无法接收新的数据帧时，为避免发送结点反复发送 RTS 请求，接收结点给发送结点发送一个 WAIT 帧，示意它进行等待，如图 13-8 所示。

但这种协议可能会造成死锁。如图 13-9 所示，A 和 B 都要发送数据并发出了自己的 RTS。由于 A 和 B 都认为自己忙，均给对方发出了 WAIT，于是双方都不能发送数据。这种死锁的情况对于延迟很大的水声网络来说概率更大。

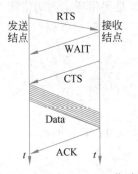 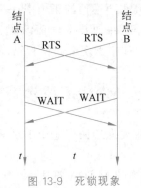

图 13-8　自适应 MACA 工作过程　　　　图 13-9　死锁现象

MACAW、PCTMACAW、UMACA 等协议都是在 MACA 基础上改进而来的。

2. DBTMA 算法

DBTMA 算法是一种基于双信道的协议，它将信道分为以下两个子信道。

- 数据信道：用于传输数据帧，如图 13-10 中的实线。
- 控制信道：用于传输控制报文（RTS/CTS），如图 13-10 中的虚线。

DBTMA 算法在控制信道上还增加了忙音信号。

- BTr(接收忙)：指示有结点正在接收数据。
- BTt(发送忙)：指示有结点正在发送数据。

DBTMA 算法规定，在发送结点和接收结点通信的期间：

- 收到 BTr 信号的结点设置自己的 BTr 标志为忙，延迟数据的发送。
- 收到 BTt 信号的结点设置自己的 BTt 标志为忙，不能接收数据。

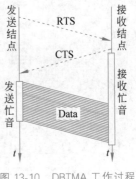

图 13-10　DBTMA 工作过程

DBTMA 的工作过程如下。

（1）发送结点（设为 A）发送数据帧前检测 BTr 标志。若不忙，说明 A 附近没有其他结点在接收数据，转向（2）；否则，A 进行退避，下次重新检测 BTr。

（2）A 在控制信道发送 RTS 请求帧，启动定时器并等待 CTS。

（3）接收结点（设为 D）收到 RTS 后检测 BTt 标志。若不忙，说明 D 附近没有其他结点在发送数据，本次接收是安全的，转向（4）。

（4）D 在发送 CTS 的同时广播 BTr，告知附近的结点自己开始接收数据。D 启动定时器并等待 A 发送数据。

（5）A 收到 CTS 之后广播 BTt 忙音，告知附近的结点自己开始发送数据，随后发送数据。

（6）A 发送完毕后关闭发送忙音。

（7）D 接收完成后关闭接收忙音。

在第（1）步，A 不需检查自己的 BTt 标志，因为即便 A 收到了邻居结点 B 的 BTt，也只能说明 B 在发送，A 是否对 B 的发送产生影响，取决于 B 的接收者 C。若 A 没有收到 C 的 BTr，说明 A 不会影响到 B 和 C 的通信，这时 A 和 B 可以分别发各自的帧（解决了暴露站问题）。

在第（3）步，接收结点 D 不必检测自己的 BTr 标志，因为即便 D 收到了邻居结点 E 的 BTr，也只能说明 E 在接收数据，而 E 的发送者 F 是否会影响到 D，还是看 D 的 BTt 标志，若 D 没有收到 F 的 BTt，说明 F 不会影响到 D，D 可以接收数据帧。

第 14 章　IEEE 802.15.4

14.1　IEEE 802.15.4 概述

1. 概述

IEEE 802.15.4 是一个针对低功耗、低速率应用需求的无线射频技术,由 IEEE 802.15 个域网(Personal Area Network,PAN)工作组制定的。其特点如下。

- 低速率:IEEE 802.15.4 提供了 250kb/s、40kb/s 和 20kb/s 三种原始数据率,除去信道竞争、应答和重传等消耗,真正可用的数据率更低。
- 低功耗:发射功率仅为 1mW,发射范围为 10 米左右,不需要通信时结点可进入休眠状态,因此设备非常省电,可在电池驱动下运行数月甚至数年。
- 低成本:协议套件紧凑简单,对通信控制器要求低,标准免专利费。据称只要 8 位处理器加上 4KB ROM 和 64KB RAM 就可满足其最低需要。
- 响应快:从睡眠到工作 15ms,结点入网 30ms。传统蓝牙和 Wi-Fi 需秒级。
- 网络容量高:一个网络最多可容纳 254 个从设备和 1 个主设备,一个区域内最多可以同时存在 100 个网络。

许多传输协议栈使用 IEEE 802.15.4 的物理层和数据链路层,例如 6LoWPAN、ISA100 和 ZigBee 等。Chipcon 公司生产的 CC2420 芯片完全兼容 IEEE 802.15.4 规范。

2. 设备类型

为了降低用户系统建设成本,在 IEEE 802.15.4 网络定义了以下两种类型的设备。

- 全功能设备(Full Function Device,FFD),具备完善的功能,可完成规范规定的全部功能。
- 精简功能设备(Reduced Function Device,RFD),只具有部分功能。

一个 WPAN 中存在一个网络协调器(由 FFD 完成)来组织网络。FFD 可充当网络协调器和路由器,也可充当监控结点(显然比较浪费)。RFD 只能充当监控结点,采集到的信息必须通过 FFD 进行转发。

3. 拓扑结构

IEEE 802.15.4 定义了三种拓扑结构,如图 14-1 所示。

- 星形(Star)拓扑结构,结点只能与中心的协调器进行通信,或通过协调器将数据转发到目标结点。星形网的控制和同步比较简单,常用于结点数较少的场合。
- 树形(Tree)拓扑结构,树根一般为网络协调器,由 FFD 设备作为树干结点,叶子结点一般为 RFD 设备。
- 网状(Mesh)拓扑结构,一般由若干 FFD 连接在一起组成骨干网,FFD 之间是对等通信。网状拓扑可为传输提供多条路径,健壮性更好。

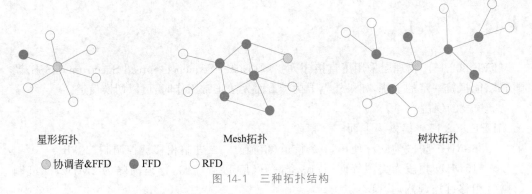

星形拓扑   Mesh拓扑   树状拓扑

● 协调者&FFD   ● FFD   ○ RFD

图 14-1   三种拓扑结构

星形网络为单跳网络,不需要复杂的路由算法。网状或树形网络又称为多跳网络,数据传输路径上由多个 FFD 作为路由器。但 IEEE 802.15.4 在 MAC 层并不负责这些拓扑的形成,它仅提供相关的功能性服务原语给上层使用。上层协议须以合适的顺序调用相关原语,完成网络拓扑的形成,包括信道扫描、信道选择、PAN 的启动、接受子结点加入请求、分配地址,等等。

所谓服务原语,是具有不可分割性(要么不执行,要么执行完毕)的一段程序代码。服务使用者通过服务原语实现和服务提供者的交流。

同样,IEEE 802.15.4 仅提供了基本的点对点传输原语,未给出多跳的路由协议,若要远距离传输,上层协议需要自行定义相关路由协议。

4. 传输方式

IEEE 802.15.4 定义了以下三种数据的传输方式。

- 父结点传输给子结点:当子结点休眠时,如有数据帧需发送给子结点,其父结点暂存这些帧,等子结点开始工作后,主动向父结点发起请求索取数据帧。
- 子结点传输给父结点:子结点采用 CSMA/CA 方式进行信道的竞争,并发送数据帧给父结点。
- 在对等结点之间传输数据,相邻结点没有父子关系。

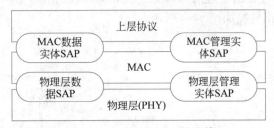

图 14-2   IEEE 802.15.4 协议栈

在星形和树形拓扑网络中,只使用前两种传输方式。而在网状拓扑网络中,由于数据传输会发生在任意相邻结点之间,因此三种传输方式都可能用到。

5. IEEE 802.15.4 协议栈

IEEE 802.15.4 协议栈如图 14-2 所示,其中 SAP 是服务访问点(Service Access Point)的缩写,是上层访问下层服务的接口,是网络中常用的一个名词。

14.2 物理层

IEEE 802.15.4 物理层采用了直接序列扩频（Direct Sequence Spread Spectrum，DSSS）调制方式，能抵抗一定的干扰，如果外界干扰严重而无法正常工作时，可以切换信道。

1. 频段的使用

IEEE 802.15.4 提供了下面三个频段。

- 868MHz 频段为欧洲使用，1 个信道（信道 0），二进制相移键控调制，20kb/s。
- 915MHz 频段为美国等使用，10 个信道（信道 1～10），信道间隔为 2MHz，二进制相移键控调制，40kb/s。
- 2.4GHz 频段为世界通用，16 个信道（信道 11～26），信道间隔为 5MHz，采用 O-QPSK（Offset QPSK，偏移四相相移键控）调制，250kb/s。

O-QPSK 是 QPSK（正交相移键控）的改进，广泛应用于无线通信中。它与 QPSK 有同样的相位关系，也是把输入码流分成两路，然后进行正交调制。不同点在于，它将同相和正交两个支路的码流在时间上错开了半个码元周期。两支路码元半周期的偏移，使得每次只有一路可能发生极性翻转（即跳转 180°），不会发生两个支路码元极性同时翻转的现象，减少了干扰。

2. 物理层功能

物理层通过物理层数据 SAP 向上提供数据服务，通过物理层管理实体 SAP 提供管理服务，主要功能包括：开启/关闭无线收发机、能量检测、空间信道评估、信道选择、数据发送/接收等。

1）数据服务功能

PD-SAP 提供了三种服务原语来支持在收发双方的 MAC 层实体之间传输数据帧。

- request：发送方 MAC 层发起请求，申请发送数据帧。
- confirm：物理层对 MAC 层 request 原语的响应，可以为成功或失败（物理层正在接收外界数据而不能发送，或者发送已关闭）。
- indication：接收方的物理层用以提交从外界接收到的数据帧。

物理层原语的工作情况如图 14-3 所示。

图 14-3　物理层原语的工作情况

2）物理层管理服务功能

物理层管理实体 SAP 允许在物理层管理实体和 MAC 层管理实体之间传送管理命令。支持的部分原语有：

- 请求执行空闲信道评估；
- 请求执行能量检测；
- 索取网络信息库中的相关属性值；

- 请求改变网络信息库中属性的值；
- 请求改变收发机的状态(如收、发、关闭等)。

14.3　MAC 层

MAC 负责结点设备间无线数据链路的建立、维护和结束,数据帧的传送和接收;提供服务支持网络层的组网过程等。

1. MAC 层的地址

IEEE 802.15.4 使用以下两种地址。

- 16 位短地址：用于在本地网络中唯一地标识结点,当结点加入网络时,由其父结点给它分配短地址。其中网络协调器的短地址是 0x0000。
- 64 位扩展地址：全球唯一的结点标识,由 IEEE 统一分配。

IEEE 802.15.4 网络可选择使用 16 位或 64 位的地址。16 位的地址可分配 65536 个结点,可有效减少消息长度并节省内存空间(例如路由表)。

2. MAC 层的工作

1) MAC 层的主要工作

MAC 层的工作主要是完成相邻结点间的单跳通信,包括(不限于)以下几方面。

- 网络协调器产生网络信标(实现网络中结点的同步)；
- 结点与网络信标同步；
- 结点入网和脱网过程的管理；
- 网络安全控制；
- 在两个对等的 MAC 实体间提供可靠的链路连接、帧传输。

2) MAC 层数据服务功能

MAC 层数据服务类原语同物理层一样,包括请求、确认以及数据传输指示 3 个。

IEEE 802.15.4 中是否使用应答机制是可选的。如采用,则接收方需对发送方进行应答,发送方可以确认自己的帧已被正确传递。如超时时限内没有收到应答,则发送方将重新发送。如发送次数超过阈值,则宣布发生错误。

MAC 定义了四种帧格式：信标帧(进行网络同步)、数据帧、确认帧和命令帧。

3) MAC 层管理服务功能

MAC 层管理服务功能主要包括以下几个。

- 关联原语：用于关联到一个 PAN。
- 解关联原语：用于结点从一个 PAN 中脱离。该过程可由关联结点启动,也可由协调器启动。
- 孤立通知原语：用于协调器向一个孤立结点发出通知。
- 信道扫描原语：用于判断信道是否正在传输信号,或是否存在 PAN。

4) MAC 层的工作模式

MAC 层定义了以下两种工作模式。

- 基于信标(Beacon)模式：事先规定好结点的休眠和工作时间,网络中所有结点可以同步工作和休眠,以最大程度减小功耗,网络通常使用该模式。
- 基于非信标(Nonbeacon)模式：网络协调器和路由器一直处于工作状态,只有网

109

络终端结点(叶子结点)可周期性进入休眠状态。

3. 基于信标模式

该模式是基于时隙的,包括基于时隙的 CSMA/CA 和时分多路访问。

该模式使用超帧结构,图 14-4 展示了一个超帧的实例。其中信标和活跃部分占 16 个时隙,非活跃部分可变。

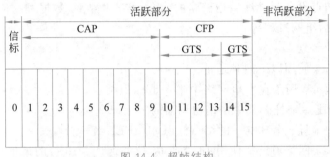

图 14-4　超帧结构

信标是一个特殊的帧,出现在每个超帧的开始位置,标志着一个新超帧的开始。信标由网络协调器广播,进行整个网络的同步。信标还包含了有关网络和超帧结构等信息,如超帧的持续时间以及每个时间段的分配信息等。

活跃部分的 15 个时隙又分成两部分:竞争访问阶段(Contention Access Period, CAP)、非竞争访问阶段(Contention Free Period,CFP)。每部分占用多少个时隙是由网络协调器根据情况决定的,其中 CFP 为可选的。

在竞争访问阶段,结点通过带时隙的 CSMA/CA 算法竞争信道,且所有的通信过程都必须在 CAP 阶段结束前完成。带时隙的 CSMA/CA 对 CSMA/CA(见无线通信底层技术概述一节)进行了一点改变,把其中涉及的时间改为了时隙。

在非竞争访问阶段,协调器组合若干时隙为一个有保证的时隙(Guaranteed Time Slot,GTS),预留给特定的应用(有低延迟或特定数据带宽等特殊要求的应用,如语音或视频),最多可分配七个 GTS。当 CFP 开始时,协调器指定的结点/应用在分配给自己的时隙内进行数据传输,而不需要竞争信道。

4. 基于非信标模式

基于非信标模式,其基本工作机制就是竞争的 CSMA/CA。

非信标模式下,网络不需要定期地进行时间的同步,使用不带时隙的 CSMA/ CA 算法进行接入控制、竞争使用信道,其中的退避时间是任意长度的,不必以时隙为单位进行计算。

5. 安全机制

当 MAC 层数据帧需要进行安全保护时,IEEE 802.15.4 使用 MAC 层的安全管理确保 MAC 层的命令、信标,以及确认帧等的安全。MAC 帧首中有一个标志位用来控制帧的安全管理是否被使能。

MAC 层使用 AES(Advanced Encryption Standard)作为其核心加密算法,通过该算法保证 MAC 帧的机密性、完整性和真实性。

在安全管理被使能的情况下,MAC 层发送(或接收)帧时,首先抽取帧的目的地址(或源地址),取得与该地址相关的密钥,再使用密钥处理此数据帧。

第15章 数 据 链

15.1 概述

数据链将地理上分散的部队、传感器和武器系统无缝链接，构成立体分布的信息平台，实现信息共享，使指挥员实时掌握战场态势，提高协同作战能力。数据链除具有通信功能外，还可使信息的采集、加工、使用自动完成，提高了实时化程度，已成为网络中心战体系中的关键装备。随着数据链的不断发展，民用航空领域也开始采用数据链。

战术数据链应用于战术级的作战区域，可分为态势/情报共享型、指挥控制型、综合型，还可分为陆、海、空战术数据链和三军联合数据链。北约称其为 Link，美军称其为 TADIL，两者基本对应，下面采用 Link 一词，包括 Link-4A/B/C、Link-11/11B、Link-16、Link-22 等系列。其他有代表性的还有俄罗斯的蓝天、蓝宝石，以色列的 ACR 740 等。

为了支持情报、侦察、监视等纤细图像信息的传输，美国从 20 世纪 80 年代开始开发了多种宽带数据链，如通用数据链（CDL）、TTNT 等。

专用数据链是战术数据链的一个分支，功能单一，如爱国者导弹信息链 PADIL 等。

战术数据链通信系统主要组成如图 15-1 所示。信息首先由各种传感器/用户操作产生，由战术数据系统转换成标准格式的信息报文发给加密设备加密，以提高信息安全性。加密的信息传输到数据终端设备，后者负责无线通信协议的相关内容，包括调制解调、链接控制等功能。经数据终端处理后的数据通过无线收发设备进行无线信号的发送。接收过程基本相反。

图 15-1 战术数据链通信系统主要组成

15.2 相关技术

1. 时隙分配技术

现有的数据链网络接入大多是基于时隙的,也称为时隙分配协议。

1) 固定时分多址接入

固定时分多址接入又称专用时分多址接入,通过对各个结点通信需求量的预测,将时隙静态分配给各结点,结点只有在自己的时隙内才能发送信息,如没有数据传送,时隙将空闲。

带时隙复用的固定时分多址接入是一个衍生方式,在该方式下一个时隙可以分配给多个结点,但需要指定其中一个结点作为本时隙的发送结点。

这种方式的优点是为网络内每个结点预置了容量,不会产生冲突。但缺点明显,该方法不考虑业务变化情况,容易造成浪费。另外,该方法下互换设备较为麻烦,例如一个网络中的飞机 A 不能简单地用另一架飞机 B 代替,而是必须对 B 的数据链终端重新配置,使其具有与 A 相同的时隙时间,这样对战场不利。

2) 动态时分多址接入

动态时分多址接入又称动态时隙分配,它按照结点的需求变化,动态地分配时隙资源给这些结点。结点能在执行任务过程中接收指令来调整时隙参数。

动态时分多址接入又可分为集中式和分布式。集中式需要网络中存在一个特殊的中心控制结点来收集信息,分布式则不需要。分布式接入一般需要每个结点周期性广播自己对时隙数量的需求,并根据收到的全部时隙请求信息,采用相同的算法计算出全网一致的时隙分配序列。

这种接入方式可适应用户数量或用户对网络需求变化较大的情况,网络可用性和资源利用率可得到很大的提高,是战术数据链的关键技术之一,得到了大量的研究。

3) 混合时隙分配接入

混合方式是固定和动态时隙分配相结合的协议,综合利用了两者的优点。

在混合时隙分配协议中,一部分时隙通过固定时隙分配方式进行分配,可以为结点提供一定的传输性能保证;另一部分时隙则通过动态时隙分配方式进行分配,一定程度上能够满足变化性较大的业务的传输需求。

4) 争用时分多址接入

争用时分多址接入又称为争用时隙分配。时隙是以时隙组的形式分配给一个结点组,为组内结点所共享;结点从时隙组中随机选择一个时隙发送数据,无冲突时发送成功,有冲突时则采用退避算法计算出一个随机数 n,延迟 n 个时隙后重新发送,直到发送成功或多次失败后放弃。

争用时分多址接入方式的优点是网内结点可具有相同的初始化参数,简化了网络设计并减少了网络管理的负担,不需为结点分配时隙,成员随意变化,特别适合结点数量多而数据量不大的情况。其缺陷是在数据量大的情况下容易产生碰撞。

5) 组网规划

数据链的组网规划非常重要,和时隙分配密切相关,主要包括:网络角色的指派、对时隙资源量及需求量进行预测、为每个网络成员分配网络资源、使所有网络成员协同运作的网络配置细节。时隙分配及角色指派需从该网承担的任务考虑,如网内多数成员是战斗机,信息较少,分配的时隙少;另一些成员是执行监视、指挥/控制、通信任务的预警机,指挥控制中心,接力站等,数量少但发射信息频繁,需要时隙较多。

2. 扩频技术

1) 跳频

现代数据链普遍采用了各种扩频技术,跳频是其中一种典型技术。跳频的全称为跳变频率(Frequency Hopping,FH),是将整个频带分为若干子信道(跳频信道),收发过程以一种特定的规律在不同时间,用不同的跳频信道进行传输,如图 15-2 所示。

即使是在点对点单一连接的情况下,发送方也会按给定的跳频码序列(伪随机码,图 15-2 中为{1,2,3,2,3,4}),每发送完一个时隙的数据便产生一次跳频(从一个信道跳转到另一个信道)。图 15-2 中,第一个时隙在信道 1 传输,第二个时隙跳转到信道 2……按照跳频码序列以此类推。

接收方也按照同样的跳频码序列进行信道切换来接收。

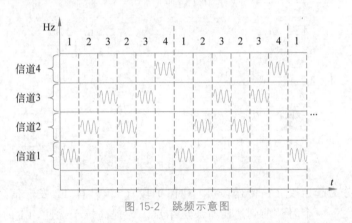

图 15-2 跳频示意图

跳频实际上是一种硬件加密手段,除非第三方获得了跳频码序列,否则难以截获完整的信息,也难以准确地进行介入式干扰。

2) 关于扩频的小结

至此,本书已经涉及了三类扩频技术,基本的扩频技术包括以下 4 种。

- 以 CDMA、二次编码为代表的直接序列扩频,简称直扩(DS);
- 跳变时间(Time Hopping,TH),简称跳时;
- 跳变频率(Frequency Hopping,FH),简称跳频;
- 宽带线性调频(Chirp Modulation)。

跳时与跳频相似,但是在时间轴上跳变。首先把时间轴分为时间帧,帧再细分为时隙。针对一个发送者,在一帧中只发送一个时隙的数据,但具体在哪个时隙发送是由伪随机码序列控制的。可以结合超宽带脉冲无线电的伪随机时间调制技术进行理解。

宽带线性调频是指在一个周期内,发射端的载波频率呈线性变化(如线性递增/减)。这种扩频方式主要用在雷达中,但是在通信中也有一定的应用。

在上述几种基本扩频方式的基础上,还可以进行多种组合,构成各种混合方式。

113

15.3 Link-16

Link-16 是一种双向高速数据链，容量大、抗干扰和保密性好，主要用于 C³I 系统，实现参战单位间的实时战术信息交换。Link-16 支持固定接入和动态接入两种方式。

一个典型的场景是数据链支持下的协同空战：一般由预警机、地面或卫星上的传感器首先发现目标，解算后将目标信息和作战决策等上传到 Link-16，各个武器平台共享这些信息，从而实现协同作战。

1. Link-16 的时隙资源

Link-16 将 1 天划分为 112.5 个时元，每个时元划分为 64 个时帧，每帧划分为 1536 个时隙。1 个时元中的时隙被分为 A、B、C 三组。每一组包含 32768 个时隙，编号从 0 到 32767，称为时隙索引号。三个组按顺序交叉排列，如图 15-3 所示。

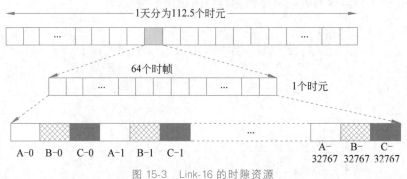

图 15-3　Link-16 的时隙资源

一个时隙分为起始段 T1、传送段 T2 和保护段 T3。只有 T2 发送信息。T3 用来保证本时隙信号在下一个时隙前到达所有成员结点。为提高抗干扰性，T1 的开始时间不固定，在一定时间范围内抖动。

Link-16 把时隙组成时隙块分配给结点，时隙块中用到重复率（RRN）的概念，是时隙块在时元中占用时隙个数的对数，范围为 0～15。如 RRN＝15，则 $2^{15}＝32768$，表示该结点在时元内占用 32768 个时隙，由于时隙的分配需均匀分布（分配原则之一），因此该重复率所占用的时隙刚好是一个时隙组（A、B 或 C）。重复率与时隙数、时隙间隔的关系如表 15-1 所示。

表 15-1　重复率与时隙数、时隙间隔的关系

重复率	时隙数/时元	组内周期/时隙	时元内周期/时隙	出现周期
15	32768	1	3	23.4375ms
14	16384	2	6	46.875ms
13	8192	4	12	93.75ms
...	...	...	...	...
2	4	8192	24576	3.2min

重复率	时隙数/时元	组内周期/时隙	时元内周期/时隙	出现周期
1	2	16384	49152	6.4min
0	1	32768	98304	12.8min

时隙块的表示方法为：时隙组-起始时隙号-重复率。如 A-2-13 表示分配的时隙属于组 A，起始时隙是 2，重复率为 13，在组内每 4（即 $2^{15-13}=4$）个时隙出现一次，时隙编号可用 $2+4\times(n-1)$ 表示（其中 $n=1,2,\cdots,8192$），即 A-2、A-6、A-10……

2. Link-16 的资源分配

1）均匀性

战斗中每个成员都有随时发送/接收消息的需求，而那些周期性的战术消息也需要不断被发布，Link-16 的时隙分配制定了均匀性的原则。

考虑这样一种情况，假设时元是 16 个时隙，A、B 各需要 4 个时隙，如果不考虑时隙分配的均匀性，则分配结果可能是如图 15-4 所示中的 a 方式。

如果在 B 的时隙中，A 希望发送消息，它只能等到下一个时元，这种延时在作战中是不允许的。图 15-4 中 b 方式的分配考虑了均匀性原则，很好地保证了数据传输的公平性和及时性：不管在任何时刻，A 最多等 3 个时隙就可以进入自己的时隙发送数据。

图 15-4　分配方式

图 15-5 展示了遵循均匀性原则的情况下不同重复率的发送者拥有的数据发送频率。

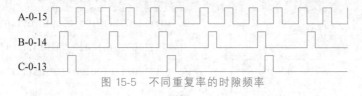

图 15-5　不同重复率的时隙频率

2）互斥性

为了保证数据正常传输，还必须保证时隙分配的互斥性，即不同的时隙块不能包含共同的时隙，这体现在以下几方面。

- 若时隙组不同，则即使两个时隙块的起始时隙和重复率均相同，它们也没有共同时隙的可能性。
- 如两个时隙块的时隙组和重复率相同，但如果它们具有不同的起始时隙，也不会产生冲突。例如，A-2-10 和 A-5-10：A-2-10 时隙块包括 A-2、A-34、A-66、A-98……而 A-5-10 包括 A-5、A-37、A-69、A-101……不会冲突。

为了避免冲突，Link-16 采用了二叉树时隙分配方法，如图 15-6 所示。把数据块划分成二叉树后，可以很直观地把一个树枝（或叶子结点）划分给某一个应用。但是，如果不仔细规划，进行多次划分和分配后会出现一些小的时隙碎块，造成浪费。

115

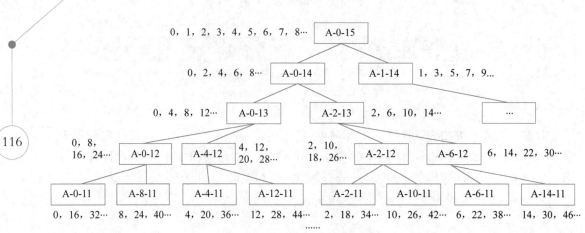

图 15-6　二叉树时隙分配法

3. 安全性技术

Link-16 综合采用了直接序列扩频、跳频、密码加密等措施,使得信号在传输过程中具有低截获率和低跟踪率,达到了保密通信的目的。

1) 直扩和加密

在 Link-16 的一个时隙内,系统首先将信息进行纠错编码,再用伪随机序列把基带信息进行直扩,以跳频的形式进行发射,这就成为混合扩频了。

Link-16 的直扩是循环码移位键控编码(CCSK),每 5 比特形成一个码元组,和 32 位的 CCSK 码字形成对应关系。将 CCSK 的 S0 码字循环左移 n 位,就可生成第 n 个码元组对应的 CCSK 码字,如表 15-2 所示。

表 15-2　Link-16 的 CCSK

码元组编号	码元组	CCSK 码字(32bit)
0	00000	S0＝01111100111010010000101011101100
1	00001	S1＝11111001110100100001010111011000
2	00010	S2＝11110011101001000010101110110001
......	......	......
30	11110	S30＝00011111001110100100001010111011
31	11111	S31＝00111110011101001000010101110110

直扩后的 CCSK 码字与 32 比特的伪随机噪声通过异或运算进行加密,得到 32 比特的传输码序列。其中的伪随机噪声由传输保密加密变量确定并保持连续变化。

2) 跳频与抖动

Link-16 的载波在 51 个跳频频道上伪随机选择,跳变速率可达每秒几万跳。通过不同的跳频码序列可让不同网络的结点在同一片区域内同时发送信息而不互相干扰,从而支持多个不同跳频码序列的网络同时工作。Link-16 不仅在发送数据时跳频,并且在发送同步信号时也跳频,使得 Link-16 的抗干扰性进一步增强。

为进一步增强抗干扰性,结点在自己的时隙中并不立即发送信号,而是随机等待一段时间,即抖动,然后再开始发射信号。抖动的规律由发射密码决定。

3）Link-16 的安全性分析

Link-16 的安全处理过程如图 15-7 所示,最终发送的信号类似于噪声,窃听者难于跟踪和破解。在空间、时间和频域中采用多种抗干扰、抗截获技术,使得 Link-16 具有高可靠性和安全保密性。

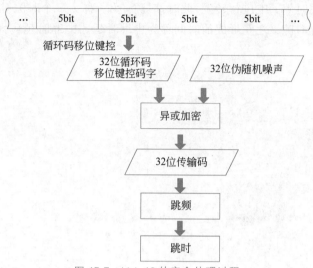

图 15-7　Link-16 的安全处理过程

4. 差错控制和交织

为提高纠错能力,Link-16 对报文进行奇偶校验、RS 纠错编码后还进行了交织。

伪随机交织器是广泛应用的一种交织器:把伪随机数作为一种映射关系,将输入序列按映射关系进行重排构成输出序列。一个简单的伪随机交织器如图 15-8 所示,原来的序列号 1、2……8 被随机排成 3、8、1、6、7、4、5、2,输入的 8 位信息,第 1 位被放在结果序列的第 3 位,第 2 位被放在结果序列的第 8 位……最后形成新的序列串。

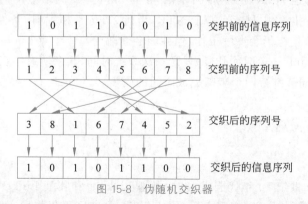

图 15-8　伪随机交织器

当干扰呈规律性出现时,交织可有效提高信息恢复的概率。如发送"床前明月光"这句话,一般提高冗余性的思路是简单地发送两遍,当信道干扰具有周期性,都是在前两字时特别强,则接收端将收到"××明月光××明月光",无法恢复出数据。

但如果进行交织后得到"床前明月光明光床月前",这样即便产生规律性的错误,接收

117

方也可以收到"××明月光××床月前"。通过逆处理可以恢复出"床前明月光"这句话。

5. 中继

对于超过通信距离或通信有障碍的情况，需要采用中继技术。Link-16 最常用的是配对时隙中继（又称时隙对中继）方法。首先确立中继结点（如预警机）并为中继结点分配专用时隙。发送结点在时隙 r 发送数据帧后，中继结点接收到该帧并将其存储，在随后某个已预先分配的专用时隙 s 中进行转发，此时，时隙 r 和 s 称为一个时隙对，如图 15-9 所示。发送时隙 r 与中继时隙 s 之间形成的时间称为中继时延。中继时延应大于 6 个时隙但小于 31 个时隙。

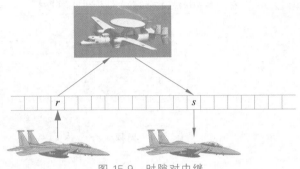

图 15-9　时隙对中继

6. 组成多网

为提高通信容量，Link-16 中不同的网络可并行工作，每个网被分配一个编号，允许定义 127 个不同的网，但由于干扰的限制，一个地区最多只能有 20 个网络同时工作。网络编号对应一个特殊的跳频码序列和加密密码，从而保证各个网络相互独立，即允许多个网络在相同的时隙同时发送信息（不同的跳频码序列保证它们的发送频率不同）。

7. 统一的时钟

Link-16 采用 TDMA 接入，参与结点必须具有统一的时间，因此需要指定一个时间质量等级高的结点承担 NTR（网络时间基准/参考）角色，其他结点的时钟需经过同步与 NTR 的时间一致。网络中只能有一个 NTR，当前 NTR 被摧毁时，备份 NTR 继续工作，当没有 NTR 时，数据链仍会继续工作，但性能会逐渐变差。

NTR 每 12.8min（一个时元长度）发送一次系统时间，其余所有结点必须经过入网、粗同步、精同步以及同步维持四个步骤完成时间的同步。

15.4　其他数据链

1. Link-11

Link-11 于 20 世纪 70 年代服役，包括海基 Link-11 和陆基 Link-11B，对北约数据链的发展具有非常重要的意义，应用广泛，预计未来一段时间里仍将发挥重要作用。

Link-11 需指定一个结点作为数据网控制站（DNCS，即主站），对整个网络进行管理，其他结点为网络参与单元（PU）。所有结点都需指定一个唯一的地址码，共用一个频谱，使用主从方式进行轮询-应答模式的通信。工作过程如下。

（1）网络开始工作时，DNCS 根据所有 PU 的情况建立一个轮询呼叫序列，并根据这个序列为每个 PU 分配一个时隙。

（2）DNCS 按轮询呼叫序列的顺序发送轮询信息，询问每个 PU 是否有数据需要传输。询问信息包括战术数据和被轮询的 PU 的地址码。

（3）所有 PU 均接收询问信息，把战术数据提交给各自的战术计算机。

（4）PU 将收到的地址码与自己的地址码进行比较，如相同，就进入发送状态，判断是否有数据需要发送。如果有，就在应答信息中发送（若数据发送时间超过时隙的时长，就中止并等待下一次轮询）；如果没有，也要予以响应，DNCS 可以轮询下一个站。

（5）其他 PU 都接收当前正在应答的 PU 的数据。

（6）PU 应答结束后，DNCS 发送下一个询问信息。

（7）当所有 PU 都被询问过后，DNCS 完成了本次网络循环，继续下一轮循环。

Link-11 轮询过程如图 15-10 所示，其中虚线箭头表明开始发送信息，并假设 PU3 没有数据需要发送。

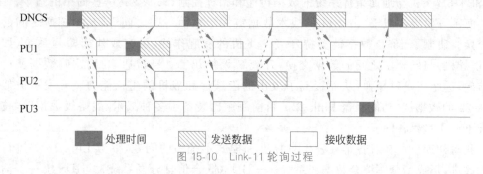

图 15-10　Link-11 轮询过程

2. TTNT

Link-16 的缺陷主要是数据率不足，事先需要进行规划而灵活性较差，为此美国研制了多种宽带数据链，包括 TTNT。TTNT 的最高速率达 2Mb/s，网络成员数量也大为增加，采用 Ad Hoc 机制（见后面章节）实现动态组网，组建网络只需数分钟甚至数秒，还可实时对网络进行重构，有利于根据战场情况对网络进行调整，提高了网络的抗毁性。TTNT 基于 IP，可方便地与其他网络进行互联，且可与 Link-16 兼容。

最初的 TTNT 和 Link-16 一样为全向通信，隐蔽能力较差，新的 TTNT 在组网阶段使用全向通信，组网后成员之间采用定向通信。据析，采用了可高速切换方向的多波束天线，配合特殊的天线对准及跟踪算法，能在快速机动中保持天线波束相互对准。

TTNT 还可根据距离与信号的质量自适应地改变发送速率、编码以及功率等。

3. 卫星数据链与一体化数据链

卫星数据链是指利用卫星通信提高传递距离的数据链，可跨洋/洲进行数据传递，大大提高了部队远程作战能力。20 世纪 90 年代以来，各国积极发展卫星数据链。

美军为实现全球范围内的态势共享，提出一体化数据链系统（见图 15-11），分为 3 个层次：底层是各军兵种数据链；中层 Link-16 把局域数据链联成统一的数据链；上层卫星数据链把各 Link-16 联成国家/全球范围的体系。

4. 我国数据链的发展

我国数据链技术虽然发展较晚，但发展迅速。

我国于 20 世纪 70 年代开始研制雷情-1 号半自动防空情报指挥系统，利用数据链实

119

120

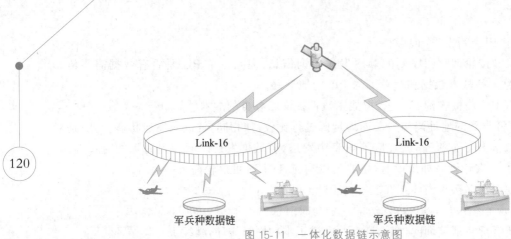

图 15-11　一体化数据链示意图

现了雷达站与防空指挥中心的对接。在此基础上研制了 481 和 483 两种数据链，用于歼-7C 和歼-8B 飞机与地面指挥系统的数据传递和指挥控制，只能支持一些简单的指令。

海军开发出类似于 Link-11 的战术数据链用于水面各舰之间、陆基指挥所之间的信息交换。研制了 483D 数据链支持歼轰-7 飞机的反舰作战，可完成外部探测系统（如警戒/引导机）与歼轰-7 之间的数据交换，歼轰-7 无须开启自身雷达，利用这些数据就可修正航向，远距离发射导弹，从而提高了攻击的隐蔽性和战机的生存能力。开发了类似于 Link-22 的数据链，功能涵盖 Link-22。目前海军已装备了多种战术/战略级数据链，技术水准不亚于世界各国。

我军初期也存在着各军兵种信息标准和模式不统一的问题，参考 Link-16 并进行了较大改进，形成了全军综合数据链系统——JIDS（联合信息分发系统）。JIDS 统一了消息标准和保密机制，实现了不同战术数据链间的互联互通。JIDS 具有通信、网内识别、导航定位、处理电子战信息、武器协同及任务管理等诸方面的功能，并具有高速率、大容量、低误码率、强加密、抗干扰、高精度等特点。JIDS 的跳频速率高于 Link-16。

我国 20 世纪 90 年代研制出第一代机载卫星通信系统，传输速率较低。21 世纪研制成功了 KU 波段机载卫星通信系统，下行速率达到数 Mb/s，可用于大容量信息的传递，为发展侦察/攻击型无人机提供了物质基础。2013 年，我国进行太空授课实时播放，利用天链数据中继卫星进行数据的传输，表明我国可有效扩展卫星数据链的作用范围。

2015 年年底，中国相关单位公开展出了数据链终端，从介绍来看，该终端性能已经达到或接近美国 TTNT 的水平，标志着国产数据链迈入了宽带时代。

中国对数据链的研究从未停止，新一代系统也在研制中。中国数据链的水平在当今世界占有一席之地，在有些技术上已经具有领先的优势。

第16章 蓝 牙

16.1 概述

蓝牙(Bluetooth)是目前 WPAN 的主流技术之一,目标是利用短距离、低成本的无线连接替代电缆连接,国际标准是 IEEE 802.15.1、IEEE 802.15.2,工作在 2.4GHz ISM(工业、科学、医疗)频带,不需执照许可证,可在 10~100m 的短距离内无线传输数据,支持 1Mb/s、4Mb/s、8Mb/s 和 12Mb/s 等多种传输速度。

蓝牙采用了一种无基站的组网方式,一个蓝牙设备可同时与多个蓝牙设备相连,具有灵活的组网方式。当蓝牙用户走进一个新的地点时,蓝牙设备就能够自动查找周围的其他蓝牙设备,方便地实现用户需要的通信,以及主动获取附近提供的服务。为此,蓝牙设备需要一些基本的互操作性,即蓝牙设备必须能够彼此识别。该要求涉及无线模块、空中协议以及应用层协议和对象交换格式等诸多内容。

目前,通信领域存在截然相反的两大类通信:电路交换和分组交换,如图 16-1 所示。

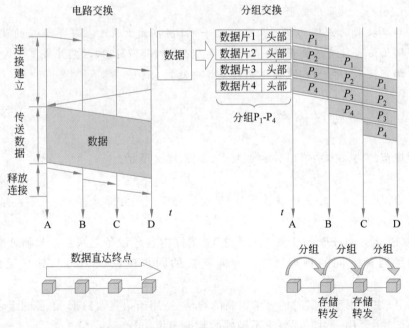

图 16-1 两大类通信

电路交换类似于目前电话网的语音通话,需要经历建立连接、传送数据和释放连接 3 个阶段,也就是通话双方需要事先建立起一条专门的通道(即保留独立、不可他用的通信资源）。这种通信有专门的资源保证，能够很好地支持通信质量需求。

分组交换是当前计算机网络的主流技术，事先将数据切割成数据片，加上头部（包括最重要的地址信息）形成分组后，通过共享通道发送出去，每个分组独立传输，不需要建立连接的过程，不能保证通信质量。每个分组到达一个中间结点后，先存储，在合适的时机被提取出来，根据地址信息查找下一跳结点，将分组转发给下一跳，此过程即为存储转发。

蓝牙可以支持电路交换和分组交换，能同时传输语音和数据信息，支持点对点或点对多点的话音、数据业务。

蓝牙还可以为用户提供一定的安全机制，鉴权是蓝牙系统中关于安全的关键部分，它允许用户为个人的蓝牙设备建立一个信任域，个人信息由加密技术保护。

蓝牙技术不断发展，蓝牙 3.0 可以使用不同的无线技术，包括 IEEE 802.11 和超宽带（UWB），带宽得到了大幅提高。蓝牙 4.0 拥有极低的运行和待机功耗，同时还拥有低成本、跨厂商互操作性、3ms 低延迟、AES-128 加密等特色。蓝牙 5.0 拥有更快的传输速度（24Mb/s），更远的传输距离（可达 300m）、更低的功耗。通过标准的不断更新，蓝牙技术已经成为民用短距离无线应用中最为普及的一项技术。

【案例 16-1】 医疗健康领域

深圳蓝色飞舞科技有限公司推出的 BF10 蓝牙模块，已经成熟地应用在医疗健康领域，如蓝牙血压计、计步器、血氧、健康秤、血糖仪等。采用蓝牙的医疗监护设备，使得受监护的病患可以适当活动，不必时刻躺在病床上。而且，那些医疗的禁区，如手术室、放疗室等，必须要有严格的隔离制度，蓝牙使得医生可以通过遥控方式进行一些检查和治疗，大大方便了医生的治疗和会诊的工作。※

【案例 16-2】 共享单车蓝牙锁

共享单车被称为中国的新四大发明之一，目前市面上用于共享单车锁的蓝牙芯片之一就是深圳伦茨科技有限公司研发的蓝牙智能芯片 ST17H30，该芯片成本低，支持定位，具有多重加密技术，超低功耗（数年无须更换电池）。※

16.2 蓝牙协议体系结构

蓝牙规范的协议体系可以分为 4 大类，如图 16-2 所示。

1. 核心协议

核心协议（图 16-2 中斜线底纹部分）是蓝牙协议的关键部分。

1）基带协议

基带（BaseBand，BB）位于蓝牙无线之上，为网内蓝牙设备之间建立起物理射频连接。基带提供了两种不同的物理链路：面向连接的同步链路（SCO）和异步无连接链路（ACL）。

- SCO 主要用于对实时性要求很高的通信，适用于语音及数据/语音的组合。
- ACL 主要用于对时间要求不敏感的数据通信。

2）链路管理协议

链路管理协议（Link Manager Protocol，LMP）侧重于语音无线通信的实现，负责蓝牙各设备之间连接的建立和释放、链路的设置和控制，包括身份验证和加密，管理链路密钥，

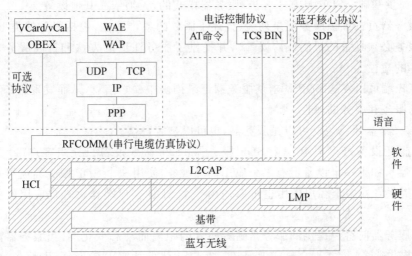

图 16-2 蓝牙协议体系

通过协商确定基带数据的大小,控制无线设备的电源模式和工作周期、网内设备的连接状态等。

3) 主机控制器接口

主机控制器接口(Host Controller Interface,HCI)是蓝牙协议中软、硬件接口的部分,即两者的分界线。HCI提供了一个调用基带、链路管理协议、状态和控制寄存器等硬件的统一命令接口。上、下模块之间的消息和数据必须通过HCI的解释才能传递。HCI以上的协议实体运行在主机上,HCI以下的功能由蓝牙设备完成。

4) 逻辑链路控制和适配协议

逻辑链路控制和适配协议(Logical Link Control and Adaptation Protocol,L2CAP)位于基带协议之上,与LMP一样都属于数据链路层,但两者的工作是并行独立的,基带数据业务可通过L2CAP直接把数据传送到高层。虽然基带提供了SCO和ACL两种连接类型,但L2CAP只支持ACL。L2CAP的主要功能归纳如下。

- 协议复用:L2CAP对高层协议提供多路复用的功能,即高层的SDP、RFCOMM和TCS等协议可以同时使用L2CAP。
- 分段与重组:基带中定义的数据长度较短,有效载荷最大为341B,而高层数据往往大于这个限制,L2CAP必须在传输前对其进行分段;在接收端经过简单的完整性检查后,将这些数据分段重新组合。
- 服务质量:在蓝牙设备建立连接的过程中,L2CAP允许蓝牙设备交换各自期望的服务质量信息,并在连接建立后通过监视资源使用情况保证服务质量的实现。
- 组抽象:一个微微网中最多可以有8个活跃设备,这些设备组成一个组(微微网),在同一个时钟下同步工作。而许多协议存在地址组的概念,L2CAP可以把协议中的组有效地映射到微微网中。

5) 服务发现协议

一个设备可以有一个或多个应用提供服务,使用服务发现协议(Service Discovery Protocol,SDP)可以发现新设备所提供的服务/原有设备提供的新服务,为后续访问蓝牙设备服务提供基础。SDP 是基于客户/服务器模式的,无须依靠其他设备。

- 服务器负责维护服务记录列表(描述了服务的各个属性,包括服务的类型、使用该服务必须具备的机制或协议等),并提供了服务注册的方法和访问服务发现数据库的途径。
- 客户端可以发送 SDP 请求从服务器记录列表中检索信息,从而发现服务器所提供的服务和服务的属性。

通常,一个蓝牙设备既可以是服务器,也可以是客户端。

一个蓝牙设备最多只有一个 SDP 服务器,如果蓝牙设备只充当客户端,则不需要 SDP 服务器。如果一个设备上有多个应用提供服务,使用一个 SDP 服务器就可以充当这些服务的提供者。多个客户应用也可以使用一个 SDP 客户端作为客户应用的代表请求服务。

SDP 服务器向客户提供的服务是随着两者的距离而动态变化的,当服务器离开服务区而不能提供服务时,并不会显式地通知。客户可以使用 SDP 轮询(Poll)服务器,根据是否能够收到响应判断服务器是否可用。

2. 高层协议

串口仿真协议(RFCOMM)在蓝牙基带上仿真 RS-232 串口通信的控制和数据信号,为使用 RS-232 进行通信的上层协议提供服务。

二进制电话控制协议(Telephony Control protocol Binary,TCS-Bin)是面向比特的协议,提供了蓝牙设备间建立数据和话音呼叫的控制信令等。

AT 命令用以控制移动电话、调制解调器等。

对象交换(OBject EXchange,OBEX)协议假设传输层是可靠的,采用客户机/服务器模式向上支持电子名片交换格式 vCard、电子日历及日程交换格式 vCal 等。

与互联网相关的高层协议,蓝牙定义了 PPP、IP、UDP、TCP 等协议,以及无线应用协议(Wireless Application Protocol,WAP)等。其中 WAP 融合了各种广域无线网络技术,选用 WAP 就可以充分利用那些为无线应用环境(WAE)开发的高层应用软件。

16.3 蓝牙的传输技术

1. 微微网

蓝牙支持点到点和点到多点的连接,用无线方式将若干相互靠近的设备连成网络,称为微微网(PicoNet,或皮克网、皮网)。

未通信之前,蓝牙设备的地位都是平等的,在通信的过程中则划分为主(Master)设备和从(Slave)设备两个角色。其中首先提出通信要求的设备为主设备,而被动进行通信的设备称为从设备。一个主设备最多可同时与 7 个活跃的从设备进行通信,微微网的信道特性由主设备所决定,主设备的时钟为微微网的主时钟,所有从设备的时钟需要与主设备的时钟同步。

微微网中,在主设备的控制下,主、从设备之间以轮询的调度方式轮流使用信道进行数据的传输,如同教师轮流点名各个学生回答问题一样。

(1)主设备首先启动发送过程,传送数据给从设备,或是询问从设备是否有数据需要传送给主设备。

（2）从设备随后回应是否收到主设备发送的数据，或发送数据给主设备。

（3）没有被轮询到的从设备不允许传送数据，直到被轮询到。

一旦组成微微网后，从设备之间的通信必须经过主设备进行中转，即使它们相距很近，也不能建立直接的链路进行通信。

2. 双工

蓝牙采用时分双工（TDD）机制实现全双工传输模式。

TDD 是通信系统中常见的一种双工方式，将信道的时间轴分为时隙，发射和接收信号是在信道的不同时隙中进行的。举个简单的例子，把时间轴分为 T_A、T_B、T_A、T_B……这样的时隙顺序，A 和 B 在相同的信道上进行数据的交换，A 在 T_A 时隙内将数据发给 B，而 B 则在 T_B 时隙内将数据发给 A。

其实，更准确地说，TDD 属于同步半双工，通信双方轮流占用信道发送数据，无法实现真正意义上的同时收发。但是，因为时隙规定得很短，且能够在单位时间内满足双方通信的需求，所以从宏观上根本感觉不出半双工的情况。3G、4G 和 5G 通信中的其中一个物理层方案（主要以中国技术为主）就采用了 TDD 的方式。

与 TDD 对应的是频分双工（FDD），在传输数据时需要两个独立的信道，通信双方各占用一个信道进行信息交互，3G、4G 和 5G 通信中的另一个物理层方案就采用了 FDD 的方式。随着频谱资源越来越紧张，FDD 的弊端也越来越明显。

在工作情况下，蓝牙规定 $625\mu s$ 为一个时隙。在正常的连接模式下，主设备总是以偶数时隙启动传输工作（如轮询从设备），而从设备则总是从奇数时隙启动传输工作。一个数据包在名义上占用一个时隙，但实际上可以扩展到占用 5 个时隙。

3. 跳频

鉴于蓝牙采用的 ISM 频段是开放的频带，蓝牙在使用过程中会遇到不可预测的干扰源。为此，蓝牙设计了快速确认和跳频方案，以确保链路稳定传输（跳频见数据链一章的扩频技术）。在工作的情况下，蓝牙的跳频频率为 1600 跳/s，每发送一个时隙的数据，产生一次跳频。与工作在相同频段的其他通信系统相比，蓝牙跳频快，数据短，这使得蓝牙比其他系统更不易被干扰，更稳定。

同一个微微网内的所有设备都需要与所在网的时间和跳频序列保持同步。主设备的蓝牙地址（48 位设备地址）及时钟信息决定了跳频序列的细节。

4. 无线链路

微微网中，从设备可以同时支持一个 ACL，以及多达三个并发的 SCO。而主设备最多可同时支持 7 条 ACL 链路和 3 条 SCO 链路，一对主、从设备间只支持 1 个 ACL 和最多 3 个 SCO。

SCO 链路支持 64kb/s 的同步语音。ACL 链路支持两种情况：最大速率为 721kb/s、反向应答信道为 57.6kb/s 的非对称连接；432kb/s 的对称连接。

其中 ACL 链路的可靠性通过 ARQ 协议（将在下面讲解）来保证。

SCO 链路既可传话音分组，又可传数据分组，但后者只用于重发被损坏的数据。SCO 链路是通过在主设备预留的、周期性的 SCO 时隙内传输同步信号实现的。SCO 工作方式如图 16-3 所示，其中黑色表示有数据发送，白色表示无数据。可见，即便无数据，白色所占用的时隙仍然不能挪为他用。蓝牙技术的资源预留策略不是预留信道，而是预留时间。很多通信技术都采用了这种预留方法。

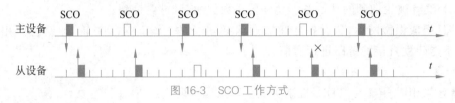

图 16-3   SCO 工作方式

从图 16-3 中可以看出，SCO 为对称连接，主、从设备间无须轮询的过程，双方按时发送数据即可，并且因为 SCO 强调的是实时性，一些数据错误被认为无所谓，所以 SCO 分组不需要进行数据的重传操作。

5. 编址

蓝牙定义了 4 种基本类型的设备地址，如表 16-1 所示。

表 16-1   蓝牙地址类型

地 址 类 型	说　　明
BD_ADDR	48 位长的蓝牙设备地址（Blue Device Address）
AM_ADDR	3 位长的活跃成员地址（Active Member Address）
PM_ADDR	8 位长的休眠成员地址（Parking Member Address）
AR_ADDR	8 位长的访问请求地址（Access Request Address）

IEEE 802 为每个蓝牙设备分配了一个 48 位的蓝牙地址（BD_ADDR），地址分为三段：低 24 位地址段（LAP）、未定义 8 位地址段（NAP）、高 16 位地址段（UAP）。NAP 和 UAP 合在一起作为生产厂商的唯一标识，LAP 在各厂商内部自行分配。

另外，蓝牙还定义了简单的地址格式，分别是 AM_ADDR 和 PM_ADDR，地址的采用和结点的状态有关。

AM_ADDR 是用于对活跃状态的结点进行标识的，二进制的 001 到 111 分配给 7 个活跃的从设备。当 AM_ADDR＝000 时，表示在一个微微网中进行消息的广播。主设备发出的数据包首部中包含活跃地址，指定哪一个从设备进行通信。

从设备处于休眠状态时将获得一个 PM_ADDR。主设备使用该地址或 48 位的蓝牙地址解除结点的休眠。从设备被激活后将获得一个活跃地址，并放弃休眠地址。

AR_ADDR 由处于休眠状态的从设备使用，用来发送访问请求信息。

6. 建立连接

蓝牙设备有两个工作状态：待机（Standby）状态和连接（Connection）状态。前者为默认状态，从待机状态到连接状态需经过一系列过程（见图 16-4），可分为两个阶段：查询阶段、寻呼阶段。

1）查询阶段

查询阶段用来发现新的设备。主设备发出查询包，仅指出需要进行应答的设备的类型。查询包可指定以下两种方式。

- GIAC 用于查询所有设备。
- DIAC 用于查询特定类型的设备。

一个设备需要周期性地进入查询扫描状态，并在收到查询包后回复一个查询响应，才能使其他设备发现自己。需要注意的是，如果几个设备在小范围内同时响应，就会发生碰撞。蓝牙规范建议：设备在监听到查询包后，产生一个 0～1023 的随机数 Rand，在等待 Rand 个时隙后，再发送响应。

发起查询的主设备收集所有响应设备的地址和时钟信息。如果需要，它可以通过寻呼过程与其中一个从设备建立联系。

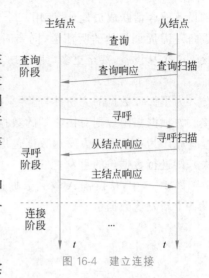

图 16-4　建立连接

2）寻呼阶段

主设备通过寻呼阶段激活并连接从设备，建立实际的连接。

当从设备收到寻呼信息后，主、从设备间有一个简单的同步过程，彼此交换关键的信息。其中最重要的工作是双方协调一个相同的跳频序列，以及时钟的同步。

一旦设备进入连接状态，表明连接已经建立成功，设备之间可以进行数据的传送。

7. 连接模式

连接状态的蓝牙设备可以处于以下 4 种模式之一（功耗由高到低）：活跃（Active）模式、嗅探（Sniff）模式、保持（Hold）模式和休眠（Park）模式。

1）活跃（Active）模式

该模式下的设备可正常通信。一个微微网最多只能有 7 个活跃模式的从设备。

主设备根据需要发送相关数据给指定的从设备。从设备检查数据包，若数据包的 AM_ADDR 与自己匹配，则读取该数据包，并返回自己的数据包。

2）嗅探（Sniff）模式

嗅探模式又称减速呼吸模式，是指降低从设备监听时隙的频率，实现间歇性地监听时隙。

活跃模式下，从设备在每个时隙都要监听主设备发来的数据包，不利于节能。而在嗅探模式下，主设备每隔一段时间（t）才向从设备发送数据包，而从设备每隔 t 时间才需要监听数据包。这样，从设备可以在空闲时隙休息，从而减少从设备监听信道的时间，节约电能。时间间隔可以依据应用的需求进行调整。

3）保持（Hold）模式

如果某些处于连接状态的从设备长时间没有数据传输，主设备可以把从设备置为 Hold 模式，从设备也可主动要求被置为 Hold 模式。该模式下从设备仍然保留活跃成员地址，但只有一个内部定时器在工作，主、从设备之间暂不进行数据传输。定时器超时后，从设备将被唤醒并与信道同步，数据传递也可立即重新开始。

Hold 模式一般用于连接好几个微微网的情况，方便桥结点（微微网间的结点）在多个微微网之间切换。Hold 模式还适用于需要低耗能的设备，如温度传感器。

4）休眠（Park）模式

当设备暂时不需要参与通信，但又希望与信道保持同步时，可以进入休眠模式。休眠的设备放弃活跃成员地址，使用一个休眠成员地址和接入请求地址。处于休眠模式的从设备还需周期性地监听信道，同步时钟、监听广播消息等。通过休眠模式，主设备可以连接 255 个从设备，甚至更多（使用 48 位的蓝牙地址）。

8. 可靠性保证

为了保证数据的完整性，蓝牙采用自动请求重传（ARQ）机制。在 ARQ 通信模型中，接收方根据编码规则对接收到的数据进行检查，如果出错，则通知发送方重新发送，直到检查无误为止。发送方发送数据包后，若接收方返回出错响应，或者无响应（包括响应丢失），则进行数据包的重发。

图 16-5 中，从设备 A 收到数据包 A2 但出错，所以 A 给主设备发送 NACK 信号，主设备重新发送数据包 A2。

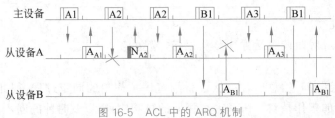

图 16-5　ACL 中的 ARQ 机制

从设备 B 收到数据包 B1，所以回送 ACK。但因为丢失等原因，主设备在规定的时间内未收到该 ACK 消息，所以主设备无法判断 B 是否已收到数据包 B1，因此主设备重发数据包 B1。此时 B 需要自己判断数据包是否重复，通常的做法是给数据包加上一个编号，相当于数据包的身份证，以此判别数据包是否重复。

其中，ACK/NACK 信息是加载在返回包的包头里进行“捎带”的。

实际上，ARQ 是一大类协议，具有多种不同的扩展，包括连续 ARQ 和选择重传 ARQ 等，最著名的是 TCP 的滑动窗口协议。

第 5 部分
末端网通信技术——Ad Hoc 网络通信技术

前面介绍了末端网的有线通信技术和无线底层通信技术,这些技术在某些特殊环境下,可能无法直接接入互联网,为此,可引入 Ad Hoc 网络来完成。本部分开始介绍末端网的 Ad Hoc 网络通信部分。

Ad Hoc 网络即自组织网络,是近年来迅速发展起来的一类通信技术,对它的研究方兴未艾,并且因为它所适用的场景非常适合物联网环境,给物联网的实施和应用带来极大的便利,因此它是物联网通信的重要技术。

本部分内容所涉及的工作主要包含在 ISO/OSI 的网络层内。而底层的物理层和数据链路层,可以有不同的选择,如前一部分所介绍的激光通信、电磁波通信、声波通信等,甚至可以是第 6 部分介绍的其他通信技术。

目前,根据应用场合的不同,自组织网络相关技术经过不断演化,衍生了如下几个特殊类型的自组织网络。

- 无线传感器网络(Wireless Sensor Network,WSN)。
- 机会网络(Opportunistic Network)等。
- 无线 Mesh 网络(Wireless Mesh Network,WMN)。

它们与传统的自组织网络有一定的区别,但是都拥有本质的特点——自组织性。本书认为无线 Mesh 网络属于接入技术,将其安排在下一部分介绍。

第17章 自组织网络的概念

17.1 概述

物联网必将在更多高危、偏远场合得到应用，传统的通信技术可能无法在这些场景下经济、有效地进行传输，而自组织网络(Ad Hoc Network，Ad Hoc 网、自组网)可以很容易地满足这些要求。

自组网是一种多跳的、可临时快速自动组成网络的自治系统。美国 1968 年建立的 ALOHA 网是单跳网络，不是真正的自组网，1973 年提出的 PR(Packet Radio)网才出现了自组织的思想。IEEE 开发 802.11 标准时将 PR 网络改名为自组网。

传统意义上的自组网没有接入点(基站)，没有固定的路由器或其他辅助设备。网络中的结点最初都是一些处于平等地位的移动结点，可以随意移动，这些结点自行组织成网络后，既要进行一定的数据处理，又要充当路由器，转发其他结点的数据。结点间可以以单跳方式或多跳方式相互通信。Ad Hoc 网络的示意图如图 17-1 所示。

图 17-1　Ad Hoc 网络示意图

一般情况下，需要进行多跳通信是因为下列几个原因。

- 完成数据的通信：结点无法通过单跳完成与目的结点间的通信，需要借助邻居和更远的结点的帮助才能达到通信的目的。
- 均衡能量：结点的能量消耗与通信半径的 3 次方成正比，网络宁可多经过一些结点，也要将通信半径缩小，在各结点间均衡能量的使用，延长网络整体寿命。

一些结点是可以移动的(地震灾区的通信设施可能由人携带)，必然导致网络的拓扑结构经常变化，路由信息不太稳定，所以自组网经常会临时重组。自组网中的结点应做到：

- 自发现(Self-Discovering)，结点能适应网络的动态变化、快速检测到其他结点的存在与否。

- 自动配置(Self-Configuring),结点通过一定的分布式算法协调彼此的行为,确定各自的角色、作用等,并自动设置一些参数,无须人工干预。
- 自组织(Self-Organizing),可在任何时刻、地点快速形成一个有效的网络系统。
- 自愈(Self-Healing),网络结点间路径的冗余性、路由的动态性,使得一条路径上的结点坏掉后可以安排其他路径继续传输,具有较强的抗毁性和健壮性。

根据应用场合的不同,自组网不断演化,衍生出几个特殊类型的自组网:无线传感器网络、无线 Mesh 网络、机会网络等。

1) 无线传感器网络(WSN)

WSN 假设网络中的结点是简单、低廉的处理单元,能量以小型电池为主,所以较传统的自组网,WSN 对能量消耗要求严格控制,并且 WSN 的结点可以随机/人工布置,但一旦布置完毕,一般不进行移动。特别地,为了将感知的数据传入互联网,一般 WSN 都要求有一个汇聚结点(Sink,或称为接入结点、基站)进行接入。

2) 无线 Mesh 网络(Wireless Mesh Network,WMN)

WMN 主要是为了延伸用户的接入距离。WMN 中只有少量的结点(称为网关)可以直接连到互联网,其他结点只负责将数据中转给这些网关。结点一旦布置完毕,基本不动,并且一般有持续的电源进行供电,能量不是考虑的重点。

WMN 需用多个结点来多跳、接力地完成用户数据的接入,虽然增加了工作的复杂性,但对于接入设备的布置来说却非常灵活、方便。这一点明显不同于 Wi-Fi 和传统蜂窝网,它们都是单跳网络,用户的数据必须一跳传给接入点/基站。在 4G 通信中,也采纳了WMN 的技术以增加设备布置的灵活性,并通过相关技术提高了性能。

WMN 结点以路由和数据传送为主要任务,不参与数据的感知、产生和处理。

3) 机会网络(Opportunistic Network)

在一些实际应用环境中(如深空通信),结点移动、网络稀疏或信号衰减/阻隔等原因,会导致结点之间在部分时间内无法互通。而传统自组网一般要求在通信源结点和目的结点间至少存在一条完整的路径,无法在这一类场景中加以应用。

机会网络利用结点(如野生动物携带的设备)移动形成的通信机会(即结点相遇,这种相遇是随机的,而不是必然的)将信息在结点间逐跳传输,寻找机会发给目的结点。

4) 分析

这些网络的研究核心为网络层,有与互联网截然不同的路由算法。

需要指出,同一类型的自组网,底层可通过不同的数据链路层、物理层协议实现,这需要根据具体情况来选型,例如无线传感器网络对低耗能有较高的要求,一般认为采用IEEE 802.15.4 较为合适;水下传感器网络多采用声波通信。当然,不同的网络也可以采用相同的底层协议。

17.2　自组网的体系层次分析

物理层和数据链路层(主要是 MAC)的相关内容见第 10 章。

1. 网络层

网络层是自组网的核心,主要功能包括邻居发现、自组成网、路由算法/协议等,而路由算法/协议是网络层的核心。自组网的路由技术与传统网络路由协议存在着较大的区别,这是自组网特有的性质所造成的。

- 自组网的结点通常是可移动的,导致网络的拓扑经常变化,传统路由协议花费较高代价和时间而获得的路由信息很快就会陈旧。甚至可能是路由算法还未收敛时,网络的拓扑结构就发生了变化,路由信息就是错误的了。
- 自组网结点需充当路由器,但其存储/计算资源有限,不允许存储大量的路由信息,不能进行太复杂的路由计算。在结点只能获取局部拓扑信息的情况下,如何实现简单高效的路由机制是一个基本问题。
- 传统的路由协议需要周期性地广播拓扑信息,这会占用大量的无线信道资源,耗费电池能源,严重降低系统性能。
- 自组网,特别是 WSN 中结点的能量有限,延长整个网络的生存期成为路由协议设计的一个重要指标,因此,在设计路由时就应该考虑结点的能量消耗,以及网络能量均衡使用等问题。
- 自组网可能存在单向无线信道问题。如图 17-2 所示,无线收发设备不同、能量不同、周围环境对无线信道的影响不同等,可能导致双方无法相互到达。
- 自组网结点的路由表多数以结点为粒度,而因特网路由协议的路由表以网络为粒度。
- 自组网的应用环境千差万别,通信模式各不相同,没有一个路由机制适合所有应用场景。设计者需针对每一个具体应用的需求设计特定的路由机制。

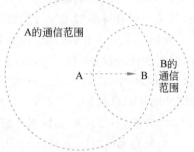

图 17-2 单向信道问题

因此,自组网的路由协议不能采用传统有线网络的路由协议。

自组网路由算法有很多,可从不同角度进行观察,形成不同的分类(见表 17-1)。

表 17-1 自组网路由技术分类

分 类 标 准	路由协议分类
组网模式	平面路由协议
	层次路由协议
	混合路由协议
路由建立时机与数据发送的先后关系	先应式路由协议
	按需路由协议
	混合路由协议
路由选择是否考虑 QoS	考虑 QoS 的路由协议
	不考虑 QoS 的路由协议

分　类　标　准	路由协议分类
路由是否由源结点指定	基于源路由的路由协议
	非基于源路由的路由协议
数据传输的路径条数	单路径路由协议
	多路径路由协议
是否利用地理位置	利用地理位置的路由
	不利用地理位置的路由
目的结点个数	单播路由
	多播路由

2. 传输层

传输层主要向应用层提供端到端的服务,使下面三层(网络层以下)对上层保持透明,并在网络层服务的基础上提供增值服务,提高网络性能。

自组网的传输层一般不能直接采用因特网中的传输层技术,特别是 TCP。首先,因为 TCP 过于复杂;其次,TCP 的工作机制无法适应自组网,例如 TCP 会将无线差错和结点移动性所带来的分组丢失都归因于网络拥塞,并启动拥塞控制和避免算法,而这将可能导致端到端的吞吐量无谓地降低。为此,可以执行如下策略。

- 将 TCP 针对自组网的环境进行修改(例如简化)。
- 对 UDP 进行丰富,增加可靠性等特性。
- 在传输层直接采用 UDP,而在应用层增加一些可靠性机制。

3. 跨层设计

自组网结点往往资源受限:一方面,不能采取传统的 MAC、路由协议等;另一方面,需要从多个方面减少不必要的浪费,如简化协议、过程等。一个重要的方式就是实现跨层设计。跨层设计是指在进行网络设计时,对于原来属于某个 ISO/OSI 层次(设为 A 层)的某项功能(一般指内部功能),现在可以不必局限于当前层次的限制,而直接使用 A 层次的这个功能,跨越了层次的界限。

严格的分层设计方法是计算机网络发展的重要原则之一,它的好处是层与层之间相对独立,协议设计简单,极大地加快了网络各项技术的发展速度。分层设计这一原则的主要目标就是减少层次之间的相互依赖性,提高独立性,使得一个层次的改变,不会影响其他层次的功能。

但是,对于自组网,最大限度地降低各项开销这一要求取代了独立性要求,成为一个首要的问题。而通过跨层设计,可以有效地降低不同层次协议栈的信息冗余度,简化调用过程,同时层与层之间的协作可以更加紧密,缩短了响应的时间,这样就能节约结点有限的资源,达到优化系统的目的。

跨层优化的目标是使网络的整体性能得到优化,因此需要详细认真地设计协议,熟悉整个通信协议栈的结构和功能,减少不必要的封装和信息流动,把传统的分层优化转化为整体优化。

133

第 18 章　Ad Hoc 网络

18.1　概述

1972 年，美国 DARPA 启动了分组无线网络（Packet Radio NETwork，PRNET）项目，目标是让移动中的数据传输脱离固定基础设施的限制，因为战场环境下通信基础设施难以保证。这种网络由若干移动结点组成，动态且任意分布，通过无线方式互连。IEEE 802.11 标准委员会采用 Ad Hoc 网络一词描述这种网络。Internet 工程任务组（IETF）将其称为移动 Ad Hoc 网络（Mobile Ad Hoc Network，MANET）。

MANET 是由一组带有无线收发装置的移动结点组成的一个多跳、临时性自治系统（见图 17-1），网络可独立工作，也可接入其他网络。

网络中每个移动结点兼具路由器和主机两种功能。

- 作为主机，结点需要运行面向用户的应用软件，进行数据的采集和处理等。
- 作为路由器，移动结点需运行相关协议，参与分组转发和路由维护等工作。

MANET 的特点主要如下。

- 独立组网：网络的布设不需要依赖预先架设的网络基础设施。
- 无中心：启动前结点地位平等，且结点可随时加入和离开网络，其故障和离开不应影响整个网络的运行，使网络具有很强的抗毁性。
- 自组织：所有结点通过分布式算法自组成网。
- 多跳：如前所述，结点往往通过中间结点的转发与距离较远的结点通信。
- 动态拓扑：结点经常移动，结点间通过无线信道所形成的网络通路随时可能发生变化。
- 安全性差：一旦一个结点被捕获，整个网络较容易被破解。

MANET 的组织方式可分为两类：集中式控制和分布式控制。

经典的 MANET 强调结点之间的平等性，一般采用分布式控制方式，即所有结点共同参与运算和设置，一起组织起网络。

即便所有结点起初的功能/地位是一样的，但组网时选择一个结点作为中心控制结点进行网络的组建会更加方便，即集中式控制。这种方式下，普通结点的功能可相对简单，中心控制结点较为复杂，这样可有效地控制成本。

18.2　MANET 网络结构

1. 平面控制结构

平面控制结构的 MANET 如图 18-1 所示，所有结点在网络控制、路由选择上都是平等的，这种结构在理论上不存在瓶颈，网络比较健壮，源、目的结点之间一般存在多条路径,为实现负载均衡和选择最优化的路由奠定了良好的基础。但当网络结点数目很多,特别是在结点大量移动时,网络控制信息的交流将明显增多,导致路由维护和网络管理的开销急剧增大。因此,平面结构网络的可扩展性差,只适用于中、小规模的 MANET。

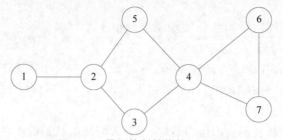

图 18-1　平面控制结构的 MANET

2. 分层控制结构

分层控制结构又称为分级结构、分簇结构等,如图 18-2 所示。网络中的结点通常分为多个簇(Cluster,即小组),每个簇由一个簇头(即组长)和多个簇成员组成。

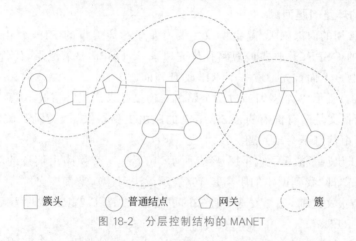

□ 簇头　　○ 普通结点　　⬠ 网关　　⌯ 簇

图 18-2　分层控制结构的 MANET

- 簇成员:进行用户数据的处理,一般只和簇头进行数据的交流,由后者负责数据的中转。
- 簇头:除数据处理外,还要负责形成簇、对簇成员进行管理、完成簇内和簇间数据的转发等。簇头可预先指定,也可根据相关算法动态选举产生。
- 网关,特殊的簇成员或簇头,负责在簇间进行数据的交换。

簇头对内只需进行广播(簇成员自行判断是否为发给自己的信息),对外只掌握其他簇头的信息即可,大大减少了网中路由控制信息的数量和范围,因此这种结构可扩展性好,可通过增加簇扩大网络规模,甚至可形成更高一级的超级簇。但分级结构的网络需增加一些特殊的网络组织功能,如簇头选择算法和簇维护机制等,另外,簇头的任务相对繁重,可能成为网络的瓶颈,且簇间路由不一定是最佳的路由。

【案例 18-1】　美国的近期数字无线电系统

美国的近期数字无线电系统(NTDRS,见图 18-3)是一个具有开放式结构的军用数据电台网络,可作为部队从排到旅的骨干电台。

NTDRS 采用一个两层的分级 MANET 进行设计和实现,所有电台被划分为簇,簇内

135

拓扑结构的变化和路由的更新与其他簇无关。簇头工作在主干信道和本地簇的两个信道上，作为簇间通信的路由器。※

3. 混合方式

混合方式将平面控制结构和分层控制结构相结合，结点还是进行分簇，并选举出簇头，但在簇内采用平面控制结构，各个结点地位平等，不需要借助簇头进行转发，只有在对外进行数据传输时，才借助簇头向其他簇进行转发。

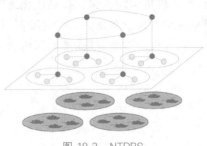

图 18-3　NTDRS

这种方式可有效减轻簇头的压力，减少了其成为网络瓶颈的概率；另外，在簇内，结点可经由平面结构的路由算法找出较佳的路径。

18.3　MANET 路由协议

（1）消息的环路问题回顾。

互联网中常用的内部网关/路由协议主要有基于距离矢量的 RIP（路由信息协议）和基于链路状态的 OSPF（开放式最短路径优先协议）。OSPF 要求泛洪，代价较高，RIP 则存在着环路问题。下面首先回顾一下 RIP 的环路问题。

如图 18-4(a)所示，3 个网络通过两个路由器连接起来。正常情况下，对于网 1，R1 给 R2 的路由更新报文是最有价值的，R2 给 R1 的路由更新报文，因为跳数较大而被 R1 所忽略。这样，路由信息不会出问题。

现假设网 1 出现了故障，如图 18-4(b)所示，在下一次交换路由信息的时候，R1 通知 R2："网 1,16,-"，即"我到网 1 的距离是 16（表示无法到达），是直接交付"。但 R2 可能在收到 R1 的更新报文之前，还是发送了原来的更新报文"网 1,2,R1"，即"我到网 1 的距离是 2，下一跳是 R1"。

R1 收到 R2 的更新报文后，根据 RIP 的预处理规定（跳数加 1，下一跳改为来源路由器），会先将其修改为"网 1,3,R2"，误认为经过 R2 可到达网 1，距离是 3。于是 R1 更新自己的路由表项为"网 1,3,R2"。

在下一个路由信息交换周期，R1 将自己的路由信息（"网 1,3,R2"）发送给 R2。R2 收到后，根据 RIP 的预处理规定，首先将其更改为"网 1,4,R1"，然后根据 RIP 的更新原则（对于同一个目的网络，如果收到的路由信息的下一跳和自己保存的路由表项的下一跳相同，则直接进行更新）更新自己的路由表项为"网 1,4,R1"，表明"我到网 1 的距离是 4，下一跳要经过 R1"。

这样不断地循环更新下去，直到 R1 和 R2 发现自己到达网 1 的距离都增大到 16 时，才知道网 1 是不可达的。这就是 RIP 的一个重要缺点：网络出故障的事件传播往往需要较长的时间。

可能有读者认为，只要在路由更新报文里添加一个最初来源信息就可以了，即 R2 告诉 R1，我是从 R1 得到这条信息的，这样 R1 就不会傻傻地更新自己正确的路由表项了。但问题是网络的环境很复杂，当网络和路由器很多的时候，这个信息难以奏效。

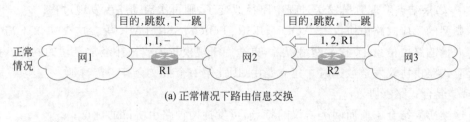

(a) 正常情况下路由信息交换

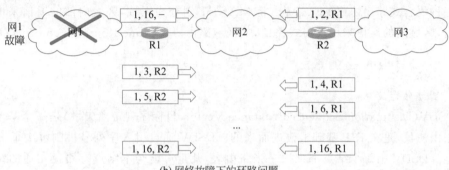

(b) 网络故障下的环路问题

图 18-4　环路问题

因此,最好的一个办法就是给相关路由信息加上"版本",更新时,只采纳最新版本的路由信息。这种方法被很多自组网的路由算法所采纳。

(2) MANET 路由协议的分类。

针对路由建立时机与数据发送的先后关系,MANET 路由协议可分为三类:先应式、反应式、混合式。

① 先应式路由协议。

这类协议又称为表驱动路由协议、主动路由协议等,通常是修改互联网路由协议使之适应 MANET 的环境。先应式路由协议的要点如下。

• 结点周期性地广播交换路由信息,并维护到达其他所有结点的路由表。

• 当网络拓扑变化时,相关结点需向邻居结点发送更新消息,而收到消息的各结点及时更新自身的路由信息,以保证路由信息的实时性和准确性。

• 当结点有数据发送时,只查找路由表便可得到相应路由,并根据此路由进行数据的发送。

典型的协议有 DSDV、WRP、GSR、OLSR 等。这类协议不需临时的路由发现过程,时延小,适合实时性要求较高的业务。但路由维护开销较大,在网络拓扑经常变动时协议收敛慢。先应式路由协议比较适合相对静态的、规模比较小的 MANET。

② 反应式路由协议。

这类协议又称为按需路由协议(On-demand Protocols)、被动路由协议等,协议要点是:只有在结点需要发送数据时,才启动路由发现的过程。

• 当结点发送数据时先查找自己的路由表,如果已存在去往目的结点的路由(历史记录),则立刻发送,否则启动路由发现机制。

• 结点不会刻意维持、更新路由信息,即使网络拓扑变了,也可能没有结点主动发送更改信息。一段时间不使用,相应的路由表项将会过期作废。

137

* 如果结点发现数据发送过程中路径改变了,则再次启动路由发现过程。

典型的反应式路由协议有 AODV、DSR、TORA、SSR、LMR 等。这类协议不需主动维护大量的路由信息,节省了网络资源,更适用于规模较大或拓扑经常变动的网络。但由于反应式路由协议发送数据时才建立路由,因此第一个报文会有一定时延。

③ 混合式路由协议。

这类协议结合了前面两类协议的特点,可发挥两种路由协议的优点。

一种混合式路由协议的思路是：将 MANET 划分为区域,区域内部的通信采用先应式路由,区域间的通信采用反应式路由,如区域路由协议(Zone Routing Protocol,ZRP)。

18.3.1 DSDV 路由算法

1. 算法规定

DSDV(Destination Sequenced Distance-Vector,目标序列距离矢量)是一个基于表驱动的路由协议,是在 RIP 基础上改进而来的。DSDV 通过引入序列号机制解决了 RIP 环路问题。DSDV 中每个结点都维护一张路由表,凡是可能与本结点有路径相通的结点都被记录在路由表中。DSDV 路由表表项如图 18-5 所示。

目的结点	下一跳结点	跳数	目的结点序号

图 18-5　DSDV 路由表表项

其中,目的结点、下一跳结点(到达目的结点,下一步需要传递给谁)、跳数(经过几个结点的转发可达目的结点)的意义同 RIP,新增的目的结点序号相当于本路由表项的版本号,主要用于区分新旧路由信息,可有效防止环路问题的产生。

首先,每个结点(设为 A)在自己的路由表中添加一条关于自己的路由表项(A,A,0,序号)。其次,针对每一个目前/曾经可达的结点,保存一条路由表项。针对每一个结点的路由表项,DSDV 为其序列号的更新定义了以下规则。

* 当发现邻居结点发生变化后,将关于自己的路由表项的序列号加 2。
* 当发现某个邻居结点(设为 B)失联后,将关于 B 的路由表项的序列号加 1。

定义这样的递增规律可以让结点关于自己的信息始终为最高的版本。

路由表更新分为以下两种方式。

* 全部更新：结点周期性地将自己的整个路由表信息传送给邻居结点,主要适用于网络变化较快的情况。
* 部分(增量)更新：当结点感知到网络拓扑变化时,触发路由更新,仅发送那些产生了变化的路由信息,通常适用于网络变化较慢的情况。

2. DSDV 算法过程

1) DSDV 算法的工作过程

(1) 结点周期性地广播路由表给邻居结点,并计算最新的路由表(参见 RIP)。

(2) 如果结点 A 与相邻的结点 B 失联,则

* A 将关于自己的路由表项的序列号加 2,B 同样处理。
* A 将关于 B 的路由表项的序列号加 1,距离为无穷大(B 同样)。

(3) A 向邻居结点发送路由更新消息(B 同样)。设其中有一条到 D 的路由表项。

（4）A 的邻居结点（设为 C）在收到路由更新消息后，针对每一条路由表项，进行预处理：将每个表项的下一跳改为 A，跳数加 1。

（5）针对每一条路由表项，C 根据下面规则更新自己的路由表。

- 若 C 发现自己没有到达 D 的路由表项，则添加该路由表项。
- 否则，对比两条路由表项的序列号，如果 A 的路由表项的序列号比 C 的大，则 C 用 A 的路由表项替代自己的，因为这条路由表项是较新的。
- 否则，对比两条路由表项的跳数，选择跳数小的路由表项进行保存。
- 否则，不进行更新。

2）算法示例

结点 A、B、C 的拓扑关系如图 18-6 所示，结点下面的表格为各自结点当前路由表的部分内容。

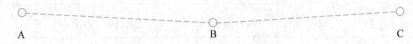

A					B					C			
目的	下一跳	跳数	序列号		目的	下一跳	跳数	序列号		目的	下一跳	跳数	序列号
A	A	0	550		A	A	1	550		A	B	2	550
B	B	1	100		B	B	0	100		B	B	1	100
C	B	2	588		C	C	1	588		C	C	0	588

图 18-6　DSDV 算法示意图（1）

某时刻 B 发现自己的邻居结点（不包括 A、C）变化了（A 和 C 未发现），B 将自己的序列号从 100 增为 102，进行广播。A 和 C 根据接收到的路由表项的序列号进行更新，更改后的路由表如图 18-7 所示（注意斜体、下画线部分）。

A					B					C			
目的	下一跳	跳数	序列号		目的	下一跳	跳数	序列号		目的	下一跳	跳数	序列号
A	A	0	550		A	A	1	550		A	B	2	550
B	B	1	*__102__*		B	B	0	*__102__*		B	B	1	*__102__*
C	B	2	588		C	C	1	588		C	C	0	588

图 18-7　DSDV 算法示意图（2）

某时刻 D 和 C 相邻，C 收到 D（设 D 之前的序列号为 98，相邻后 D 自增为 100）的信息后，增加到自己的路由表中，并将自己的序列号加 2，进行广播，B 和 A 同样进行更新，更改后的路由表如图 18-8 所示（假设通过 D 还可以到达结点 F）：

某时刻 D 又远离了 C，C 将自己的序列号加 2，并检测路由表，凡是下一跳等于结点 D 的路由表项，将其跳数均设为 ∞，并将其序列号加 1。随后，A 和 B 收到信息后进行更新，

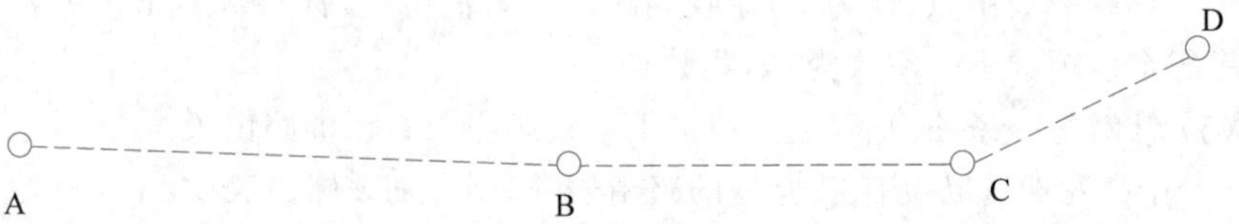

目的	下一跳	跳数	序列号
A	A	0	550
B	B	1	102
C	B	2	**_590_**
_D_	**_B_**	**_3_**	**_100_**
_F_	**_B_**	**_4_**	**_210_**

目的	下一跳	跳数	序列号
A	A	1	550
B	B	0	102
C	C	1	**_590_**
_D_	**_C_**	**_2_**	**_100_**
_F_	**_C_**	**_3_**	**_210_**

目的	下一跳	跳数	序列号
A	B	2	550
B	B	1	102
C	C	0	**_590_**
_D_	**_D_**	**_1_**	**_100_**
_F_	**_D_**	**_2_**	**_210_**

图 18-8　DSDV 算法示意图(3)

更改后的路由表如图 18-9 所示。

A

目的	下一跳	跳数	序列号
A	A	0	550
B	B	1	102
C	B	2	**_592_**
D	B	∞	**_101_**
F	B	∞	**_211_**

B

目的	下一跳	跳数	序列号
A	A	1	550
B	B	0	102
C	C	1	**_592_**
D	C	∞	**_101_**
F	C	∞	**_211_**

C

目的	下一跳	跳数	序列号
A	B	2	550
B	B	1	102
C	C	0	**_592_**
D	D	∞	**_101_**
F	D	∞	**_211_**

图 18-9　DSDV 算法示意图(4)

　　RIP 可能造成环路现象,而 DSDV 通过序列号可有效地避免这种情况:结点 C 与 D 断开连接后,假如在 C 发送路由更新消息给 A 和 B 之前,A 或者 B 向 C 发送了关于 D 的路由信息,但是因为其中关于 D 的序列号(100)低于 C 所持有的序列号(101),所以 C 不会进行更新。

　　3. 解决更新分组泛滥

　　对同一个目的结点,网络可能有多条路径,所以结点可能收到来自其他结点的多条路由信息,在最坏的情况下,每次收到的跳数都小于当前跳数,如果每次都立即发送更新分组,会导致网络中更新分组的泛滥。如图 18-10 所示,A 首先收到 B 发来的更新分组(图 18-10(a)),随后又陆续收到 C 和 D 的更新分组,每次都进行了对外传播,造成更新分组的重复传播,这对无线网络的带宽来说是严重的浪费。

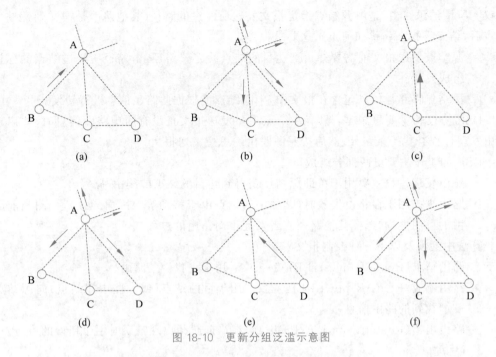

图 18-10　更新分组泛滥示意图

为了避免这种情况,DSDV 算法引入了沉淀/稳定时间(Settling_Time)这个概念,定义为第一条路由和最佳路由之间的平均时间间隔,计算公式如下。

$$Settling\_Time_{ave} = \frac{2 \times Settling\_Time_{new} + Settling\_Time_{last}}{3} \tag{18-1}$$

其中,$Settling\_Time_{ave}$ 为平均稳定时间,$Settling\_Time_{new}$ 为最新稳定时间,$Settling\_Time_{last}$ 为上次计算的平均稳定时间。给 $Settling\_Time_{new}$ 加上系数 2 是为了增加最新情况的权重,使计算结果更加贴近于最新情况。协议规定:结点在收到第一条路由更新消息时,等待 2 倍的平均稳定时间后才对外发送路由更新消息。

同时,为了避免等待时间太长,还设置了最大等待时间,如果当前已等待的时间超过最大等待时间,则认为路由是稳定的,可以向外发送路由更新消息。

4. 路由表项的生存时间

DSDV 为每个路由表项设置了生存时间定时器,如果在该时间内某路由表项一直未被更新,它将被删除。一旦路由表项被更新,其定时器将清零并重新计时。

5. 算法分析

DSDV 中结点维护着整个网络的路由信息,有数据发送时可立即进行传送,适用于一些对实时性要求较高的业务。但在那些拓扑结构变化频繁的网络环境中,结点维护准确路由信息的代价高,要频繁交换路由更新消息。因此,DSDV 主要用于网络规模不是很大、网络拓扑结构变化相对不是很频繁的网络环境。另外,DSDV 不支持单向信道。

18.3.2　DSR 协议

1. 概述

DSR(Dynamic Source Routing,动态源路由)协议是一种基于源路由方式的按需路由

协议。所谓的源路由,是由源结点指定报文发送所经过的路径(其他路由是报文到达一个结点后,结点再找下一跳如何走),这要求:

- 源结点发送报文前需要知道到达目的结点的完整路径(由路径所经过结点的标识组成)。
- 源结点将路径信息包含在报文中,中间结点能根据此路径信息进行转发。

DSR 协议的主要思想是:只有在结点需要发送报文且没有历史路由信息时,才启动路由发现过程查找一条路径,然后按照源路由的思想发送报文。

DSR 的工作主要由两部分组成。

- 路由发现过程主要用于帮助源结点获得到达目的结点的路由/路径。
- 路由维护用于在路由失效时(路径中的结点由于移动等原因而导致),检测当前路由的可用性,并选择其他路径或者发起重新路由的过程。

算法中会涉及以下三种控制报文。

- 路由请求(Route Request,RREQ)报文:用于查找一条路由。
- 路由响应(Route Reply,RREP)报文:用于目的结点(或一些中间结点)向源结点反馈找到的路由信息。
- 路由出错(Route Error,RERR)报文:在当前路径出现错误时用于错误的报告。

2. 路由发现

路由发现过程中,源结点向邻居结点广播 RREQ 报文,报文中包括<源结点地址、目的结点地址,路由记录,请求 ID>信息。其中:

- 源结点地址、目的结点地址即所寻路径的起点、终点的标识。
- 路由记录字段(设为 R_Q)用于记录从源结点到目的结点路径中所有中间结点的地址。R_Q 起初只有源结点的地址,此后不断添加,当到达目的结点时,R_Q 中的信息即构成一条完整的路径。因为 RREQ 可能会从不同的路径到达目的结点,因此多个 RREQ 所包含的 R_Q 也不同。
- 请求 ID 字段由源结点产生,是这次请求的关键字。

中间结点维护一张历史 RREQ 序列表(设为 LQ_{his})对收到的 RREQ 报文进行记录。LQ_{his} 的每一个表项内容定义为<源结点地址,请求 ID>,可唯一地标识一个 RREQ 报文,以防止收到重复的 RREQ 后,进行重复的处理。

中间结点收到 RREQ 后按以下步骤进行处理。

(1) 如果该 RREQ 的<源结点地址,请求 ID>存在于 LQ_{his} 中,则表明此报文已经被接收并处理过,处理结束;否则转(2)。

(2) 如果中间结点的地址已经在 RREQ 的 R_Q 中存在(例如,LQ_{his} 可能已经被"清洗"),则处理结束;否则转(3)。

(3) 如果 RREQ 的目的结点就是本结点,向源结点发送 RREP 响应报文,并将 RREQ 所包含的地址序列复制到 RREP 中,则处理结束;否则转(4)。

(4) 查看是否存在从自己到目的结点的路由信息,若存在,则向源结点发送 RREP,拼接路由信息(RREQ 中的地址序列+本结点到目的结点的地址序列)到 RREP 中,处理结束;否则转(5)。

(5) 将本结点的地址附在 RREQ 的 R_Q 后,向邻居结点广播该 RREQ。

图 18-11 展示了一个 DSR 工作过程的简单例子。其中 18-11(a)展示了 RREQ 的发送过程,(b)展示了 RREP 的发送过程(本例设信道都是双向可达的)。

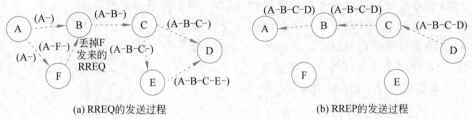

(a) RREQ的发送过程   (b) RREP的发送过程

图 18-11 DSR 路由发现过程

向源结点发送 RREP 的过程中也需一条路径进行传送,需考虑以下情况:

(1) 目的结点如果存在一条从自己到达源结点的路由,则直接使用该路由。

(2) 如果没有,则需考虑信道问题:

- 如果信道都是对称的,则可采用 RREQ 中的路由信息进行反向传送。

- 如果信道是非对称的,则目的结点发起一次从自己到源结点的路由请求过程,将路由响应报文捎带在新的路由请求中。

3. 路由维护

当某些路径发生了变化(如路径中某个结点移走了,或是关闭了电源),当前的路由不再有效时,DSR 通过路由维护过程监测当前路由的可用情况。有两种方法监测链路的有效性:被动应答方式和主动应答方式。

被动应答方式工作如下。

(1) 结点在转发报文时发现链路已经断开(如报文重发 n 次都未收到下一跳的确认),该结点发送 RERR 给源结点,报告这一段链路出错。

(2) 沿途转发 RERR 的结点和源结点,从路由表中删除包含该链路的所有路由。

主动应答方式下,结点采取一定的机制,主动探测监视网络的拓扑变化。这有些类似于传统的路由协议,但 MANET 更倾向小范围内的主动方式。

当检测到正在使用中的某条路由出现问题时,结点可以从其他路径发送数据,或者启动新一轮的路由发现过程来请求一条新路径。

4. 路由缓冲技术优化策略

DSR 为了提高系统效率,采用了路由缓冲的优化策略。

路由缓冲是指每个结点都可以对路径信息进行缓存,如遇到 RREQ,可以借助自己缓存的路由信息对源结点直接进行应答。

由于无线广播信道的特点,结点可以听到邻居结点发出的所有报文,包括 RREQ、RERR 等,通过缓存这些报文包含的路由信息,可以减少路由发现的过程。

路由缓冲一定程度上提高了系统的效率,但错误或过期的脏路由信息会对网络带来负面影响,对此可以采用一定的策略减少其影响,如为缓冲路由设定有效期。

另外,由于采用路由缓冲技术,源结点可能收到多个路由响应,造成路由响应信息之间的竞争。一个有效的解决办法是:当中间结点监听到邻居结点的路由响应报文,并发现该路由比自己的路由更短时,就不再发送本结点的路由响应报文。

143

5. DSR 算法分析

DSR 协议具有以下几个优点。

- 仅在需要通信的结点间维护路由，可以有效减少网络资源的开销。
- 路由缓冲技术可以进一步减少路由发现的代价。
- 支持非对称传输信道模式。

但 DSR 中每个报文都携带了完整路由信息，增加了报文长度，浪费带宽，尤其是数据报文本身很短的情况下，耗费尤为明显。

18.3.3 AODV 协议

1. 概述

AODV(Ad Hoc On-demand Distance Vector，Ad Hoc 按需距离矢量)协议是一个非常经典的算法，已被 IETF MANET 工作组正式公布为自组网路由协议的 RFC 标准。

AODV 以 DSR 为基础并加以改进，使得报文不再需要携带完整的路由信息，提高了传输效率。AODV 可用于数十到上千个移动结点的 MANET，能适应中速及相对高速移动的结点间的数据通信。另外，AODV 可以支持组播、QoS，还可以使用 IP 地址，为实现同互联网的连接打下了良好的基础。

AODV 的核心思想非常巧妙：

- 同 DSR 一样，AODV 只有需要发送报文时，才会启动路由发现过程，而 DSDV 是周期性广播路由信息。
- 同 DSR 不一样的是，AODV 将得到的路由信息分散保存在中间结点上，这样，原来应由报文携带的路由信息，改为由中间结点接力完成源路由的过程，这类似于 DSDV 的表驱动机制。
- 同 DSDV 不一样的是，AODV 中的结点只关心经过自己的路径信息，不会参与任何周期性路由表的交换(即事不关己，高高挂起)。

AODV 也引入了序列号机制防止环路的产生，包括源序列号和目的序列号。结点收到某条路由信息后，发现其序列号大于自身的序列号时才进行更新。

AODV 也使用 3 种控制报文：RREQ、RREP 和 RERR。

2. 路由发现过程

1) AODV 路由发现过程的阶段

协议的路由发现过程分为前后两个阶段：反向路由的建立、前向路由的建立。

反向路由是从目的结点指向源结点方向的路由，是源结点在广播 RREQ 的过程中"摸着石头"一步步建立的，是临时性的，用于将后续的 RREP 回送至源结点。

前向路由是从源结点到目的结点方向的路由，是源结点真正需要的路由，是在目的结点回送 RREP 的过程中建立起来的，是一条较优的路径(比如说跳数最少)。

2) 源结点启动发现过程

源结点广播 RREQ 发起路由请求，报文中携带<源结点地址，源序列号，RREQ ID，目的结点地址，目的序列号，跳数计数器>。其中：

- 源结点地址和 RREQ ID 唯一地标识一个路由请求，防止后续结点重复处理。
- 源序列号是为了防止环路，结点发起 RREQ 前必须使自己的序列号加 1。

- 目的序列号是源结点所知道的、最新的目的序列号,用来防止"脏"数据。

3）中间结点的处理过程

收到 RREQ 的每个结点做如下处理,直至有结点发送 RREP。

（1）如果自己是目的结点,则更新自己的目的序列号(包含在返回的 RREP 中,保证本路由信息是最新的),沿反向路由发送 RREP(其中的跳数计数器为 0),结束处理;否则转(2)。

（2）如果自己可以到达目的结点,则比较自己路由表项里的目的序列号和 RREQ 中目的序列号的大小,若自己较新,则直接对源结点发送 RREP(其中跳数计数器设置为从本结点到目的结点的跳数),沿反向路由返回,结束处理;否则转(3)。

（3）根据<源结点地址、RREQ ID>判断是否收到过此报文,如已收到,则丢弃,结束处理;否则转(4)。

（4）记录相应的信息(包括上游结点地址、目的地址、源地址、RREQ ID 和源序列号等),以形成反向路由,同时向邻居结点(不包括上游结点)转发该请求报文。

4）结点收到 RREP 的处理

收到 RREP 的每个结点处理过程如下,直到 RREP 到达源结点。

（1）结点判断此 RREP 是否为返回给源结点的第一个 RREP 报文(即自己没有关于该目的结点的路由信息),如果是,则转向(4);否则转向(2)。

（2）结点检查 RREP 中的目的序列号是否比自己路由表项中的目的序列号大,如果是,则转向(4);否则转向(3)。

（3）如果 RREP 中的目的序列号和自己路由表项中的目的序列号相等,则结点检查是否前者的跳数较少(离目的结点近),若是,则转向(4);否则处理结束。

（4）把目的结点、下游结点地址、目的序列号、递增后的跳数、定时器等信息添加/更新到自己相应的路由表项中。

（5）将 RREP 沿反向路由向上游转发。

这样,在 RREP 转发回源结点的过程中,这条路径上的每一个结点都将建立起从自己到目的结点的前向路由,以备后续数据发送时使用。这条路径信息并不需要保存在数据报文的首部,而是分散在 RREP 报文所经过的结点中。

5）改进

AODV 的 RREQ 中只携带目的结点的信息,而 DSR 的 RREQ 中必须包含路径的记录,因此 AODV 请求过程的开销比 DSR 要小。在路由应答报文返回时,两者的开销是一样的,报文中都记录了整条路径的信息。AODV 的一个缺点是不支持非对称信道。

和 DSDV 保存完整的路由表不同的是,AODV 算法中的结点仅需要建立按需的路由,大大减少了路由广播的次数,这是 AODV 对 DSDV 的重要改进。

为了限制 RREQ 广播式发送所带来的消耗,可采用"扩展环"的方法,思路非常类似于 Trace router 命令:通过限制 RREQ 的传输跳数,先在较短距离范围内进行路由发现过程,如无反馈,则在后续过程中逐步加大跳数进行重试,使得范围一步步扩大。通过采用该方法 RREQ 将不必发送更长的路径。

3. 路由维护

1）路由表项管理

AODV 中每个结点需要对每一个路由表项维护缓存时间,如果一个路由表项在该时间内未被使用，将被认为过期，从而删除，避免占用结点资源所造成的浪费。

AODV 使用一个活跃路由表（Active Routes）跟踪每条路径上的邻居结点，判断相关链路是否断开。可以采用以下三种方式认定链路的断开。

- 邻居间周期性广播 Hello 报文，如一段时间内未收到该报文，则认为链路断开。
- 采用链路层通告机制报告链路的无效性，这样可以减少延迟。
- 结点在尝试向下一跳结点转发报文失败后，可发现链路已断开。

2）路由维护过程

当一个结点检测到与邻居结点的链路已断开时，触发路由维护过程。

结点通过增加序列号，标注路由表项为无效（Invalid）来屏蔽该路由表项。无效的路由表项将在路由表中保存一段时间，但是不能用于转发报文。无效路由可以在路由修复以及以后的 RREQ 报文中提供一些有用的信息。

结点还需要发送路由失效报文（RERR）给该链路的所有上游结点，进行反向通知。收到该报文的邻居结点也将重复上述过程，直到到达源结点。

如图 18-12 所示，B 通过 F-G 链路建立起了到 I 的路径，A 和 C 通过 F-G 链路建立了到 J 的路径。如图 18-13 所示，当 F 发现 F-G 链路出现问题后，向 A、B、C、D、E 结点（三条路径的上游结点）发送 PERR 报文。

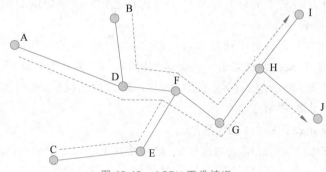

图 18-12　AODV 正常情况

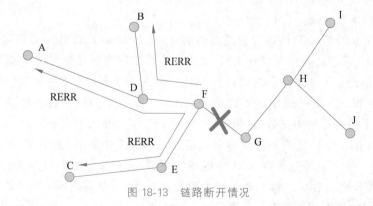

图 18-13　链路断开情况

源结点可以选择中止数据发送，或发送一个新的 RREQ 请求一条新路由。

3）优化

在链路失效后，为了防止大范围重新广播 RREQ，一个改进的维护机制是本地修复

(Local Repair)：

（1）探测到链路断开的结点启动一个路由发现过程，广播一个生存时间较小的 RREQ 以便建立起新路由。

（2）如果在给定的时间内能够重新建立起有效路由，就继续转发数据。

（3）如果不能修复，则向上游发送 RERR 进行通告。

路由失败后先进行本地修复可有效地减少数据传送的时延，减少上层控制和网络的负荷。

4. 算法分析

AODV 综合了 DSDV 和 DSR 的特点。

与基于表驱动方式的 DSDV 相比，AODV 采用了按需路由的方式，网络中结点不需实时维护整个网络的拓扑信息，只是在发送报文且没有到达目的结点的路由时才发起路由请求过程。

与 DSR 相比，AODV 中通往目的结点路径上的所有结点承担了建立和维护路由的职责，数据报文不再需要携带完整的路径信息，减少了开销，提高了系统效率。

但是，AODV 协议也存在一些不足。

首先，由于在路由请求过程中建立了反向路由，因此 AODV 协议要求 MANET 的信道必须是双向对称的。

其次，AODV 路由表中仅维护一条到指定目的结点的路由。而在 DSR 中源结点可以维护多条到目的结点的路由，当某条路由失效时，源结点可以选择其他的路由，而不必重新发起路由发现过程，这在网络拓扑结构频繁变化的环境中显得非常有价值。

147

第 19 章 无线传感器网络

19.1 概述

1. WSN 的特点和分类

WSN 的介绍见第 1 部分内容。WSN 本质上是 Ad Hoc 技术与传感器技术的结合，由许多智能传感器结点组成，这些结点通过无线通信的方式形成一个多跳的自组网系统。关于 MAC 协议，第 11 章有介绍，本章以路由技术为主。

一般来说，WSN 的特征如下。

- WSN 与传统网络有很大的区别，后者通常以网络地址（如 IP 地址）作为结点的标识和路由的依据，而 WSN 更关注的是数据可达性。例如，利用 WSN 对矿井进行监控，只需知道矿井中有无瓦斯泄漏，或详细到大致位置即可。为此，网络通常包含多个结点到少数汇聚结点的数据流，形成以数据为中心（非以地址为中心）的转发过程。
- 由于结点价格和功耗等的限制，结点的数据处理、存储能力比传统 MANET 结点显得较弱。这就要求结点上运行的算法不能太复杂。
- 结点自身携带电源，能量有限，要求路由算法必须考虑节能的问题，不仅要关心单个结点的能量损耗，更要将能耗均匀分布到网络中的各个结点，从而延长整个网络的生命周期。WSN 对能量的要求比传统 MANET 高。
- 多数 WSN 对结点的移动性要求没有传统 MANET 高。但为了达到节能的目的，很多算法人为地控制结点进行周期性的睡眠，也会导致 WSN 拓扑的变化。另外，WSN 一般运用在恶劣环境下，可能导致结点损坏，这些都对 WSN 路由算法的自适应性、动态重构性及抗毁性提出较高的要求。
- 很多研究假设 WSN 的结点数量众多，分布密集，利用结点间的多连通性可保证系统的容错性能。但结点数量众多也带来了数据传输的冗余性、能耗增大等问题，路由算法应该考虑节能性，以及数据合并、融合等功能。
- 为了降低能耗，研究人员可以利用 MAC 层的跨层服务信息进行转发结点、数据流向等的选择。
- WSN 及其路由算法与具体应用紧密相关。

WSN 的路由分类有多种，下面从网络组网模式的角度对其路由协议进行介绍。

2. 平面路由协议

网络中的所有结点具有基本一致的功能，它们一般角色相同，通过相互的交互协作完成数据的交流和汇聚。

平面型路由有很多，包括最早的 Flooding、Gossiping，经典的 DD、SPIN、EAR、GBR、HREEMR、SMECN、GEM、SCBR，以及考虑 QoS 的 SAR 等。

1) Flooding 协议

结点采集到数据后,向所有邻居结点进行广播;邻居结点如果是第一次收到该报文,则向自己的邻居结点广播,否则丢弃该报文。报文这样一直在网络中传播,直到报文到达最大跳数或到达目的地。Flooding 协议非常简单,但是网络消耗太大。

2) Gossiping 协议

Gossiping 对 Flooding 进行了改进,结点在转发数据的过程中,不再向所有邻居结点进行广播,而是随机选择一个邻居结点进行转发,后者以同样的方式进行处理。

Gossiping 大大减少了网络消耗,但严重增加了数据传送的延时和不确定性。

Gossiping 和 Flooding 的特点是很简单,不需维护路由信息,但扩展性都很差。

3) DD 协议

DD(Directed Diffusion,定向扩散)是以数据为中心的路由算法的一个经典协议,工作过程分为如下几个阶段。

(1) 汇聚结点周期性广播一种包含了属性列表、上传时间、持续时间、地理位置等信息的兴趣报文,通过泛洪最终通知全网,如图 19-1(a)所示。

(2) 在传播过程中,DD 采用一种叫作"梯度"(Gradient)的变量记录中间结点对兴趣数据源方向的判断,梯度值越大,意味着该方向"喜欢"目标数据的可能性越大,如图 19-1(b)所示。

(3) 当源结点检测到某一类事件后,通过梯度值较大的路径,将事件数据传递给汇聚结点,如图 19-1(c)所示。

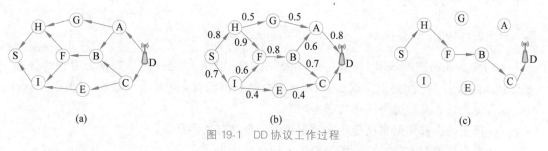

图 19-1 DD 协议工作过程

DD 中结点在接收到信息后可以进行缓存和融合的操作,以减少不必要的数据传送,节约链路资源。

DD 第一次从数据属性的角度寻求最优路径,其汇聚结点发出查询命令,传感器结点收到命令后,根据查询条件只将汇聚结点感兴趣的数据发送给汇聚结点,网络消耗大幅减少。但 DD 由于是基于查询驱动的机制,不太适合实时性的网络应用。

3. 层次路由协议

层次路由又称为分层、分级路由,类似于社会组织一样进行分级管理,如图 18-2 所示。层次路由有以下几个要点。

- 层次路由将所有结点分成组,通常称为簇。
- 每个簇中选择一个组长结点,通常称为簇头。簇头应具有完善的路由、管理等能力。簇头除了和本簇内结点通信外,一般只和其他簇头、汇聚结点进行通信。
- 其他结点为成员结点,可不具备完善的功能,一般不与簇外结点直接通信,只是将数据发给簇头（或反之，下面不再赘述），由簇头发给其他结点或汇聚结点。

簇成员的行为根据不同的算法也有不同的表现。

- 在简单的算法中，簇成员只能将数据一跳发给簇头，由簇头进行转发。
- 复杂一些的算法中，成员之间可直接通信，甚至可作为中继结点转发其他成员的数据给簇头。
- 更复杂一些的算法中，簇成员可以作为不同簇的簇头间通信的中继结点，来缓解簇头因长距离通信而造成的能量消耗过快的问题。如图 18-2 中的网关结点。

实际上，后两者可以划归为混合式（平面和分层）的结构。

区分簇头和簇成员结点，可有效降低系统建设的成本（不必每个结点都拥有完善的路由、管理等功能），ZigBee 体系就采用了明确的区分机制。

但这种区分也可以是逻辑上的，即所有结点都拥有完善的功能，只是充当角色不同罢了。例如，因为簇头需要完成更多的工作、消耗更多的能量，所以从均衡网络能量消耗的角度看，需要定期更换簇头。

层次路由协议因为在能耗、可扩展性等方面具有优势，得到很大的发展，但也带来了协议的复杂性，如簇头的选取、簇的分布等。

最经典的层次路由协议是 LEACH 协议，还包括 PEGASIS、TEEN/ APTEEN、GAF、GEAR、SPAN、SOP、MECN、EARSN 等。

19.2 WSN 路由协议

19.2.1 SPIN 协议

SPIN（Sensor Protocol for Information via Negotiation）是一种以数据为中心的自适应路由协议，属于平面路由协议。SPIN 中每个结点都拥有一个唯一的地址，并假设：

- 每个结点都知道自己需要哪些数据。
- 每个结点都知道自己是否在数据源到汇聚结点的路径上。
- 每个结点都有监控自身能量消耗的管理器。

在此基础上，结点通过与邻居结点的协商，使双方只交换对自己有用的数据。为了完成协商过程，SPIN 要求对相关的数据属性进行合理的描述，这些描述构成了数据的元数据。元数据远远小于实际的数据，所以传输元数据所消耗的能量较少。

SPIN 涉及以下三种报文类型。

- DATA：用来封装数据的报文。
- ADV：结点用来向其他结点通告"本结点有数据发送"，包含了将要发送的数据的相关属性。
- REQ：用来表明"本结点对你通告的数据感兴趣"，以请求数据。

SPIN 的基本工作方式如图 19-2 所示。

（1）当结点 S 采集到（或收到）数据 d 时，生成与 d 相匹配的元数据，将元数据和自身的地址 A_s 封装成 ADV 报文，向邻居结点进行广播。

（2）A（地址为 A_a）收到 ADV，提取其中的元数据域，根据元数据判断该数据是否为

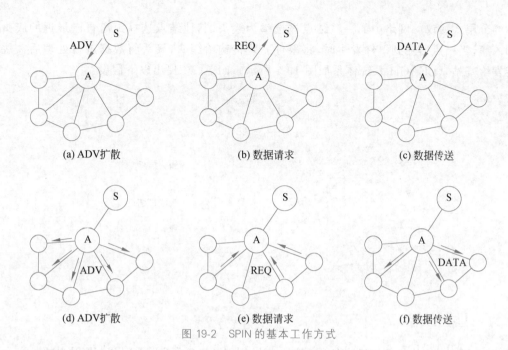

(a) ADV扩散　　　　　　　　(b) 数据请求　　　　　　　　(c) 数据传送

(d) ADV扩散　　　　　　　　(e) 数据请求　　　　　　　　(f) 数据传送

图 19-2　SPIN 的基本工作方式

自身所需要的。

- 如果不需要,则丢弃 ADV,结束处理。
- 根据自身情况(如自身能量情况等),决定是否有能力接收数据,如果没有,则丢弃 ADV,结束处理。
- 提取 ADV 的源地址 A_s,封装 REQ 报文(包括元数据)向外发送,REQ 的目的地址为 A_s,源地址为 A_a,表明向 S 请求数据。

(3) S 收到其他结点发送的 REQ,提取目的地址,判断是否和自身的地址相同。

- 若不相同,则表示此 REQ 和自己无关,丢弃此 REQ 报文。
- 若相同,则提取 REQ 的源地址 A_a、元数据,找到相匹配的数据 d,封装生成 DATA 报文向外广播。其中,DATA 的目的地址为 A_a,源地址为 A_s。

(4) A 收到 DATA 后,检查其目的地址是否和自己的地址相同。

- 若不相同,则表明不是发给自己的,丢弃此报文。
- 若相同,则进行存储,转向(1)。

重复以上步骤,DATA 报文可被传输到远方汇聚结点。

SPIN 的协商和元数据机制可以做到有的放矢,有效地节约了能量。

SPIN 的缺点是没有考虑邻居结点不愿转发数据的情况(例如,出于自身能量的考虑、对数据不感兴趣等),如果所有邻居结点都不希望接收并转发时,将导致数据无法传输,进而影响整个网络信息的收集。而且当汇聚结点对任何数据都需要时,其周围结点的能量很容易耗尽。

19.2.2　LEACH 协议

1. 概述

LEACH(LOW-Energy Adaptive Clustering Hierarchy)是经典的以最小化能耗为目

151

标的分层式协议。网络中的一些结点被选举为簇头,其他结点选择距离自己最近的簇头加入簇,当结点监测到事件发生时,将事件一跳传输给簇头,簇头将数据进行处理后一跳转发给基站。LEACH 系统体系如图 19-3 所示。LEACH 提出以下假设:

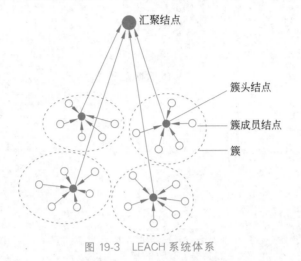

图 19-3　LEACH 系统体系

- 所有结点均具备与基站直接通信的能力,以保证自己作为簇头时和汇聚结点的通信。
- 结点可以控制发射功率的大小,成员与簇头通信时,须以最小的功率发射信号给簇头。
- 相邻结点所感知到的数据具有较大的相关性。
- 结点具备数据融合能力,以减少重复数据的发送,减少能量的消耗。

2. 算法工作方式

算法中,如果一个结点长期担任簇头,将会因负载过重而过早死亡,在网络中形成空洞,所以应实现结点轮流充当簇头,将整个网络的能量消耗平均地分配到每个结点上,达到整个 WSN 能量均衡的目的,以延长网络的整体生存时间。

为此,LEACH 按轮(Round)进行工作,每一轮都随机选择一些结点作为簇头,并且已当选过簇头的结点不在后续轮中充当簇头。当所有结点都当选过一次簇头后,一切从头开始。LEACH 中每轮又分为两个阶段,如图 19-4 所示。

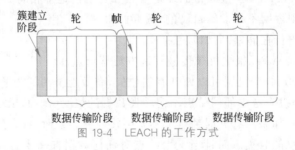

图 19-4　LEACH 的工作方式

- 簇建立(Set-up)阶段:在结点中选择一批簇头,并由簇头组织成簇。
- 稳定/数据传输(Steady-state)阶段,进行数据的传输。为了降低额外的能量开销,数据传输阶段的持续时间应长于簇建立阶段的持续时间。

3. 簇建立阶段

和一般的思路不太一样,LEACH 先产生簇头,再根据簇头产生簇,其簇的建立过程分 4 个阶段:簇头的选择、簇头的广播、簇的形成和调度机制的生成,其中调度机制的生成融入在数据传输阶段进行介绍。

1) 簇头的选择

LEACH 是根据期望的簇头个数产生簇头的,并且在选举的过程中还排除了那些已经充当过簇头的结点。在簇建立阶段,每个结点随机生成一个 0~1 的随机数,并且与阈值 $T(n)$ 做比较,如果小于该阈值,该结点就自动当选为簇头。阈值 $T(n)$ 按式(19-1)进行计算。

$$T(n) = \begin{cases} \dfrac{p}{1 - p * \left(r \bmod \dfrac{1}{p} \right)} & n \in G \\ 0 & \text{其他} \end{cases} \tag{19-1}$$

式中,p 为簇头数的期望值(H_s)与结点总数的比值。如有 100 个结点,每轮期望有 10 个簇头($H_s = 10$),则 $p = 0.1$。r 为当前轮数。G 为尚未当选簇头的结点集合。

通过阈值公式,所有结点在 $1/p$ 轮内必然当选一次簇头:

第 1 轮($r = 0$)时,$T(n) = p$,所有结点均参选簇头,且成为簇头的概率为 p。

在随后轮中($r = 1、2、\cdots$),已当选过簇头的结点不再参选簇头(因为阈值 $T(n) = 0$);未当选过簇头的结点当选簇头的概率将逐轮增加(因为阈值 $T(n)$ 不断增大)。

最后一轮($r = (1/p) - 1$)时,$T(n) = 1$,所有未当选过簇头的结点均以 1 的概率成为簇头。此后,所有结点又重新回到第 1 轮($r = 0$)时的情况,重新开始。实际上,$1/p$ 轮有些相当于"超轮",或者一个大循环。

从上面的随机性可知,并不是每轮都必然有 H_s 个簇头,它只是一个期望值而已。

仍以 100 个结点,$H_s = 10$ 为例。$r = 0$ 时,$T(n) = 0.1$,所有结点成为簇头的概率为 0.1,也就是应该有 10 个结点成为簇头。$r = 1$ 时,$T(n) = 1/9$,剩下的约 90 个结点成为簇头的概率为 1/9,也应该有 10 个结点成为簇头。$r = 2$ 时,$T(n) = 1/8$,剩下的约 80 个结点成为簇头的概率为 1/8,也应该有 10 个结点成为簇头,以此类推。

2) 簇头的广播

选定簇头后,簇头采用 CSMA 协议以相同的传输能量广播自己成为本轮簇头的消息(ADV),并将自己的 ID 号附在公告消息内。

3) 簇的形成

非簇头结点可能接收到多个 ADV,选择信号强度最大的发送者作为自己的簇头(如相等,则随机选 1 个),以 CSMA 协议向簇头发出加入请求消息(join-REQ),包含了自己的 ID 号以及选定簇头的 ID 号,从而完成簇的建立过程。

4. 数据传输阶段

在稳定的数据传输阶段,LEACH 又可以分为两个过程:从成员结点传输给簇头、从簇头传输给汇聚结点。不论哪个过程,都需考虑两个重要问题:如何避免数据发送过程中的信号冲突;尽最大化节能。

1) 基于调度机制实现从成员结点传输给簇头

LEACH 认为监控区域内会有大量的传感器结点,如果采用随机竞争型的 MAC 协议,会产生大量的冲突,对无线信道来说非常浪费,因此,在这个过程中,LEACH 采用了基于调度的 MAC 协议。这又分为两种情况：簇内和簇间。

LEACH 在簇内使用 TDMA 方式进行通信，由簇头创建 TDMA 调度，并将调度结果发给簇内结点，各个结点只能在自己的时隙内将数据传输给簇头，在不属于自己的时隙内不能发送数据。

另外，为了节省能量，LEACH 还规定：

- 各结点根据在簇建立阶段收到的 ADV 信号强度调整自己的信号发送功率，使得自己发送的信号刚好能被簇头所接收。
- 结点在不属于自己的 TDMA 时隙内可以使收发装置进入低功耗模式。

这些都要求各结点的物理层设备有调整收发装置功率的能力。

在簇间，不同的簇可能会有信号覆盖范围的重叠，为避免簇间信号相互串扰，LEACH 规定：

- 同一个簇内的结点采用同一个 CDMA 码字进行数据传输。簇头决定本簇所用的 CDMA 码字并发送给簇内结点。
- 不同的簇使用不同的 CDMA 码字进行传输，由于不同码字间的正交关系，不同簇的信号不会互相干扰。

2）从簇头传输给汇聚结点

簇头对簇内成员的感知数据进行收集，并进行必要的信息融合，再进一步传送给汇聚结点。相对来说，网络中的簇头数目较少，冲突发生的概率也较小，因此不必采用调度型的 MAC 协议进行数据的传输。为此，簇头和汇聚结点间的通信采用 CSMA 方式竞争使用信道。

5. 协议的分析与发展

LEACH 的提出对 WSN 路由协议的发展具有重要的意义，之后出现的很多分层路由协议都是在 LEACH 的基础上发展而来的。LEACH 的优点是：

- 大量的通信只发生在簇内，且基于 TDMA 机制，有效降低了能量的消耗。
- 轮换簇头的机制均衡了网络结点的能量消耗。
- 随机选举簇头的机制简单，无须复杂的交流、协商过程，减少了协议的消耗。
- 数据聚合/融合有效地减少了通信量。

该协议也存在一些缺点：

- 协议采用一跳通信完成簇头和汇聚结点间的数据交换，虽然传输时延小，但要求结点具有较大的通信功率。
- 不适合更大规模的网络。
- 簇头的选举有太大的随机性，不具有分布均匀性，并且考虑的因素（如能量、距离汇聚结点的距离等）较少。

研究者提出很多 LEACH 的改进成果，主要从以下几方面进行了改进：在簇头选举过程中考虑了更多的因素，特别是结点的剩余能量；改进簇的生成机制，使簇头均匀分布于整个网络，使网络的能耗更加均衡；考虑簇头间的接力传递数据，即簇头之间、簇头和汇聚结点之间执行平面型路由，簇头可以作为中继结点为其他簇头转发数据。

19.2.3　PEGASIS 协议

1. 概述

PEGASIS(Power Efficient Gathering in Sensor Information System)是在 LEACH
的基础上改进并发展起来的链式协议,同样采用了动态选举簇头的办法,但每次只选择一
个簇头。PEGASIS 基于以下假设。

- 网络中的结点能够获得其他结点的位置信息。
- 每个结点都能和汇聚结点直接通信。
- 结点类型相同,相邻结点分布密集且在所部署的区域内不可移动。
- 网络结点能够对发射功率进行控制。
- 结点的监测数据具有相似性。

PEGASIS 的实现分为成链和数据传输两个阶段。

2. 成链阶段

成链阶段的工作过程(见图 19-5)如下。

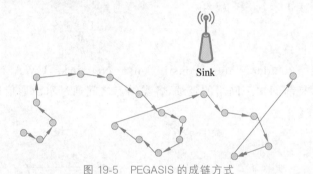

图 19-5　PEGASIS 的成链方式

(1) 从距离汇聚结点最远的结点开始工作。

(2) 结点发送能量渐变的测试信号,通过应答确定哪个邻居结点离自己最近,将其作
为自己的下一跳结点。

(3) 使下一跳结点开始工作,重复步骤(2),直至遍历所有结点,并形成一条链。

上面过程中,已在链中的结点不能作为当前检测结点的下一跳,防止成环。

3. 数据传输阶段

数据传输阶段分轮进行工作,工作过程(见图 19-6)如下。

(1) 每轮只选出一个簇头,一般来说,簇头都在链中间某一点。

(2) 数据传输从链的两端开始向簇头靠拢:各结点接收上一跳邻居结点的数据,与自
身的数据融合后,以最低功率(只有下一跳邻居结点能收到)、点对点传给下一跳结点。

(3) 下一个邻居结点重复步骤(2),直至数据传送到簇头结点。

(4) 簇头以点到点的方式将数据传递给汇聚结点。

4. 分析

由于数据传输只在链上相邻的两个结点间进行,因此这两个结点距离最"短",大大减
小了发送的功率。簇头最多只接收两个邻居结点的数据,大大减少了数据的传送量,并且
只由一个簇头发送数据给汇聚结点,不会产生冲突。

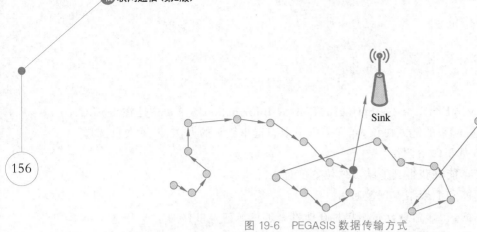

图 19-6　PEGASIS 数据传输方式

　　PEGASIS 也有很大的缺点。例如,链中远离汇聚结点的数据延迟会很大。再如,如果链上的某个结点死亡,将使得从链端到该结点的所有数据全部丢失,因此容错性不佳。另外,同 LEACH,PEGASIS 要求所有结点一跳到达汇聚结点,要求较高。

19.3　特殊的传感器网络

1. 水声传感器网络

水声传感器网络(Under Water Acoustic Sensor Networks,UWASN,见图 19-7)是部署在水下的 WSN,是前面水声网络的延续,各类结点之间通过水声通信进行交流。

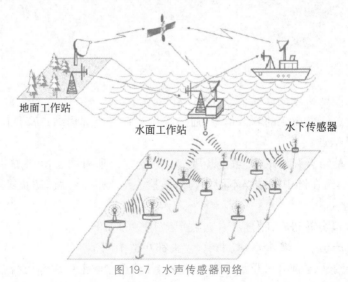

图 19-7　水声传感器网络

　　水下传感器(Anchored uw-sensor)是网络的基本组成部分,可移动,也可基本固定,具有以下两个功能。

- 感知信息:负责完成指定的水下感知任务。
- 转发信息:计算路由并完成数据中转,将其他部件传来的信息发往水面。

水下中继器负责将水下传感器感知到的信息中继到水面设备。

水面工作站(Surface Station)作为汇聚结点,不仅可与水下结点进行通信,还可同水面舰艇、岸边工作站、卫星进行通信，是连接水下与后台系统的网关。

与常见的 WSN 相比，UWASN 有很多不同点：采用水声通信，而不能采用电磁波；网络的结构大多是三维的；传感器结点的平均距离一般都比较大，延迟也大，数据传输错误率高。

2. WSID

RFID 阅读器并不向远端传送数据，限制了它的应用范围。而近年来，WSN 技术飞速发展，将 RFID 技术融入 WSN 结点顺理成章：由 RFID 技术感知标签信息，由 WSN 将识别到的标签信息向后台系统进行传送，可大大扩展 RFID 系统的应用范围。两者结合后就形成了无线传感器射频识别（Wireless Sensor IDentification，WSID）网络，既有 RFID 系统的功能，又具有 WSN 成本低、部署方便、传输距离远等特点。

另外，还可以利用 WSN 的其他功能（如结点定位功能）形成物体综合的、多维的信息。例如，在港口部署 WSID 网络，可快速实现对集装箱的信息采集、定位、快速进出港等的管理。可以在提高港口工作效率的前提下节约运行成本，这对港口的信息化和自动化建设具有重大意义。

157

第 20 章 机会网络

20.1 概述

在一些恶劣的环境下，网络可能分裂、无法连通，传统无线网络的相关工作无法运行，但又确实需要进行通信的情况下，提出了机会网络（Opportunistic Networks）。

机会网络的部分概念来源于早期的延迟容忍网络（Delay Tolerant Network，DTN）。DTN 是为星际网络通信而研发的，支持具有间歇性连通、延迟大、错误率高等特征的不同网络的互联。我国早期的嫦娥绕月卫星在转到月球背面时就失去了和地球的通信条件，只能把数据暂存在卫星的存储器中，当绕出月球背面时，就可以把这些数据发向地球。后期发射了鹊桥中继通信卫星，为探测任务提供了便利的中继通信。

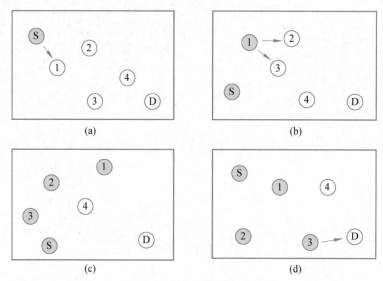

图 20-1　机会网络消息交付

机会网络又称稀疏 Ad Hoc 网络，不需要在源结点和目的结点之间存在完整、始终可达的链路，而是利用结点移动带来的相遇机会实现通信。

如图 20-1(a)所示，S 生成一个发给 D 的消息（有背景色表明结点持有该消息），将消息转发给恰巧在附近移动的结点 1。然后各结点继续自主移动。

图 20-1(b)中，结点 1 遇到了结点 2 和结点 3，结点 1 将消息转发给结点 2 和结点 3。此时网络中持有该消息的结点共有四个，只要其中任一个结点与 D 相遇，就能完成消息的交付。

由于外界或算法自身的原因，可能出现这种情况：虽然结点相遇，但并未发生消息交付,如图 20-1(c)所示,结点 4 并未接收该消息。

图 20-1(d)中,结点 3 恰巧移动到 D 附近,将消息发给 D,完成了一次消息交付过程。

由此可见,机会网络的基本工作模式为:结点存储信息—携带移动—相遇转发。另外,还可以看出,结点的移动模型对网络通信性能的影响较大。因此,在对机会网络路由进行研究时,应先定义出结点的移动模型,刻画出结点的移动规律、相遇概率、相遇时间/周期等核心要素,这是影响网络通信性能的重要因素之一。

机会网络有以下特征。

- 网络间歇性连通。网络经常被分割成多个互不连通的子区域,源结点和目的结点间可能从来就不存在一条连通的数据链路。
- 对结点缓存要求高。由于机会网络结点随机移动,因此持有消息的结点在没有遇到下一结点时,必须保存在自己的缓存中,这可能消耗大量的缓存资源。
- 消息发送延迟高。机会网络通信机会少,结点在移动并等待机会传输报文的过程中可能会花费很长时间,导致报文发送延迟高,甚至不可达。
- 消息发送传输速率低。结点接触时间短暂,通信时间有限而等待传输的数据较多等因素(即不是每次结点相遇都可以把想要交换的消息交换完毕),加上传输的整个过程长,导致数据传输速率低、成功率低。

【案例 20-1】 Zebranet

野生动物监控主要研究野生动物的迁徙行为,以及对生态环境变化的反应等。例如,Zebranet 是普林斯顿大学设计的使用机会网络跟踪野生斑马的项目,已在 Mpala 研究中心投入实际应用,并得到部分测试结果。项目利用部分斑马身上安装的传感器,收集斑马的迁徙数据,并且在相遇的斑马之间进行数据交换,而工作人员则定期开车到追踪区域,利用移动基站收集斑马所携带的数据。※

20.2 路由相关概念

1. 机会网络路由特点

机会网络路由的性能评价标准与传统自组网不同,主要包括以下几方面。

- 消息传输延迟:数据由源结点发出,到目的结点成功接收所需要的时间。
- 传输成功率:在给定时间内,网络中成功传输到目的结点的消息数量与消息总数之比。
- 能量的消耗:网络中消息的收发过程中结点所消耗的能量。

对机会网络的路由,国内外存在众多的研究,提出了多种路由算法,包括 Epidemic、Spray and Wait、Spray and Focus、CAR、PROPHET 等。算法基本符合以下几个特点。

- 符合"存储信息—携带移动—相遇转发"的模式。
- 多次转发。结点相遇时转发自己所持有的消息,多次相遇会转发多次,甚至同一消息会出现多个副本。更有甚者,不能排除一个结点发出一个消息后,后期会再次收到这个消息(例如,一个结点发出消息后,经过一段时间,自己已删除该消息,但因为自身条件的调整,自己又具备了接收这个消息的条件)。
- 结点间需要多种信息的交换。结点相遇时互相交换信息(自身状态信息、控制信息和报文信息等）的机制成为判断消息是否转发给对方的有效方法。

2. 社区模型的概念

机会网络是依靠结点移动带来的通信机会进行工作的，而结点的相遇频率和相遇时间等运动特征，取决于结点的运动模型。基于社区的模型是一个重要的运动模型，考虑的因素包括结点运动的地理偏好、时间偏好，甚至兴趣爱好等。通过收集结点的运动信息，分析结点的社会属性，可以对路由算法进行更好的设计。

典型的社区模型将整个网络看成由若干社区所构成，在社区的内部，结点的关系相对紧密，体现为相遇机会较多；但是，在不同的社区之间，结点连接相对稀疏，体现为大多数结点与其他社区结点的相遇机会较少，只有个别结点与其他社区的某些结点保持相对紧密的联系。社区结构示意图如图 20-2 所示。

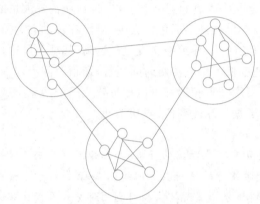

图 20-2　社区结构示意图

社区结构发现算法有谱二分法、WH 算法、Kernighan-Lin 算法、Radicchi 算法、GN 算法、Newman 快速算法等。

社区模型包括基于地理偏好的社区模型、基于时间偏好的社区模型等。不管采用什么模型，在整体角度上观察，某些结点相对活跃，移动范围较大，甚至经常进入其他社区，这类结点是社区间进行消息交付的重点关注对象。

3. 机会网络路由的分类

从不同的角度观察，机会网络路由协议有不同的分类方法。

1）从转发机制出发的分类方法

（1）基于冗余的路由协议。在消息传播过程中复制出多个副本，若任一副本成功传递到目的结点，则消息传输即算成功。消息有多份副本增加了传递的成功率，但也增加了网络中资源（包括传输资源和存储资源）的消耗。此类路由协议的核心在于确定消息的最大副本数，以及副本产生的方式。

（2）基于效用的路由协议。不进行消息的复制，但是引入效用值的概念（比如和目的结点相遇的频率）描述结点能将消息传送到目的结点的能力。结点相遇时，消息从能力低的结点转发给能力高的结点。相比前者，该类算法的投递成功率较低，投递延迟较高，但资源耗费较低。

（3）混合路由协议。借鉴了前两种路由协议的思想，将消息复制多个副本在网络中传播，并且每份副本都按照效用值对比判断是否进行转发。该策略可以平衡资源耗费和消息投递成功率之间的矛盾。

2) 从区域性出发的分类方法

从区域性出发,路由协议分为两类:基于社区的和不基于社区的。很多基于社区的路由协议的基本思想是把结点进行社区划分后,将消息的投递分为社区内和社区间的消息传输两种类别。基于此,算法常分为下面3个步骤。

(1) 消息首先在社区内部进行传递。

(2) 当遇到合适的转发机会时,进行社区间的消息传递。

(3) 消息到达目标社区后,改为在目标社区内的消息传递。

基于社区模型的机会网络路由算法主要有 BUBBLE RAP、CMTS、CSB 等。

20.3 路由算法

20.3.1 PROPHET 路由算法

1. 概述

早期的路由算法(如 Epidemic)基于冗余的路由策略,本质上是一种泛洪的思想,任意两个结点相遇时都会互通有无,直到消息到达目的结点为止。理论上,这类算法的性能最好,但实际运行中网络带宽和结点缓存等资源会迅速耗尽,因此扩展性很差。基于效用的路由策略只消耗很少的资源,但投递成功率较低,投递延迟较高。

PROPHET 是典型的冗余、效用混合路由策略,采用了多份副本的思想,同时结点还采用了效用策略的思想,仅把报文复制给那些性能较好的相遇结点,在避免泛洪的同时提高了成功率。

2. 效用定义

PROPHET 中每个结点维护一个列表,保存自己到其他结点的传输概率($P_{(a,b)}$)。传输概率表示结点间再次相遇并成功传递消息的可能性,依据下面的公式进行更新。

$$P_{(a,b)} = P_{(a,b)\text{old}} + (1 - P_{(a,b)\text{old}})P_{\text{init}} \tag{20-1}$$

$$P_{(a,b)} = P_{(a,b)\text{old}} \times \gamma^k \tag{20-2}$$

式(20-1)和式(20-2)分别称为更新公式和衰减公式。其中:

- $P_{(a,b)} \in [0,1]$,表示消息成功从结点 a 传递到结点 b 的概率。
- $P_{\text{init}} \in [0,1]$ 是一个概率初始值,网络初始化时,所有结点的传输概率都初始化为 P_{init}。
- $\gamma \in [0,1]$ 是衰减常数,γ 越小,概率随时间衰减越快。
- k 是单位时间的个数,表示两个结点间未相遇的时间长度。单位时间的大小可以根据网络实际状况进行调整。

结点 a、b 相遇时,均根据式(20-1)更新自己到达对方的传输概率(下面只考虑 a 的情况),此时 $P_{(a,b)}$ 变大,反映出因 a、b 相遇,a 到达 b 的概率有所增加。

若 a、b 在一段时间内没有接触,则传输概率 $P_{(a,b)}$ 根据式(20-2)进行衰减,反映出 a、b 因为长时间不相遇,传输概率有所减小。

算法认为,如果两个结点曾多次相遇,则这两个结点再次相遇的可能性比较高;反

161

之,若两个结点长时间未相遇,则再相遇的可能减小。

根据常识,如果结点 a 和 b、b 和 c 相遇的可能性都比较大,则结点 a 和 c 相遇的可能性也会较大,这说明传输概率具有传递性。因此,算法引入了式(20-3):

$$P_{(a,c)} = P_{(a,c)\text{old}} + (1 - P_{(a,c)\text{old}}) \times P_{(a,b)} \times P_{(b,c)} \times \beta \qquad (20-3)$$

缩放常数 $\beta \in (0,1)$ 是一个权重因子,反映了传输概率的传递性所能影响的范围,β 值越大,传递性对总的传输概率的影响越大。

3. 算法过程

当结点 a、b 相遇时,交换信息的步骤如下。

(1) 结点 a、b 交换各自的传输概率。

(2) 结点 a、b 根据传输概率交换信息,规则如下。

- 针对每个消息(设目的结点为 D),如果 $P_{(b,D)} > P_{(a,D)}$,则 a 将消息传递给 b;反之,b 将消息传递给 a。
- 交换过程中,结点如果收到新消息,则首先判断是否有足够的缓冲区,如果不足,则按 FIFO 的原则,首先删除缓冲区中"老"的消息。

(3) 一次交换过程完成,结点继续移动,此后每遇到一个结点都重复上面的过程,直到消息传输到目的结点,完成消息的交付。

由算法过程可以看出,PROPHET 并没有明确限制消息副本的数量,不同的消息在网络中的副本数量很可能是不同的。

4. 算法分析

PROPHET 消息传输的成功率和网络延时都得到了改善。随着网络规模的不断扩大,其性能明显优于 Epidemic。

PROPHET 的缺点是,结点在网络中频繁移动,使得算法对网络链路的估算实现起来比较困难。另外,很多研究指出 PROPHET 没有考虑结点的相遇时间,即假设相遇时间足够长,信息交换必然成功,这也是不太现实的。并且由于 PROPHET 没有明确使用 ACK 机制,因此有些发送成功的消息,还会保存一段时间,造成资源的浪费,甚至影响到那些未成功交付的消息。

20.3.2 CMTS 路由算法

1. 社区模型

CMTS 首先提出了一种结点运动的社区模型。该模型假设如下。

- 每个结点只能属于一个社区,在社区内部,结点采用随机目标移动模型。
- 每个结点有一个社会度,用来表示其社会关系的强度,结点根据社会度决定下一个目标社区。
- 如果结点离开本社区到达目标社区,它将随机选择目标社区中的一个位置作为其移动的目的地。
- 当结点移动到目的地后将随机停留一段时间,然后继续选择下一个目的地。

模型规定每个结点 i 都保存一个关系向量 $\boldsymbol{R}$,其中 R_{ij} 表示结点 i 和 j 在一段时间内相遇的次数(频繁程度)。根据所有结点的关系向量,利用 Newman 等提出的 Weight Network Analysis(WNA)社区划分算法,将网络中的所有结点划分成不同的社区。

2. 算法细节

CMTS 的基本思想是：将结点划分成不同的社区后，针对传输消息的区域特点分别采用社区内和社区间的消息传输策略。

1) 社区内传输策略

算法采用多份副本和控制转发条件的原则（实际上就是冗余和效用相混合的路由策略），提出了结点活跃度的计算公式：

$$T_{ij} = \frac{\text{NetworkTime}}{E_{ij}} \tag{20-4}$$

其中，

- NetworkTime 表示到目前为止网络运行的总时间。
- E_{ij} 表示在 NetworkTime 时间内，结点 i 与 j 相遇的次数。
- T_{ij} 表示结点 i 与 j 的平均相遇时间，T_{ij} 越小，活跃度越大。

两个结点相遇并进行消息的交流时，消息从活跃度较小的结点转交给活跃度大（T_{ij}较小）的结点。算法过程如下。

(1) 源结点产生消息，计算消息副本数量 L_s，携带该消息进行移动。

(2) 携带消息的结点 i 在运动过程中，遇到结点 j，针对每条消息（设目的结点为 d），若 T_{id} 小于 T_{jd}，则不转发；否则说明 j 与 d 相遇的概率较大，可以转发，根据下面的原则进行处理。

- 若 $L_i > 1$，则将该消息复制给 j，并令 $L_i = 1$，$L_j = L_i - 1$。
- 若 $L_i = 1$，则将该消息复制给 j，i 删除该消息，令 $L_i = 0$，$L_j = 1$。

(3) 重复上述过程，直到消息到达目的结点。

从节约资源的角度出发，限制消息副本数量，选取与目的结点接触更加频繁的结点作为中继结点进行消息的传输，两者相结合可以在提高投递成功率的基础上，有效降低消息收发的次数，降低网络开销。

2) 社区间传输策略

社区间消息的传输分为以下两个阶段。

- 利用结点的社会度寻找前往目标社区概率大的结点。
- 在目标社区中寻找目的结点，该阶段利用社区内的传输策略实现。

在第一阶段，同样采用了多副本和控制转发相结合的原则。

首先设置社区间消息的副本数量上限为 C（初始化为网络中社区的个数）。携带消息的结点 i 与 j 相遇时，针对每条消息（目的结点为 d），根据下面的原则进行转发。

- 如果 j 与 d 属于同一个社区，则 i 将消息复制给 j，并令 $L_j = L_i$，i 删除该消息的副本。
- 如果 i 的社会度小于 j，且 i 的 L_i 大于 1，则按照两个结点的社会度的比例对 L_i 进行重新分配。结点的社会度越高，就会获得越多的副本数量，从而有更多的机会将消息副本携带到其他社区。
- 当按照比例计算副本份数的结果小于 1 时，结点删除此消息的副本，以减轻网络的负载。

算法中，在完成社区间消息的传输任务后，可以删除网络中冗余的消息副本，以避免

163

消息过度转发,减少网络和缓存等资源的消耗。

3. 分析

虽然 CMTS 提出了结点的社区模型,并且基于该模型提出了社区内和社区间的路由算法,提升了网络的性能,但是该算法也存在一些不足。首先,CMTS 社区模型考虑的因素过于简单,和真实环境中的结点运动规律还有差距;其次,网络中结点社会度的获取是完全随机的,并且不带有动态调节的功能,使得结点间的关系具有随机性。

20.4　车载自组织网络

随着社会的蓬勃发展,城市交通拥堵、事故频发,以及恶劣天气下各种险情等,需要及时通告并处理。作为智能交通系统重要组成部分的车载自组网(Vehicular Ad-hoc NETwork,VANET)被提了出来,成为机会网络中的一个研究热点,可望成为保障行车通畅和安全的关键技术。

车载自组网也称车联网,主要指配备有短距离无线通信设备的车辆之间形成的网络,是将无线通信技术应用于车辆间通信的自组网。大量研究将路边基础设施也考虑进来,甚至将云计算相关技术也纳入车联网的范畴。

车辆通过传递信息可获得实时交通数据,做出明智的决策。例如,高速公路上行车的车主,其前方道路出现了事故,该事件可以通过对面的行车捎带过来并进行广播,及时提示车主改道。

车载网的通信是发生在车辆之间的(见图 20-3),车辆间相遇时间短暂、密度分布不均匀、车辆的行为具有很大的随机性而不可预测等,加之车载网络通常为非连通网络,这些都为车载网中的路由算法提出了巨大的挑战。

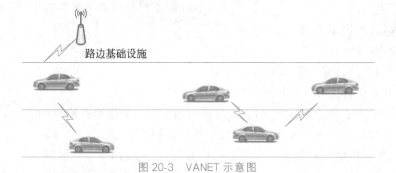

图 20-3　VANET 示意图

IEEE 802.11p(又称 WAVE,Wireless Access in the Vehicular Environment)是由 IEEE 802.11 标准扩充的通信协议,主要用于车载无线通信,符合智能交通系统的相关要求。IEEE 802.11p 针对汽车的特殊环境进行了相应的改进,如更先进的切换、增强的安全性、加强的身份认证等,希望在智能交通中替代较为昂贵的蜂窝通信。

目前的车载网路由算法可以划分为:广播式路由、基于位置的路由、对现有 MANET 路由的改进型路由、基于分簇的路由等。

【案例 20-2】　若干车载智能信息系统

2011 年,福特演示了 Talking Vehicles 技术,可以利用车辆间的无线通信进行道路的预警。

    MIT 开发的 CarTel 结点安装在车辆上,负责收集和处理车辆上多种传感器的信息,包括车辆运行信息和道路信息等。CarTel 结点使用无线通信技术可以在车辆相遇时直接交换数据,也可以通过路边无线接入点将数据发送到互联网上。

    美国交通部在专用短程通信(Dedicated Short Range Communications,DSRC)系统中采用 IEEE 802.11p,最终希望建立一个允许车辆与路边无线设施或其他车辆间通信的全国性网络。※

第 21 章　ZigBee

21.1　概述

ZigBee 技术是一种低速率、低功耗且希望做成低成本的无线自组网,被认为是针对 WSN 而定义的技术标准。主要应用领域包括工业控制、农业自动化,以及医用设备的警报和安全、监测和控制等。

ZigBee 协议栈中的最低两层(物理层和 MAC 层)采用前面所讲的 IEEE 802.15.4 标准,而上面两层(网络层和应用层)则是由 ZigBee 联盟定义的。ZigBee 单跳传输距离可达 75 米左右,当速率降到 28kb/s 时可扩大到 100 多米。如果通过路由和结点间通信的接力机制,传输距离将大幅扩展。但随着 WLAN 的快速发展,2.4GHz 频段频繁被占,与 ZigBee 的频谱冲突日益增多,使其通信质量下降。

ZigBee 提供了三级安全模式,开发者可以灵活确定所采用的安全属性,包括:

- 无安全设定。
- 使用访问控制列表(Access Control List,ACL)防止非法获取数据。
- 采用高级加密标准(AES 128)的对称密码机制。

【案例 21-1】　室内空气质量无线监测系统

紫蜂科技基于 ZigBee 无线通信技术的室内空气质量监测系统,搭配后端管理平台,为大楼/工厂提供了室内空气质量监测、环境监控、楼宇管理等综合无线解决方案。方案如图 21-1 所示,包括 ZigBee Sensor Node(灰色圆形结点)、ZigBee Gateway 等。其中感知结点可以对室内空气、温度变化等实现实时监控。※

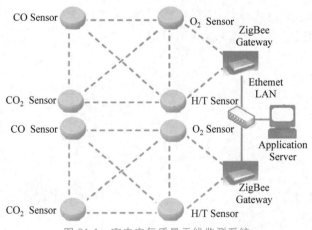

图 21-1　室内空气质量无线监测系统

21.2 ZigBee 的组网

1. ZigBee 的组成

从前面可知,IEEE 802.15.4 中定义了两种类型的设备:全功能设备(FFD)和精简功能设备(RFD)。ZigBee 将这两种设备配置为以下三种角色。

- 协调器(ZigBee Coordinator,ZC):初始化、设置网络信息,组织网络等。
- 路由器(ZigBee Router,ZR):传递和中继信息的设备,提供信息的双向传输。
- 终端设备(ZigBee End Device,ZED):具有监视或控制功能的结点。

一个 ZigBee 网络由一个协调器、若干路由器和大量终端设备组成。其中协调器和路由器只能由 FFD 充当,RFD 只能充当终端设备。这样,既可以进行大规模的部署,监控大面积的区域,又可以有效降低成本。

1) 协调器

协调器是 ZigBee 网络中的第一个设备,在 WSN 中可以作为汇聚结点使用(也可以执行路由器的功能),需由交流电源持续供电。协调器主要具有以下功能。

- 通过扫描搜索,发现一个空闲的信道和网络标识并进行占用,进而启动和配置一个 ZigBee 网络,让其他结点连接进入网络。
- 管理网络结点、存储网络结点信息。
- 规定网络的拓扑参数,如最大的子结点数、最大层数、路由算法、路由表生存期等。

2) 路由器

路由器的初始化功能是连接到一个已存在的网络,然后允许其他设备作为子设备连接进入网络。当然,路由器也可以充当终端设备。

路由器(包括协调器)可以执行下面的路由功能。

- 路由发现和选择(Route Discovery and Selection)。
- 路由维护(Route Maintenance)。
- 路由过期(Route Expiry)。

路由器(包括协调器)可以执行下面的信息转发功能。

- 存储发往子设备的信息,直到子设备醒来,将数据转发给子设备。
- 接收子设备的信息,转发给其他结点。

3) 终端设备

终端设备的任务是连接到一个已经存在的网络,产生数据并和网络交换数据。

终端设备不执行任何路由功能,它们之间不能通信,RFD 设备的采纳可有效控制成本和复杂性。并且为了节省能量,终端仅在必要的时候才会激活。

由 RFD 充当的终端设备如果需要向其他设备传送数据,只简单地将数据向上发送给它的父设备即可,其父设备以它的名义进行数据的传输,或者反向收取数据。

2. ZigBee 网络的组网

1) 启动一个网络

未加入任何一个网络的全功能设备都可成为协调器,发起并建立一个新的网络。

协调器首先进行扫描,选择一个空闲的信道或者使用网络最少的信道,然后确定自己

167

的 16 位网络地址、网络的 PAN 标识符、网络的拓扑参数等。其中，PAN 标识符是网络在此信道中的唯一标识，不应与此信道中其他网络的标识符冲突。

各项参数选定后，协调器便可以开始接受其他结点加入网络了。

2）新结点加入网络

图 21-2 显示了结点加入网络的过程，当一个未入网的结点（设为 A）想加入网络时，就向网络中的一个结点（设为 B）发送关联请求。

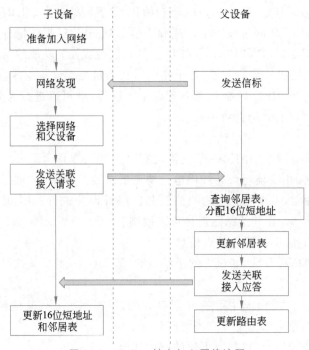

图 21-2　ZigBee 结点加入网络流程

B 收到关联请求后，如有能力接受 A 为自己的子结点，就为 A 分配一个本网中唯一的 16 位网络地址，并发出关联应答。

收到关联应答后，A 成功加入网络，成为 B 的子结点。在条件许可下，A 还可以接受其他结点的关联请求。加入网络后，A 将自己的 PAN 标识符设为与 B 相同的标识。

一个结点是否有能力接受其他结点与其关联主要取决于此结点的类型（精简类型设备不可以），以及可利用的资源，如存储空间、能量、已经分配的地址等。

3）结点离开网络

如果网络中的结点想离开网络，则向其父结点发送解除关联的请求，收到父结点的解除关联应答后，便成功地离开了网络。

如果希望离开网络的结点存在子结点，在其离开网络之前，它需要先解除所有子结点与自己的关联。

21.3　ZigBee 体系结构

如图 21-3 所示，ZigBee 的协议栈从下到上分别为物理层、MAC 层、网络层、应用层（APL）。其中物理层和 MAC 层遵循 IEEE 802.15.4 标准的规定，不再赘述。

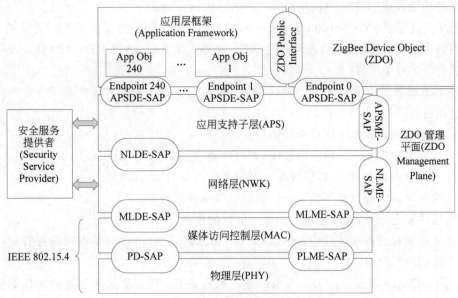

图 21-3 ZigBee 协议栈

SAP 是服务访问点,前面已经提及,是某层提供的服务与上层调用之间的接口。ZigBee 协议栈的多数层次具有以下两个接口。

- 数据实体接口向上层提供所需的数据服务。
- 管理实体接口向上层提供访问本层内部参数、配置和管理数据的机制。

1. 网络层

网络层采用自组网相关机制,应有自组织性和自维护性,并为应用层提供合适的服务接口。另外,还需尽量省电。

ZigBee 支持星形、网状和树形网络结构,可灵活地组成各种网络。

网络层提供了两类服务:数据服务和管理服务。数据服务主要包括组装报文、发送报文等。管理服务包括的内容较多,主要有以下几方面。

- 配置一个新设备,包括配置一个设备作为网络的协调器,或配置设备作为子结点加入一个已存在的网络。
- 建立一个新的网络。
- 加入或离开一个网络。
- 使协调器和路由器可以分配地址给新入网的设备。
- 发现设备的邻居结点,记录和报告设备的邻居表的相关信息。
- 发现及记录传输路径,使得数据可以依照路由信息进行传输。

网络层可以使用高级加密标准(AES)提供一定的安全性。

当网络层使用特定的安全组传输、接收数据时,网络层使用安全服务提供者(Security Services Provider,SSP)处理此数据。SSP 会寻找目的/源地址,取回对应的密匙,然后使用安全组保护数据。

2. 应用层

应用层的主要目的是提供便利的基础条件让制造商开发自己的应用。制造商需要开发的设备功能以应用对象（Application Objects）的形式实现。

应用支持子层（Application Support SubLayer，APS）为上层提供了通用服务集，应用可使用该层进行数据的通信，还可通过 APS 管理实体 SAP（APSME-SAP）绑定设备、维护管理对象的数据库等。

ZigBee 设备对象（ZigBee Device Object，ZDO）定义了一套丰富的管理指令，对各种处理过程进行管理，主要包括：

- 初始化设备以允许应用程序运行。
- 在网络中定义一个设备的作用（如协调器、路由器或终端设备）。
- 允许协调器创建网络，管理路由器和终端设备的加入/离开。
- 发现网络中的设备并确定它们能够提供何种服务。
- 提供安全服务，在网络设备中建立安全的连接。
- 允许远程设备从结点检索信息（如路由表和绑定表）并执行结点的远程管理（如指示它离开网络）。

应用框架（Application Framework）是一系列关于应用消息格式和处理动作的规定，使不同制造商开发的产品之间具有更好的互操作性。在框架中，应用对象通过 APSDE-SAP 发送和接收数据，而对应用对象的控制和管理则通过 ZDO 实现。

21.4　ZigBee 路由

为了达到低成本、低功耗、高可靠性等设计目标，ZigBee 网络中采用了簇树（Cluster-Tree）算法与简化的按需距离矢量路由（AODVjr）算法相结合的路由。

21.4.1　树形路由

树形路由机制的主要思想是：将结点组织成一棵树形结构，其中协调器为树的根结点，路由设备为树枝，终端设备为叶子结点，这种结构及路由算法均较为简单。

树形路由机制包括配置树形地址和基于树形地址的路由两部分。

1. 配置树形地址

当协调器建立起一个新的网络，它将给自己分配网络地址为 0，网络深度 $d_0 = 0$。其中网络深度表示一个帧从源结点传送到协调器所经过的最小跳数，或者说是结点所在的树中的层次，表明了其离根结点的远近。

如结点 i 想与结点 k 连接从而加入一个网络，结点 k 就是结点 i 的父结点。结点 k 根据自身的地址 A_k 和网络深度 d_k，为结点 i 分配网络地址 A_i 和网络深度 $d_i (d_i = d_k + 1)$。

为了完成对子结点地址的分配，ZigBee 定义了如下参数。

- L_m：网络的最大深度。
- C_m：每个父结点最多可拥有的子结点数。
- R_m：C_m 个子结点中，最多允许有 R_m 个路由结点数。
- $C_{skip}(d)$：网络深度为 d 的父结点为子结点分配地址时，子结点地址之间的偏移量，$d < L_m$。定义如下：

$$C_{\text{skip}}(d) = \begin{cases} 1 + C_m \times (L_m - d - 1), & R_m = 1 \\ \dfrac{1 + C_m - R_m - C_m \times R_m^{L_m - d - 1}}{1 - R_m}, & \text{其他} \end{cases} \tag{21-1}$$

如一个路由结点的 $C_{\text{skip}}(d)$ 大于 0，则它可以接受其他结点为子结点，并为子结点分配地址。它为第一个路由子结点分配的地址比自己的地址大 1，之后其他路由子结点的地址与前一个地址之间都相隔偏移量 $C_{\text{skip}}(d)$，两者之间空出的部分是路由子结点分配给它自己的子结点的地址空间。下面以 $C_m = 20$、$L_m = 5$、$R_m = 6$ 为例，展示 C_{skip} 的情况，见表 21-1。

表 21-1　子结点地址间偏移量示例表

深　　度	C_{skip}	深　　度	C_{skip}
0	5181	3	21
1	861	4	1
2	141		

当一个路由结点的 $C_{\text{skip}}(d)$ 为 0 时，它就不再具备接纳子结点并为子结点分配地址的能力了，这样的设备被视为一个终端设备。

根据子结点类型的不同，地址分配规则如下。

如果新的子结点 i 是 RFD（或是 FFD，但路由类型的子结点已满），则结点 i 不能作为路由子结点，它将作为结点 k 的第 n 个终端子结点。结点 k 按式（21-2）为结点 i 分配网络地址：

$$A_i = A_k + C_{\text{skip}}(d) \times R_m + n \tag{21-2}$$

其中 $1 \leqslant n \leqslant C_m - R_m$，$C_m - R_m$ 为结点允许容纳的终端子结点数。

如果子结点 i 是 FFD，作为结点 k 的第 n 个路由子结点，结点 k 按式（21-3）给它分配网络地址：

$$A_i = A_k + 1 + C_{\text{skip}}(d) \times (n - 1) \tag{21-3}$$

图 21-4 展示了结点 k 如何组织自己可分配的地址空间。

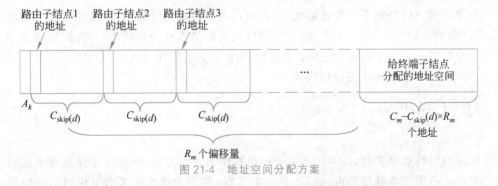

图 21-4　地址空间分配方案

图 21-5 给出了一个 $C_m = 4$、$R_m = 4$、$L_m = 3$ 的网络地址分配示例。

2. 基于树形地址的路由

在簇树算法中，一个路由结点根据收到分组的目的地址计算该分组的下一跳。可以

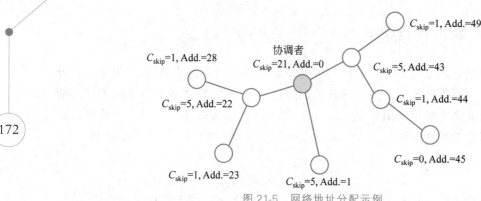

图 21-5　网络地址分配示例

将地址简化为上行路由（Route-up）或者下行路由（Route-down）。

假如一个路由器（地址为 A，结点简称为 A）向目的结点（地址为 D，结点简称为 D）发送分组，网络深度为 d，则算法如下所示。

（1）A 通过式（21-4）判断 D 是否为自己的子孙结点。

$$A < D < A + C_{\text{skip}}(d-1) \tag{21-4}$$

如果是，则转（2），否则转（4）。

（2）若 $D > A + R_m \times C_{\text{skip}}(d)$，即 D 是 A 的终端子结点，则将分组直接发送给 D，之后结束，否则转（3）。

（3）利用式（21-5）求出下一跳结点是 A 的哪一个路由子结点，发送分组给这个子结点，之后结束。

$$N = A + 1 + \left\lfloor \frac{D - (A+1)}{C_{\text{skip}}(d)} \right\rfloor \times C_{\text{skip}}(d) \tag{21-5}$$

（4）D 不是 A 的子孙结点，则下一跳结点是 A 的父结点，A 将数据发给父结点，结束。

算法中，结点收到分组后，可以立即将分组传输给合适的下一跳结点，不存在路由发现的过程，这样，结点就不需要维护路由表，从而减少了路由协议的控制开销和结点能量消耗，并且降低了对结点存储能力的要求，降低了结点的成本。

但簇树建立的路由不一定是最优的，会造成分组传输时延较高，而且深度较小的结点（即靠近协调器的结点）往往业务量较大，深度较大的结点业务量较小，容易造成网络中通信流量分配的不均衡。因而，ZigBee 中还允许结点使用简化版本的 AODV——AODVjr（AODV Junior）去发现一条最优路径。

21.4.2　AODVjr

1. 路由成本

在路由选择和维护时，AODVjr 不使用跳数作为度量方法，而是使用路由成本比较路由的好坏。路由成本的计算可利用链路成本实现，即路由成本定义为组成路由的链路成本之和。

2. AODVjr 的主要思想

AODVjr 首先对 AODV 进行了简化，简化内容如下。

AODVjr 协议中没有使用结点序列号,为了保证不出现环路问题,AODVjr 中规定只有分组的目的结点可以回复应答 RREP,即使中间结点存有通往目的结点的路由,也不能向源结点回复 RREP。

数据传输过程中如果发生链路中断,AODVjr 就采用本地修复机制。在修复过程中同样不采用目的结点序列号,仅允许目的结点回复 RREP。如修复失败,则发送 RERR 至源结点,通知它目的结点不可到达。而且 RERR 被简化至仅包含一个不可达的目的结点,而 AODV 的 RERR 可包含多个不可达的目的结点。

AODVjr 中,目的结点总是选择最佳路径(路由成本最小的路径)。

考虑到结点移动不是很频繁,AODVjr 中的结点不会相互发 HELLO 分组,仅根据收到的分组或 MAC 层提供的信息更新自己的邻居表,从而节省部分开销。

取消了上游结点列表,从而简化了路由表结构。AODV 中结点如果检测到链路中断,会通过上游结点列表向所有上游结点发送 RERR 分组。而 AODVjr 中,仅转发 RERR 给那些正在发送分组,且在本结点传输失败的源结点。

在 ZigBee 路由中,将路由结点分为两类:RN+ 和 RN-。

* RN+ 是指具有足够的存储空间和能力执行 AODVjr 路由协议的结点。
* RN- 是指其存储空间受限,无法执行 AODVjr 路由协议的结点。

AODVjr 的主要思想是:

* RN+ 结点可以不按照簇树路由进行信息的发送,而采用一条最优路径直接发送信息到相邻结点。
* 针对 RN- 结点,当它需要发送分组时,仅使用簇树路由发送分组。

3. ZigBee 路由建立过程

当 RN+ 结点需要转发分组却没有通往目的结点的路由时,发起路由建立的过程如下。

(1) RN+ 结点创建一个路由请求分组(RREQ),并向周围结点进行广播。

(2) 收到 RREQ 的中间结点根据自身情况进行转发处理(在转发前需计算邻居结点与本结点之间的链路开销,并加到 RREQ 中的路由成本上):

* 如本结点是一个 RN- 结点,则按照簇树路由转发 RREQ。
* 如本结点是一个 RN+ 结点,则根据 RREQ 记录相应的路由发现信息和路由表项(在路由表中建立一个指向源结点的反向路由),并继续广播此分组。

(3) 一旦 RREQ 到达目的结点(当目的结点不具有完整路由功能时,则到达其父结点),此结点向源结点回复一个路由响应分组 RREP(RN- 结点也可以回复 RREP,但不记录路由信息),RREP 应沿着已经建立的反向路由向源结点传输。

(4) 收到 RREP 的中间结点建立起到目的结点的正向路由,并更新相应的路由信息,然后继续向源结点方向转发 RREP。转发 RREP 前需计算路由成本。

(5) 当 RREP 到达源结点时,路由建立过程结束。

下面给出一个路由建立过程的例子,如图 21-6 所示,其中结点 0 为网络的协调器,设网络已形成以结点 0 为根结点的树形拓扑结构。某时刻结点 2(设为 RN+ 结点)需要向结点 9 发送分组,但没有到达结点 9 的路由信息,为此,发起路由建立过程:结点 2 创建一个 RREQ 分组,并向周围结点广播此分组。

174

如图 21-7 所示，结点 8（设为 RN－结点）由于不在去往目的结点的路径上，因此只能转发 RREQ 给父结点 2，结点 2 拒绝此 RREQ 分组。

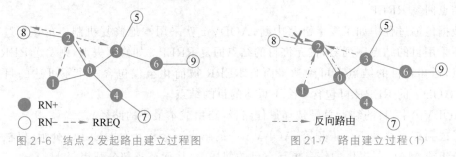

图 21-6　结点 2 发起路由建立过程图　　　　图 21-7　路由建立过程（1）

结点 0、1、3 收到 RREQ 后，建立起到结点 2 的反向路由。

如图 21-8 所示，结点 0、1、3 继续广播 RREQ（广播方向排除结点 2）。

由于结点 0、1、3 都已收到过此 RREQ，因此它们均拒绝彼此转发的 RREQ。假设结点 4 首先收到结点 0 的 RREQ，所以拒绝结点 3 转发的 RREQ。

如图 21-9 所示，结点 6 建立起到结点 3 的反向路由；结点 4 建立起到结点 0 的反向路由。由于结点 5 是 RN－结点，不是目的结点，因此结点 5 将 RREQ 发送给它的父结点 3，被结点 3 拒绝。同样，结点 4 拒绝了结点 7 的 RREQ。

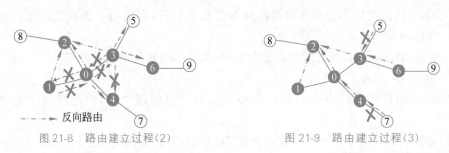

图 21-8　路由建立过程（2）　　　　　　图 21-9　路由建立过程（3）

如图 21-10 所示，假设结点 9 不是路由结点，而结点 6 发现 RREQ 中的目的结点是其子结点 9，它代替结点 9，沿着反向路径，向源结点 2 回复一个 RREP。

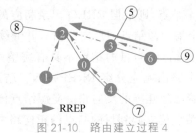

图 21-10　路由建立过程 4

收到 RREP 的结点建立起到目的结点的正向路由。

RREP 到达源结点 2 后，路由建立过程结束，此后数据分组沿着路径 2-3-6-9 进行传输。

第 22 章　6LoWPAN

22.1　概述

1. 传统 WSN 与互联网互联的模式

当前的 WSN 包括 ZigBee 在内,网络层都不采用 IP(网际协议),而是采用各自的私有协议(包括路由协议、报文格式等),在互联网上不能通用,无法直接和互联网互联。如希望把 WSN 和互联网互联,目前必须使用网关(如汇聚结点)在应用层上实现从 WSN 到互联网的"翻译",如图 22-1 所示。相关内容参见 3.3 节。

图 22-1　WSN 连接互联网的通信模式

采用这种方式时,对于用户来说,WSN 本身是一个未知不透明的私有网络,互联网用户无法直接访问其中的结点。随着 WSN 应用的不断增多,业务的不断复杂,势必增加网关的复杂性,对效率产生巨大的影响。

2. 6LoWPAN 的提出

6LoWPAN(IPv6 over Low Power Wireless Personal Area Network)的出现,为 WSN 与互联网互联带来了良好的机遇。6LoWPAN 实现了 IPv6 网络与基于 IEEE 802.15.4 标准的 WSN 的互联互通,从根本上解决了传感器结点接入互联网的问题。

之所以将互联技术定位于 IPv6 是出于如下考虑:IPv6 提供了海量的 IP 地址,对于规模和应用范围不断扩大的 WSN 来说,IPv6 可以做到游刃有余。

IPv6 和 IPv4 相比,最显著的变化是地址空间的极大扩展,IP 地址从 IPv4 的 32 位增加到 128 位。理论上,IPv6 拥有 2^{128} 个地址,即 10^{38} 之多,地球上每平方米可分到 10^{16} 个 IPv6 地址。这样巨大的地址空间将彻底解决 IPv4 地址耗尽的难题。

为了有效地表示 128 位地址,IPv6 引入了冒号十六进制的网络地址表示方法。

冒号十六进制表示方法的形式为:x:x:x:x:x:x:x:x,其中每个 x 都是一个 4 位长度的十六进制数,如 FF26:02C6:0000:0000:49A3:0000:036b:0008。

为简化 IPv6 的地址表述,常用两个冒号(::)表示一串连续的 0,并省略其他部分无异议的 0,则上述地址可写为 FF26:2C6::49A3:0:36b:8。其中 0 代表 0x0000,8 代表 0x0008。需要注意的是,不能使用::精简两处或更多的地址部分,否则将会造成歧义。

IPv6 地址也分为两部分,即网络地址部分和主机地址部分,网络地址部分采用前缀表达法书写。例如,FF26:2C6:0::/48 表示地址的前 48 位为网络地址。

3. 6LoWPAN 概述

IETF 于 2004 年 11 月专门成立了 6LoWPAN 工作组,进行 6LoWPAN 的标准化工作。标准的 IPv6 协议无法直接应用于 WSN,这是因为:

- WSN 的结点一般是低功耗、低存储空间的嵌入式结点,但标准的 IPv6 协议对资源的要求大大超过这些结点的能力,因此需对 IPv6 协议进行必要的裁剪。
- 标准的网络协议栈的设计必须与应用无关,这样才能保证不同的 WSN 之间可以相互通信,这与无线传感器网络"与应用相关"的特点是不一样的。

为此,6LoWPAN 的做法是在 IP 层和数据链路层之间加入适配的机制。

多家公司/科研机构进行了 6LoWPAN 协议的研发,如瑞士计算机科学院的 uIPv6 协议栈、美国加州大学伯克利分校研发的 Tiny OS 嵌入式操作系统下的 BLIP 协议栈、Sensinode 公司的 Nano Stack 协议栈等。

【案例 22-1】　基于 6LoWPAN 的智能照明设备

这款产品由恩智浦半导体有限公司研制,如图 22-2 所示。产品中的设备包括住宅内的紧凑型荧光灯、LED 灯泡、智能插座和显示面板,每件家用电器都拥有独立的 IPv6 地址。可以通过智能手机和平板电脑构建家庭的室内网络。※

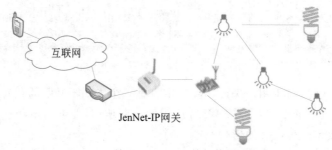

图 22-2　基于 6LoWPAN 的智能照明设备

22.2　6LoWPAN 的网络结构和体系结构

1. 6LoWPAN 的网络结构

1) 基本的 6LoWPAN 结构

如图 22-3 所示,网络是一群 6LoWPAN 结点的集合,这些结点可以是 IEEE 802.15.4 中的 RFD 或 FFD,但都应该有一个唯一的 IPv6 地址。这些结点共用一个 IPv6 地址前缀(网络地址部分),即 IPv6 地址的前 64 位相同。

6LoWPAN 通过边界路由器(或称边缘路由器)连接到目前的互联网,每个 6LoWPAN 内都包含一个或者多个边界路由器。

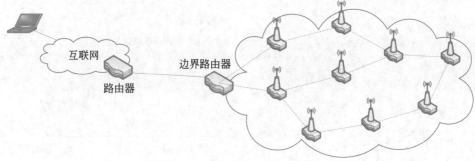

图 22-3　基本的 6LoWPAN 结构

边界路由器的作用非常关键：

- 具有通常边界路由器的作用,参与到网络内的路由和网络间的路由。
- 完成一些特定的转换工作：6LoWPAN 毕竟不是完全的 IPv6 网络,边界路由器需完成 WSN 和标准 IPv6 网络间协议的转换；另外,如果 6LoWPAN 连接的是 IPv4 网络,那么边界路由器还须完成 IPv6 和 IPv4 协议之间的转换。
- 6LoWPAN 内所有结点的 IPv6 地址前缀,都是由边界路由器分配的。
- 6LoWPAN 的结点可以自由地从一个 6LoWPAN 移动到另一个 6LoWPAN 中,结点需要事先向边界路由器完成注册。

2）6LoWPAN 类型

共有三种不同类型的 6LoWPAN,分别是简单 6LoWPAN、扩展 6LoWPAN 和 Ad-Hoc 6LoWPAN,如图 22-4 所示。

简单 6LoWPAN 即基本 6LoWPAN,通过边界路由器连接到互联网上。

扩展 6LoWPAN 包括了多个简单 6LoWPAN,它们通过本地网络(例如以太网)连接起来。

在无基础设施的环境下,网络可以作为一个 Ad-Hoc 6LoWPAN 来工作。这种类型需要一个路由器被配置为简单的边界路由器,它只需要实现两个基本的功能：唯一的本地地址的生成、6LoWPAN 邻居发现注册功能。从网内的结点看,网络就像一个简单 6LoWPAN,但它并没有路由到其他网络的功能。

2. 6LoWPAN 的体系结构

6LoWPAN 的体系结构如图 22-5 所示,其中物理层和数据链路层(主要是 MAC 子层)采用了 IEEE 802.15.4 的相关标准。

6LoWPAN 在网络层和数据链路层之间引入一个特殊的适配层,实现底层网络(基于 IEEE 802.15.4 的通信协议)与互联网(基于 IPv6 协议)的相互融合。前面讲到的很多转换工作都是由这个适配层完成的,从而让 IPv6 协议感觉不到数据链路层协议的特殊性,似乎面对着一个普通的物理网络。

互联网控制管理协议之版本 6（Internet Control Management Protocol version 6,ICMPv6)是为了辅助 IPv6 网络正常工作而配套的协议,具有差错报告、网络诊断、邻居结点发现等功能。

6LoWPAN 在传输层只采用了 UDP,TCP 的性能、效率和复杂性使得它基本不被 6LoWPAN 所使用。

177

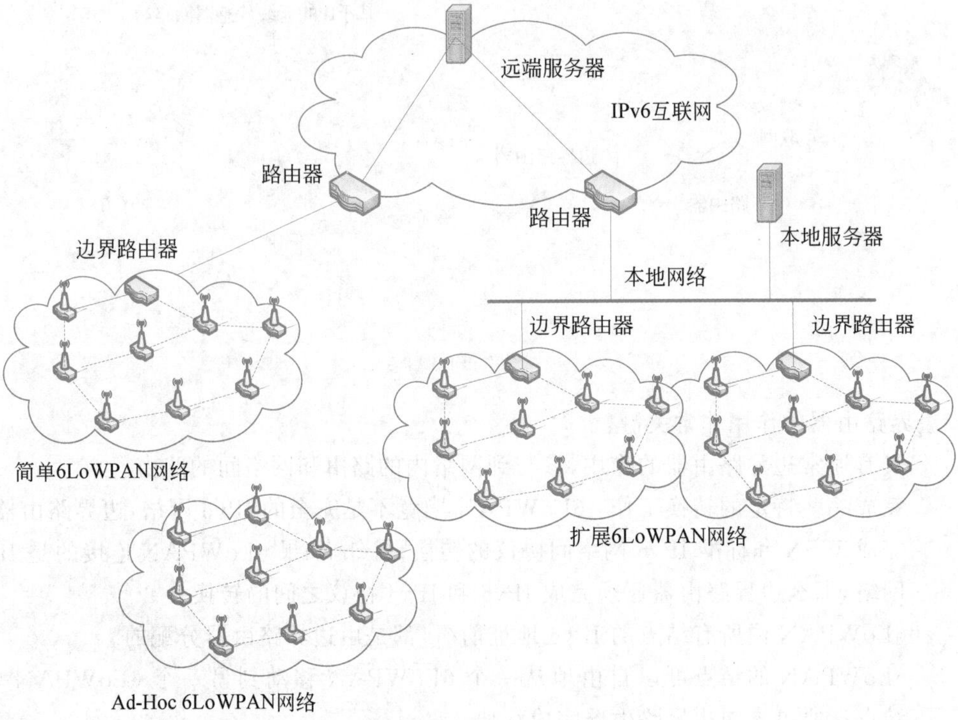

图 22-4　6LoWPAN 类型

同样,因为结点处理能力有限,6LoWPAN 的应用层协议常常是针对特定应用的,并应尽量采用二进制格式。

在存在适配层的情况下,边界路由器需要实现类似于如图 22-6 所示的协议栈。

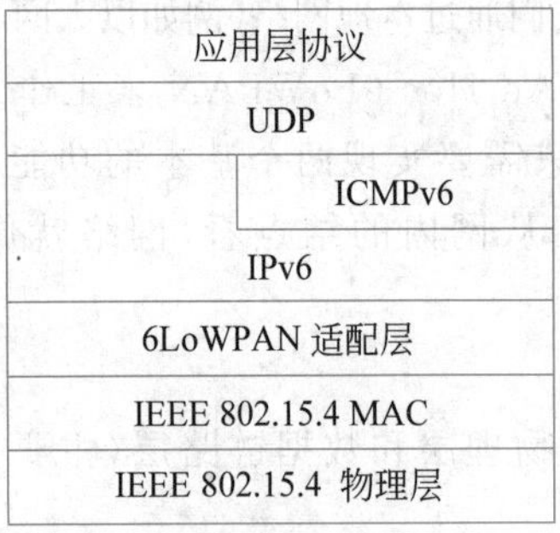

图 22-5　6LoWPAN 的体系结构

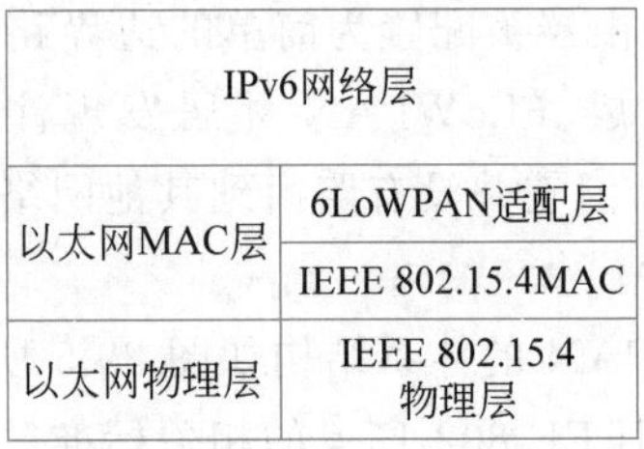

图 22-6　边界路由器的协议栈

22.3　6LoWPAN 的工作

1. 主要工作

1) 分片和重组

IPv6 的最大有效载荷为 65535B,而 IEEE 802.15.4 的最大传输单元为 127 字节(数据负载更小),所以,当使用 IEEE 802.15.4 的帧格式封装 IPv6 的报文时,必须在发送端进行数据的分片,在接收端进行数据的重组。这个工作由适配层完成。

2）首部压缩和解压缩

IEEE 802.15.4 的帧能够提供的数据负载很小,而 IPv6 的报文首部较大(网络层的首部对于数据链路层是负载的一部分),如果直接封装原有的 IPv6 报文首部,效率过低。因此有必要对 IPv6 的报文首部进行压缩。

3）地址自动配置

作为 WSN 的技术之一,6LoWPAN 中的结点不太可能事先设置好 IP 地址,因此需要采用 IP 地址的自动配置。

4）网络拓扑管理

IEEE 802.15.4 协议支持包括星形拓扑、树状拓扑及 Mesh 拓扑等多种网络拓扑结构,但是数据链路层协议并不负责这些拓扑结构的形成,它仅提供相关的功能性原语。适配层协议必须负责以合适的顺序调用相关原语,完成网络拓扑的形成,包括信道扫描、信道选择、PAN 的启动、接受子结点的加入、分配地址等。

5）路由协议

6LoWPAN 必须在数据链路层之上提供合适的多跳路由协议。

2. 邻居发现

WSN 的组网过程通常没有人工的干预,所以网络自动配置功能就显得十分重要了。IPv6 提供的自动配置功能比 IPv4 强大,包括重要的邻居发现协议,其主要功能是发现相邻结点。但是,IPv6 的邻居发现协议并不能直接应用在 6LoWPAN 中,需要对现有的邻居发现协议进行一定的改进。

- IPv6 的邻居发现需要进行多播,而 WSN 采用无线传输方式,多播的实现较为困难,或者耗能过大。
- WSN 一般不存在保存/维护网络信息的中心服务器,因此像 DHCP(参见第 33 章中的动态主机配置协议)这样的配置方案不适用于 WSN。
- WSN 结点一般受能量的限制,而传统的地址自动配置方案会给整个 WSN 带来能量和带宽消耗的增加、通信延迟的增加,以及存储空间占用的增大。

为此,6LoWPAN 工作组定义了 6LoWPAN 邻居发现(6LoWPAN-ND)协议。

边界路由器首先向互联网获取 6LoWPAN 的网络前缀,网络内部的路由器从边界路由器(或者自己的父结点)获得网络前缀,终端结点则从最近的路由器获得网络前缀。在邻居发现协议里:

- 路由器周期性地发送路由通告信息,结点通过接收通告获得网络前缀。
- 结点可以自己发送路由请求信息主动请求。

图 22-7 描述了在 6LoWPAN 中,结点使用邻居发现协议进行地址注册的过程。结点首先通过路由请求从路由器获得本地网络的地址前缀,形成一个 IPv6 地址。然后结点向边界路由器发送结点注册信息,边界路由器返回确认信息进行确认,这样结点就完成了向边界路由器的注册过程。此后就可以进行数据的通信了。

3. 报文首部压缩

IEEE 802.15.4 标准提供的最大传输单元(MTU)为 127 字节,但这 127 字节不可能全部用来传输数据,如果不经特殊处理,数据负载只剩下 81 字节。扣除 IPv6 首部(40 字节)之后,只剩下 41 字节。再扣除传输层协议的首部(UDP 为 8 字节),最后留给应用层

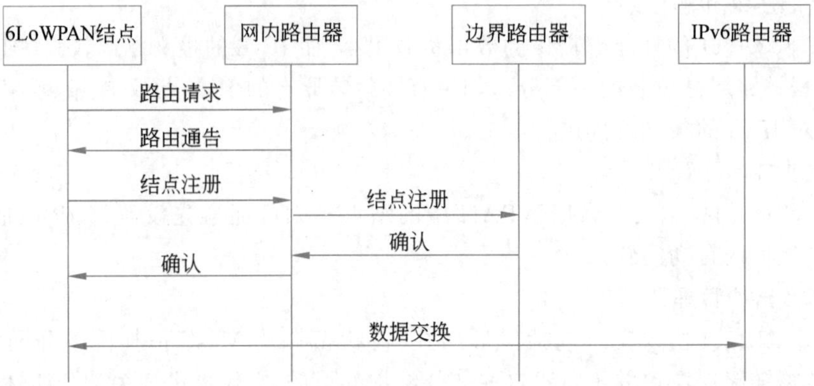

180

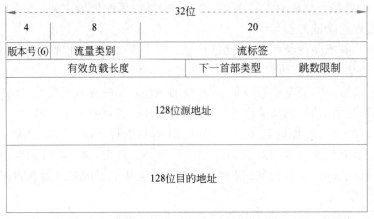

图 22-7　邻居发现协议

的只有很小的负载容量。

因此，6LoWPAN 适配层可以选择性地对 IPv6 首部、UDP 首部等信息进行压缩。

6LoWPAN 工作组提出了无状态首部压缩技术 LoWPAN-HC1（Head Compression 1）和 LoWPAN-HC2，以及基于上下文的首部压缩技术 LoWPAN-IPHC 和 LoWPAN-NHC。前者仅能对本地链路地址进行有效压缩，后者可以实现对全球单播、任播和多播地址的有效压缩。下面主要介绍无状态首部压缩技术。

无状态首部压缩技术充分利用了同一个 6LoWPAN 网络共享的状态信息，具体包括对 IPv6 报文首部（IPv6 首部基本格式见图 22-8）以下部分进行的考虑：

32位		
4　　　　8		20
版本号(6)　流量类别		流标签
有效负载长度	下一首部类型	跳数限制
128位源地址		
128位目的地址		

图 22-8　IPv6 首部基本格式

- 版本号：在网络中，版本号字段为固定值 6，所以此字段可省略。
- 流量类别和流标签：此字段可压缩。
- 有效负载长度：可以用 IEEE 802.15.4 的帧长度字段推断出报文的长度，所以该字段可省略。
- 下一首部类型：其可能取值仅限于 UDP、TCP、ICMP 三种，该字段可压缩。
- 源地址和目的地址：在同一个 6LoWPAN 网络中，网络前缀是固定的，剩余部分（接口 ID，类似于主机地址）可以通过 MAC 地址转换得到，所以该字段可省略。

在 IPv6 报文首部中，唯一不能被压缩的字段是跳数限制（Hop Limit），它需要在非压缩域中完整传输。于是，LoWPAN-HC1 首部压缩编码如图 22-9 所示。

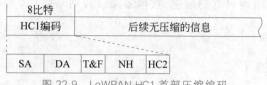

图 22-9　LoWPAN-HC1 首部压缩编码

- SA：用于标识源地址的接口 ID、网络前缀是否省略。
- DA：用于标识目的地址的接口 ID、网络前缀是否省略。
- T&F：用于标识流量类别和流标签字段是否压缩，0 表示对应字段未压缩，1 表示对应字段值均为 0。
- NH：用于标识下一首部为何种类型，且是否压缩，00 代表未压缩，01 为 UDP，10 为 ICMP，11 为 TCP。
- HC2：和 NH 字段一起使用。若为 0，则表示首部压缩编码结束；若为 1，则表示其后的数据为 LoWPAN-HC2 编码。

通过这样的压缩方法，可以把 IPv6 首部长度从 40 字节压缩到最短 2 字节，即 HC1 首部压缩编码一字节、跳数限制一字节。

同样，可以采用 LoWPAN-HC2 对 UDP 数据报的首部进行压缩（6LoWPAN 基本不用 TCP），可以将 UDP 报文首部长度由 8 字节压缩至最短 4 字节，具体不再介绍。

采用压缩方法后，在最大压缩情况下，有效载荷可得到很大的提高。

对于本地网络来说，LoWPAN-HC1 的压缩技术是有效的。但如果位于不同网络上的结点需要通信，报文中就应该包含全球可路由的地址，此时 LoWPAN-HC1 压缩技术的作用就非常有限了，因此需要一种能够对全球可路由 IPv6 地址进行有效压缩的技术，LoWPAN-IPHC 就是针对这种情况的。感兴趣的读者可以自己查找资料。

22.4　路由算法

22.4.1　路由算法分类

6LoWPAN 的路由算法一般指在单个 6LoWPAN 中执行的路由算法，从这个角度看，有点像互联网中提到的内部网关（实际上是路由）协议。

6LoWPAN 的路由算法有多种分类方法，其中依据路由决策过程是在适配层中实现还是在网络层中实现，可以将路由算法划分为三类：Mesh-Under 路由算法、Router-Over 路由算法和混合路由算法。

1. Mesh-Under 路由算法

Mesh-Under 路由算法，是指在网络层之下构建 6LoWPAN 的无线多跳路由，即计算路由的过程在适配层完成，网络层不执行任何路由决策过程，只进行收发，从网络层看，像是邻接点之间的单跳传输。

这类算法在适配层使用数据链路层的地址进行路由，也就是使用 IEEE 802.15.4 中的 16 位短地址或 48 位长地址作为路由的目的地址和下一跳地址。Mesh-Under 路由机制的模型如图 22-10 所示(图 22-10 中的中间结点往往是传感器网络的结点,也具有完整的协议栈,而传统的路由器只有物理层、数据链路层和网络层)。

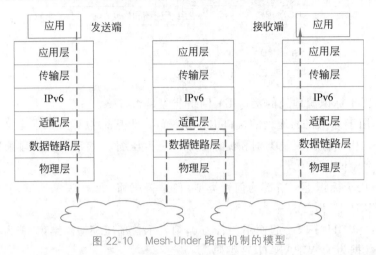

图 22-10 Mesh-Under 路由机制的模型

下面通过简单的例子介绍这类路由算法下的数据发送过程。假设 6LoWPAN 中(见图 22-11),结点 A 发送报文至结点 C,需要经过结点 B 的转发。

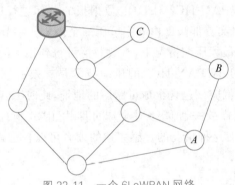

图 22-11 一个 6LoWPAN 网络

首先 A 的适配层对 IP 报文进行压缩、分片,形成三个数据分片 x、y、z。然后 A 查询路由表,找到下一跳结点(B)的数据链路层地址,把三个数据分片以三个数据帧(x'、y'、z')的形式依次发送出去。

数据帧经过 B 时,B 对三个数据帧基本不执行额外的操作,按照路由表进行转发即可。三个数据帧最终被传送至目的结点 C 时,结点 C 在数据链路层去除帧首、帧尾,交给适配层,在适配层对接收的三个数据分片进行解压缩、重组,形成完整的报文,向上传送数据给 IP 层。

在整个数据发送过程中,中间结点 B 因为不涉及网络层,所以不需要对各个数据分片进行解压缩、重组为完整的 IP 报文、提取 IP 地址并经过查表(获得下一跳方向)后再进行分片和压缩等一系列复杂的过程,这样便提高了 6LoWPAN 的效率。

但是考虑这种情况,6LoWPAN 规模较大,分组分片后均需经过多跳路由到达目的结点,若其中一个分片(假如是 y)在传输过程中出现了错误或丢失,则只有在其他分片(x、z)均到目的结点后,目的结点经过重组过程才能够发现错误。因此,当网络规模较大,跳数较多时,此类算法会导致分组传输的延时和错误率的急剧增长。

Mesh-Under 路由协议如 LOAD 和 DYMO-low 等,多由 AODV 路由协议简化而来。

2. Router-Over 路由算法

Router-Over 路由算法是指在 IP 层上构建无线多跳路由将数据报文传送至目的结点,即在 IP 层执行路由的决策。Router-Over 路由机制的模型如图 22-12 所示。

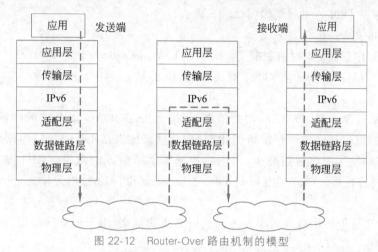

图 22-12 Router-Over 路由机制的模型

Router-Over 路由算法使用 IPv6 地址标识网络的结点,并且使用结点的 IPv6 地址进行寻址和数据转发。此外,还可以利用 ICMPv6 报文对 6LoWPAN 网络进行配置和管理,并可以使用现有的网络安全技术。

依旧以图 22-11 为例,结点 A 向结点 C 发送信息,A 查询路由表,对 IP 报文分片后,将形成的每一帧传送给结点 B。

B 的适配层对接收到的每一帧数据进行解压缩和判断,直到属于同一原始报文的所有数据帧均接收完毕(即 x'、y'、z' 全部收全)再进行重组,形成完整的原始 IP 报文,递交给自己的 IP 层。IP 层判断报文是否为发给自身的,若是,就把信息提交给自己的传输层;若不是,则查找路由表,在适配层对 IP 报文重新压缩、分片,把新生成的每一帧(x''、y''、z'')独立传送给结点 C。

与 Mesh-Under 路由机制相比,Router-Over 路由机制的传输方式显然增加了中间结点的负担,但可以及早地发现数据传输中的丢包、出错现象,较早启动数据报文的重传。

典型的 Router-Over 路由算法为 6LoWPAN 工作组中的 ROLL 小组所制定的 RPL (Routing Protocol for Low power and lossy networks)路由协议(RFC 6550)。

22.4.2 RPL 路由协议

1. 概述

1) DODAG

RPL 是针对低功耗网络而设计的基于 IPv6 的距离矢量路由协议,能充分考虑结点和链路的特性(如能量、内存、链路可靠性、链路延时、链路带宽等),支持单播、多播、广播三种通信模式,并能在网络拓扑发生变化(如结点链路故障、结点移动等)时自适应、动态地计算新的路径。

RPL 下，网络被看作一个或多个有向无环图（Destination Oriented Directed Acyclic Graph，DODAG）的集合，DODAG 只有一个根结点。根结点可以充当网络的边界路由器。每个结点根据一定的策略，计算出一个 Rank 值，用于标识本结点与根结点的位置远近，在上行（趋向根结点）方向上严格递减。一个简单的 DODAG 示例如图 22-13 所示。

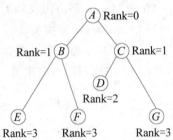

图 22-13 简单的 DODAG 示例

2）控制报文

RPL 定义了三个主要的控制报文：DIO（DODAG 信息对象）报文、DAO（目的通告对象）报文、DIS（DODAG 信息请求）报文。

DIO 报文包含了 DODAG 的相关信息，用来通告 DODAG 以及它的特征，因此可用于 DODAG 的组建和维护。在网络变化期间，会频繁地发送 DIO 报文；当网络较为稳定时，DIO 报文的发送应该适当减少，以限制控制报文所造成的流量。DIO 报文通常采用多播的方式进行传播。结点通过解析 DIO 报文，可获取网络的相关信息，从而进行父结点的选择。

DAO 报文是子孙结点向根结点方向进行通告的报文，用于记录这条通告路径上的信息，即路由信息。

DIS 报文用于向邻居结点请求 DIO 报文，结点可以使用 DIS 报文发现附近 DODAG 中的邻居结点。

3）路由度量与约束

RPL 根据路由度量与约束构建 DODAG。

- 路由"约束"作为过滤条件，删除不满足应用要求的链路或结点。
- 路由"度量"用来定量地评价路径开销。

RPL 路由协议定义的路由度量与约束包括以下内容。

- 结点状态与属性：如结点的工作负载。
- 结点能量：在网络中应尽量避免选择能量较低的结点作为路由器结点。结点能量既可作为约束，又可作为度量。
- 跳数：用来通告路径所经过结点的数目，既可作为约束，又可作为度量。作为约束时，该信息为路径能经过的最大跳数，当达到此值时，其他结点不能加入此路径。
- 吞吐率：用来反映链路的传输容量，既可作为约束，又可作为度量。
- 时延：既可作为路由约束，又可作为路由度量。
- 链路质量等级：用来量化链路的可靠性。
- 链路特征：用来标识链路的特征，如加密链路或者时间敏感链路。

4）RPL 路由协议的工作阶段

6LoWPAN 通常不会预先定义好网络拓扑结构，所以，RPL 路由协议必须能够发现链接，并且选择邻居结点，以建立和维护网络的拓扑结构。网络中的结点通过交换 DIS、DIO 和 DAO 三个控制报文建立网络的拓扑和路由，这个过程分为两个阶段：第一个阶段为 DODAG 的构建；第二个阶段为 RPL 下行路由的构建。

2. DODAG 的构建

RPL 路由协议依据邻居发现协议来构建 DODAG。

首先,DODAG 中的根结点广播 DIO 报文,其中携带了 DODAG 的相关信息,以及根结点 Rank 值等信息。

根结点的邻居结点接收并处理 DIO 报文,并且依据广播路径开销、DODAG 特点等决定自己是否加入这个 DODAG 中(结点也可以主动发送 DIS 报文,请求邻居结点发送 DIO 报文)。若结点决定加入这个 DODAG 中,则根结点就成为此结点的父结点。结点会执行以下操作。

(1) 将 DIO 报文发送者作为自己的父结点,并记录其中的地址信息。

(2) 根据相关信息计算自身的 Rank 值。

(3) 对 DIO 报文中的值进行更新,并向自己的邻居结点广播 DIO 报文。

所有邻居结点重复上述过程。最终所有结点都拥有自己的父结点,并将父结点作为上行(趋向根结点)方向路由的下一跳结点,整个 DODAG 的构建完成。

若结点已加入 DODAG 中,在某时刻又收到新的 DIO 报文,则存在以下三种处理情况(见图 22-14)。

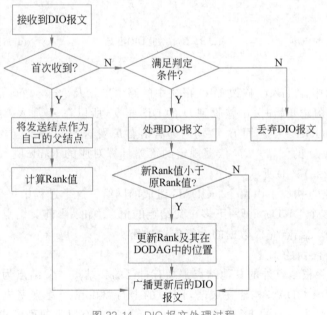

图 22-14　DIO 报文处理过程

- 丢弃 DIO 报文。
- 依据 DIO 报文的内容,保持结点在 DODAG 中所处的位置不变。
- 根据 DODAG 的特点和目标函数改变自身在 DODAG 中所处的位置,并重新计算 Rank 值。

下面以图 22-15 为例,介绍 DODAG 的构建过程。

图 22-15(a)为初始化时的情形。R_0、R_1 被设为根结点,A 和 B 在 R_0 的通信半径内,B 和 C 在 R_1 的通信半径内。

图 22-15(b)中,R_0、R_1 分别广播 DIO 报文。A 收到 R_0 的 DIO 报文,B 收到 R_0、R_1

的 DIO 报文，C 收到 R_1 的 DIO 报文。A 和 C 仅收到一个 DIO 报文，所以分别选择 R_0 和 R_1 为自己的父结点。B 依据规定的策略计算 Rank 值，最终选择 R_0 为自己的父结点。

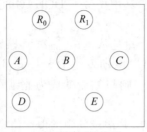

(a) 初始化时的情形

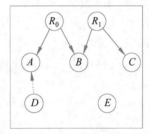
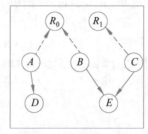
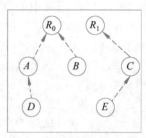

(b) R_0、R_1 广播DIO报文   (c) B、C向E发送DIO报文   (d) 最终情形

图 22-15　DODAG 构建示例

图 22-15(c)中，A、B、C 修改 DIO 报文中的路由度量及 Rank 值等信息，继续进行广播。假设在网络构建开始时，A 曾收到 D 的 DIS 报文，所以在 A 加入 DODAG 后会邀请 D 加入对应的 DODAG 中。而 B、C 均向邻居结点 E 发送 DIO 报文。

最终 A 成为 D 的父结点，E 依据规定的策略计算对应的 Rank 值，选择 C 作为自己的父结点，如图 22-15(d)所示。

至此，所有结点构成了由两个 DODAG 组成的网络。这个过程中可采用一定的技巧，例如，结点收到多个 DIO 时，可留下多个父结点的信息，如果当前父结点的路径因故不通时，可选择另一个父结点完成数据的上行传送过程。

3. RPL 下行路由的构建

DODAG 中除根结点外的其他结点都拥有自己的父结点。父结点为本结点上行路由的下一跳结点，当 DODAG 构建完成时，RPL 的上行路由已经建立完成。但还需要考虑从根结点到子孙结点方向的下行路由。RPL 的下行路由有以下两种模式。

- 存储模式中，所有网络结点都保存下行方向的路由表。
- 非存储模式中，仅有根结点保存下行方向的路由表。

1）存储模式

当结点收到 DIO 报文并决定加入对应的 DODAG 后，向父结点发送 DAO 报文，报文中含有经过该结点可以到达的地址信息。父结点收到子结点的 DAO 报文后，解析报文中的地址信息，然后向自身的路由表中添加相应的路由表项。最后给其自身的父结点传送更新后的 DAO 报文。最终整个下行的路由表就可以建立起来了。

2）非存储模式

当父结点接收到子结点的 DAO 报文后，不向自身的路由表添加相应的路由表项，而是直接将 DAO 报文转发给它的父结点。当根结点收到网络中所有结点发送的 DAO 报文后,就建立了覆盖 DODAG 中所有结点的下行路由。当网络中需要进行下行数据发送时,根结点查找路由表项,构建源路由并附带在数据报文中(把报文所需经过的路径写在报文中)。

两种模式下,发送数据过程的不同如图 22-16 所示。同样是从 D 发向 G 的报文,存储模式下报文可直接沿着 $D\text{-}F\text{-}G$ 发送,而非存储模式下,需要先把报文向上发给根结点 R_0,由 R_0 构造源路由,把路径信息写入报文,再沿着 $C\text{-}D\text{-}F\text{-}G$ 的路径发送。

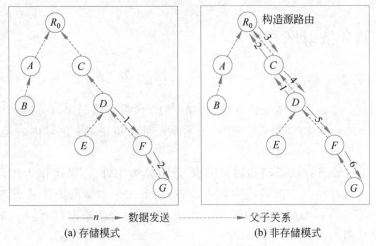

图 22-16   RPL 下行路由的构建

虽然第一种模式传输延迟小,但是每个结点都需要记住路径信息,这对于资源贫乏的传感器结点来说,也是一个不能不考虑的因素。

4. 环路的防止

当 RPL 网络结构变化时,可能出现路由环路(此环路和坏消息传输得慢的环路问题不相同,后者见第 18 章,这里的环路是指路径本身的环路)。数据在环路中循环传输会导致数据无法到达目的结点,并引起网络拥塞,浪费资源。

鉴于环路的出现和影响是短暂的,而重建 DODAG 和路由会带来较大的能量损耗,所以 RPL 仅采用环路避免与检测机制来最大限度地减少环路的出现。

1)环路避免

RPL 使用以下规则减少环路。

• 任何结点不能将深度更大(Rank 值比自身大)的结点当成自己的父结点。

• 结点不能让自己在 DODAG 图中的层次降低。

2)环路检测

RPL 协议通过在报文的首部中设置相关信息位(设为 I)进行路由环路的检测。

例如,当结点需要把数据报文发送给自己的子结点时,首先把 I 信息位设置为下行方向,然后将报文发送至下一跳结点。后续结点检测 I 信息位并查找路由表,若路由方向和 I 不一致,则判断有环路产生,结点会丢弃分组,并触发网络修复机制。

3)网络修复机制

在结点或链路失效后,RPL 会启动网络修复机制,分为本地修复机制和全局修复机制。当结点所有上行路径均无效时,启动本地修复。若本地修复有损网络最佳运行时,则启动全局修复。

第 23 章　其他无线自组网

23.1　蓝牙散射网

23.1.1　概述

蓝牙可通过共享设备把多个独立的、非同步的微微网连接起来,形成一个范围更大的散射网(Scatter Net,或称扩散网)。这样,更多的蓝牙设备在某个区域内一起自主协调工作,相互间通信,形成一个自组织网。

任意一个蓝牙设备在微微网和散射网中,既可作为主设备,又可作为从设备,还可以同时兼作主、从设备(在一个微微网中作主设备,在另一个微微网中作从设备,如图 23-1 中的 M/S),但不能在两个微微网中都作为主设备,如两个微微网拥有同一个主设备,就变成了一个微微网。

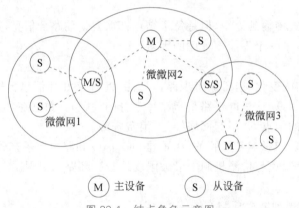

图 23-1　结点角色示意图

连接多个微微网的结点称为桥结点,或者网关结点。

- 桥结点可在多个微微网中都充当从设备,称为从/从桥(见图 23-1 中的 S/S)。
- 桥结点可在一个微微网中充当主设备,在其他微微网中充当从设备,称为主/从桥(见图 23-1 中的 M/S)。

虽然蓝牙规范中允许设备充当多重角色,但每个设备同时只能在一个微微网中进行通信(因为不同微微网中的时间和跳频序列是不同的)。一个设备要想与其他微微网(设为 B)中的设备进行通信,必须先放弃当前微微网中的角色,改变自己的时间和跳频序列,实现和 B 的同步,成为 B 的成员。

由于每次转换网络进行的切换会带来一定的延迟,为提高网络效率,需要蓝牙调度策略保证桥结点在不同微微网之间传输数据的同时,减少其切换的次数。

23.1.2　散射网拓扑形成和路由算法

在蓝牙协议未对散射网的形成和通信做出统一的规范之前,已有许多学者提出多种蓝牙自组网的形成/路由算法。蓝牙特别兴趣小组于 2017 年推出蓝牙网状网(称为 BLE Mesh,而原始版本被称为经典蓝牙),BLE Mesh 采用了发布/订阅模型(参见 33.3 节),但使用泛洪的通信方法发布和中继消息。

下面主要对 BLE Mesh 之前的一些散射网的组网和路由算法进行介绍。

1. BTCP 算法

BTCP 算法采用分布式逻辑构建蓝牙散射网,它假设:

- 所有结点都在相互的通信范围内,属于单跳算法。
- 每个桥结点只能连接两个微微网,且任意两个微微网都可以互联。
- 整个散射网的结点数不能多于 36 个。

可见,BTCP 算法对散射网的要求过高,具有很大的局限性。

根据以上假设,BTCP 设定微微网的个数为

$$P = \left\lceil \frac{17 - \sqrt{289 - 8N}}{2} \right\rceil, \quad 1 \leqslant N \leqslant 36 \tag{23-1}$$

其中,N 为结点数,P 为所需的最少微微网个数,因为每个微微网只能有一个主设备,所以 P 也是最少的主设备数。桥结点的个数为 $P(P-1)/2$。其余设备为从设备。

BTCP 散射网的形成可分为 3 个阶段:推举协调者阶段、角色确定阶段、连接建立阶段。在推举协调者阶段,设备做如下几方面工作。

(1) 设备持有一个变量 VOTES,初始值为 1。

(2) 设备随机进入查询或查询扫描模式,当两个设备相互发现时,比较它们的 VOTES,VOTES 值大的设备获胜(若相等,则蓝牙地址较大的设备获胜)。

(3) 负者将自己收集到的其他设备的 FHS(查询响应分组,包含了设备的标识和时钟信息等)送给获胜者,负者进入寻呼扫描状态,终止本阶段工作。

(4) 获胜者接收负者的 FHS 包,并将负者的 VOTES 值加到自己的 VOTES 值上,若在规定时间内无法再发现其他设备,则转向(5),否则转向(2)。

(5) 某设备发现自己的 VOTES 值最大,成为协调者。

此过程如图 23-2(a)和图 23-2(b)所示。

然后进入角色确定阶段。第一阶段选出的协调者通过式(23-1)计算整个网络所需主设备数和桥结点数,确定各设备在散射网中担任的角色。此时除协调者外,其他设备都处于寻呼扫描状态,协调者通过寻呼程序与各主设备沟通,给后者发送一个连接列表,包含分配给该主设备的从设备、桥结点的信息,如图 23-2(c)所示。

每个主设备收到连接列表后进入连接建立阶段,以寻呼模式与分配给它的桥结点和从设备建立连接,形成蓝牙微微网。桥结点在被通知身份后,参与第一个微微网完毕将再次进入寻呼扫描模式,参与第二个微微网。当每个主设备都从桥结点处得知桥结点已连接两个微微网时,一个蓝牙散射网就形成了,如图 23-2(d)~图 23-2(e)。

2. BlueTrees 算法

BlueTrees 是一个针对多跳情况的散射网生成算法,过程如下。

189

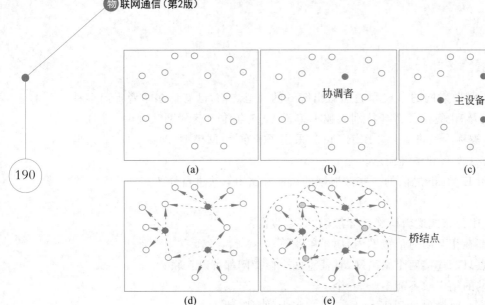

图 23-2 BTCP 散射网形成过程

(1) 协议指定一个根结点,发起散射网的构建。

(2) 根结点以主设备的身份,依次寻呼其相邻设备,被寻呼设备如果没有加入某个微微网中,就接受寻呼,成为寻呼设备的从设备。

(3) 当设备以从设备的身份加入某个微微网后,以扩张的方式联系自己的相邻设备(该设备没有加入其他微微网中)以建立新的微微网,并在新建微微网中担任主设备,从而形成主从桥。

(4) 反复执行(3),直到所有设备都成为某个微微网的成员时,整个散射网的构建过程完成。

最终得到树形拓扑,如图 23-3 所示。

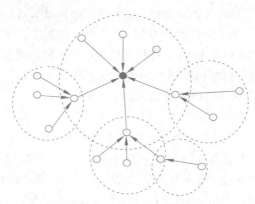

图 23-3 BlueTrees 算法

3. Scatternet-Route 协议

Scatternet-Route 协议与其他协议不同,它不是事先将所有设备互连起来形成一个完整的散射网,而是只在有数据要传输时,才沿着发现的路由临时建立起散射网。当数据传输完毕,该临时的散射网将被撤销。协议属于按需路由协议,具有低功耗的特点。

协议中散射网的形成分两个阶段:基于泛洪的路由发现阶段、反向 Scatternet-Route

形成阶段。

1）基于泛洪的路由发现阶段

当源设备有数据需要发送时，将一个路由发现分组（Route Discovery Packet，RDP）泛洪到整个网络，寻找目的设备。Scatternet-Route 对蓝牙基带层（BB）的 ID 数据包进行扩充，实现消息的泛洪。

2）反向 Scatternet-Route 形成阶段

当目的设备收到第一个 RDP 时，沿着该 RDP 来时的路径（设为 A）反方向回送一个路由应答分组（Route Response Packet，RRP）给源设备，同时启动散射网的形成过程，散射网由路径 A 上的所有设备组成。

如图 23-4 所示，协议采用主-从交替的散射网结构。因为目的设备是反向过程中的第一个设备，所以角色最先确定，是第一个主设备。其后下一跳设备的角色由上一跳设备确定，与上一跳设备的角色相反，即形成了主、从、主、从……这样的交替角色链。

图 23-4　Scatternet-Route 反向过程

在反向过程中，路径上的设备一个接一个地连接起来。当 RRP 到达源设备时，散射网构建完毕。此后，路径上的那些从设备作为从/从桥进行工作。

由于散射网是临时性质的，Scatternet-Route 不需周期性地维护链路，更适用于那些网络拓扑经常变化的情况。但在数据传输的开始，延迟比较长。

4. BAODV 算法

BAODV（Bluetooth AODV）是在蓝牙规范的基础上对传统 MANET 的 AODV 算法进行修改而得到的一种按需路由算法。BAODV 算法可分为 3 个阶段：网络形成阶段、路由请求阶段、路由建立阶段。

1）网络形成阶段

网络中的设备初始化后处于 STANDBY 状态，之后进入网络的初始化，每个设备都启动查询过程，获取周边所有相邻设备的蓝牙地址及时钟同步信息。此后，设备根据获得的邻居信息，寻呼所有相邻设备，建立起以自己为主设备的网络。

如果邻居设备少于 7 个，则主设备建立一个微微网；如果邻居设备多于 7 个，则主设备可将从设备分组（每组不超过 7 个），在不同的时段与不同的组建立起多个微微网。然后，主、从设备通过交换信息后建立邻居设备信息列表，并立即断开连接，之后各个设备处于可连接可发现状态（查询扫描和寻呼扫描状态）。

为了防止邻居设备信息过期，设备每隔一段时间发起一次查询进程，根据查询结果调整自己的邻居设备信息列表。

191

需要注意的是，以上所建网络都是临时性的，都是为了后面临时使用的。

2）路由请求阶段

当源设备希望发送数据时，产生一个蓝牙路由请求 BRREQ，其中包含源设备和目的设备的蓝牙地址，并引入了设备序列号（防止路由环路的产生）和路由请求标识（BRREQ ID，防止中间某设备重复处理该分组）。源设备泛洪该 BRREQ 分组。

中间设备收到 BRREQ 后，通过设备序列号和 BRREQ ID 检查该 BRREQ 是否已处理过，如果没有，则保存一条指向源设备的反向路由，继续泛洪 BRREQ。

在此过程中，每个中间设备首先以从设备的身份等待上一跳的连接，在收到上一跳交付的 BRREQ 后进行转换，以主设备的身份连接所有邻居设备并广播该 BRREQ，如图 23-5 所示。

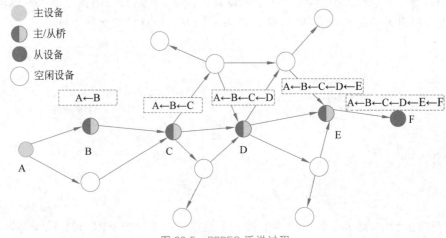

图 23-5　BRREQ 泛洪过程

3）路由建立阶段

目的设备收到 BRREQ 后，保存一条完整的从自己到源设备的反向路由，然后沿着这条反向路由向源设备返回一个路由应答分组（BRREP）。与转发 BRREQ 相同，沿途的设备首先以从设备的身份接收 BRREP 分组，然后以主设备的身份连接下一跳设备并转发 BRREP 分组，如图 23-6 所示。

因为源设备被要求作为主设备，因此在返回 BRREP 的过程中，中间设备根据自己到源设备的跳数确定本设备在后续数据传输时的主从角色。

• 跳数为偶数时，该设备将承担主设备角色。

• 跳数为奇数时，该设备将作为从设备。

当设备转发 BRREP 后，立即进行角色的转换。

当 BRREP 到达源设备后，所有路径上的设备就形成了一条发送数据所需的正向路由，同时路由中各个设备及其角色也已经分配完成，如图 23-7 所示。

5. LARP 算法

位置感知路由协议（Location Aware Routing Protocol，LARP）的目标是利用设备的位置信息显著减少路由跳数，算法假设：

• 设备已经布置完毕，且移动性较小。

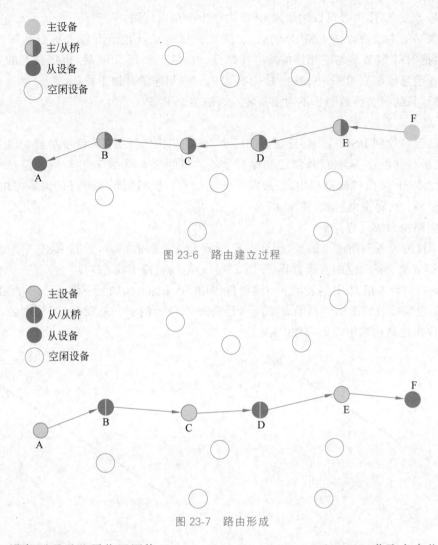

图 23-6　路由建立过程

图例：
- 主设备
- 从/从桥
- 从设备
- 空闲设备

图 23-7　路由形成

- 设备可通过蓝牙位置网络(Bluetooth Location Network,BLN)获取自身位置。
- 每个微微网的主设备维护一张邻居列表,信息包括从设备的蓝牙地址、时钟和位置等信息。
- 当源设备要与散射网中的某个设备通信时,源设备只知道目的设备的蓝牙地址,不知道目的设备的位置信息。

　　LARP 的主要思路是:源设备首先发送一个控制分组到目的设备,从而获取中间设备、中间设备的邻居设备、目的设备等的位置信息,然后根据设备的位置信息对路径进行调整,从而建立起到达目的设备的最短路径。

　　LARP 算法包括:路由寻找(Route Search)、路由应答(Route Reply)和路由重连(Route Reconstruction and Connection)3 个阶段。

　　1) 路由寻找阶段

　　当源设备有数据要发送时,向目的设备泛洪路由寻找分组(Route Search Packet,RSP)。在 RSP 转发过程中,需要记录相关设备的蓝牙地址和位置信息。RSP 分组还包

193

括序列号等信息,序列号可以避免 RSP 泛洪产生的路由环路。

微微网的主设备收到 RSP 分组后,首先把自己的蓝牙地址和位置信息附加到 RSP 中,然后把 RSP 转发到与它相连的所有桥结点。桥结点收到 RSP 后,也把自己的蓝牙地址和位置信息添加到 RSP 中,并把 RSP 转发给与它相连的其他主设备。

最后,目的设备将收到从不同设备转发来的多个 RSP。

2)路由应答阶段

目的设备收到 RSP 后向源设备返回一个 RRP。RRP 包括:源设备与目的设备的蓝牙地址、最终路由设备集、最佳路径和序列号等。目的设备根据 RSP 形成的路径反向传输 RRP。RRP 反向传输过程中,通过路径的缩短和替换机制形成最终的最短路由,可分为 3 个步骤:反向路由形成、替换、缩短。

反向路由形成过程如下。

(1)目的设备利用位置信息,计算出它与源设备之间的距离,并在 RRP 中附上经过目的设备与源设备两点的直线方程(见图 23-8(a)中的粗箭头线 SD)。

(2)目的设备把 RRP 转发给下一跳设备(即 RSP 来源方向的上一跳,后面不再赘述)。

(3)设备接收到 RRP 后,沿着反向路径转发给自己的下一跳设备,路径中的主设备将按照替换规则和缩短规则处理 RRP。

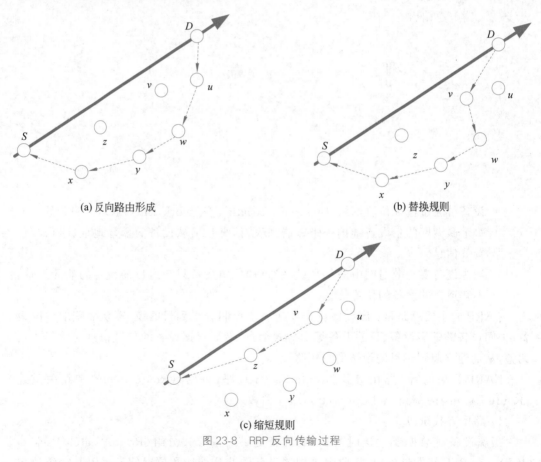

(a) 反向路由形成　　　　　　　　　　(b) 替换规则

(c) 缩短规则

图 23-8　RRP 反向传输过程

(4)重复执行(3),直到 RRP 到达源设备。

（5）源设备收到 RRP 后，源设备到目的设备间的最短路径就形成了。

替换规则如图 23-8(b)所示，主设备 u 计算它所有的从设备（设为 v、w）到直线 SD 的距离。u 找出离直线 SD 最近且在前一跳设备（D）和下一跳设备（w）通信范围内的从设备 v，u 用 v 的地址和位置信息取代自己在 RRP 中的信息。

根据路由缩短规则，如果一个设备 N（主设备或者从设备）离直线 SD 更近，且 N 在 RRP 路径（设路径为 $\{D, \cdots, d_i, \cdots, d_j, \cdots, S\}$，$j > i+2$）中两设备 d_i 和 d_j 的通信范围内，则使用 N 取代 d_i 和 d_j 之间所有设备的信息，路径改为 $\{D, \cdots, d_i, N, d_j, \cdots, S\}$。如图 23-8(c)所示，用 z 替换了 w、y、x 三个设备。

3）路由重连阶段

当源设备收到 RRP 后，根据 RRP 中的路由信息，以主设备身份对下一跳设备进行"查询-扫描-连接"，并交付数据分组。下一跳设备转换角色，以主设备身份与自己的下一跳设备建立连接，进行数据传递。重复此操作，直到数据到达目的设备。

这样，发送数据的路径将形成一个以主/从桥为主的路径，这也是为什么 LARP 在替换和缩短时不用考虑被替换掉的是否为主设备的原因。

23.2 Z-Wave

1. 概述

随着无线通信、人工智能等的发展，人们对家居环境的自动化提出更高的要求，对无线通信设施的需求也不断增加，Z-Wave 就是针对这种需求而产生的，它成本低，功耗小，结构简单，安全性不断提高，针对性强，非常适合在智能家居中应用。Z-Wave 属于低速率 WPAN，目的是替代现行的 X-10 规范。

Z-Wave 能随电器位置的调整而迅速调整控制的路径，方便产品的安装，以实现对智能家电的无线控制和监测，如住宅照明和家电等的控制、设备状态的读取（如抄表）、厨房自动设备的控制、HVAC（供热通风与空气调节）的控制、防盗及火灾检测等。

Z-Wave 为双向应答式的可靠无线通信技术，可实现在遥控器上显示家电的状态信息，这是传统单向红外线遥控器难以实现的。

Z-Wave 锁定了正确的市场方向，并提供了用于 Windows 开发的动态链接库（DLL），使得设计者可以直接调用该 DLL 内的 API 函数进行软件的设计开发。但 Z-Wave 面临的一个重要问题是芯片的实际价格可能偏高。

2. 网络组成

Z-Wave 中有两种基本的设备：控制器（Controller）和受控设备（Slaver）。

1）控制器

一个 Z-Wave 网络中只能有一个主控制器（Primary Controller），通过主控制器加入网络中的其他控制器为从控制器（Secondary Controller）。主控制器具有添加、删除其他设备的功能，拥有整个 Z-Wave 网络的路由表，并且时刻维护着网络的最新拓扑。而从控制器只能进行命令的发送，不能向网络中添加设备或者从网络中移除设备。

2）受控设备

受控结点只能通过主控制器加入网络中，对网络拓扑结构毫不知情。它们只能接收

195

其他结点发来的信息。受控结点可分为 3 种：普通结点、路由结点和高级结点。

普通结点只能从 Z-Wave 网络中接收命令，根据相应的命令做出操作。

路由结点除具有普通结点的全部功能外，还可以向网络中的其他结点发送路由信息。路由结点保留有所需的路由信息，以便必要时向一些结点发送消息。

高级结点具备路由结点的全部功能，另外还拥有 EEPROM 来存储应用信息。

3）网络概况

每个 Z-Wave 网络都拥有自己独立的网络地址（HomeID），是一个 32 位长的唯一标识。唯一的网络 ID 可防止 Z-Wave 网络间的相互干扰。网络中每个结点具有 8 位长的 NodeId，每个网络最多容纳 232 个结点。通过 Z-Wave，还可以通过互联网对 Z-Wave 网络中的设备进行遥控，如图 23-9 所示。

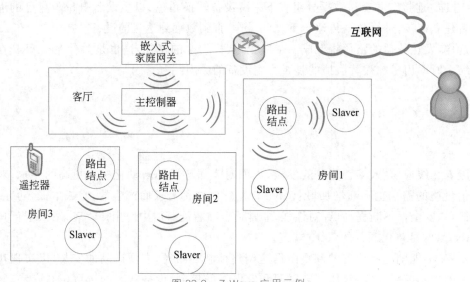

图 23-9　Z-Wave 应用示例

3. Z-Wave 体系

相对于 ZigBee 而言，Z-Wave 协议紧凑、简单，实现更加容易，其协议栈如图 23-10 所示，与众所周知的 ISO/ OSI 体系有些不同。

1）物理层

Z-Wave 工作频带为 868.42MHz（中国、欧洲）、908.42MHz（美国）等，都是免授权频带，且避免了与 Wi-Fi 和蓝牙等的相互干扰。Z-Wave 采用 FSK（2FSK/GFSK）调制方式，信号的有效覆盖范围室内为 30m，室外可超 100m，适合于窄带应用场合。

早期的 Z-Wave 带宽为 9.6kb/s，后来提升到 40kb/s，甚至 100kb/s，并可相互兼容，在同一个 Z-Wave 网络内共存两种带宽的结点。

| 应用层 |
| 路由层 |
| 传输层 |
| MAC层 |
| 物理层 |

图 23-10　Z-Wave 的
协议栈

2）MAC 层

MAC 层基于无线射频进行数据帧收发的控制和管理，其设计应尽可能地满足低成本、低功耗等要求。

MAC 层采用了 CSMA/CA 机制进行数据的发送。

3）传输层

Z-Wave 的传输层不同于 ISO/OSI 的传输层,主要用于相邻结点间的可靠数据传输。传输层的主要功能包括重新传输、帧校验、帧确认,以及实现流量控制等。

传输层定义了 5 种数据包:单播数据包、应答数据包、多播数据包、广播数据包、探测数据包。

单播数据包需要应答数据包的确认。

多播数据包用于同时向多个选中的结点发送数据。广播数据包是对所有结点进行数据发送。它们都是不可靠的,不需要接收确认。探测数据包是一种特殊的广播数据包,可用来发现网络中特定的结点。

4）路由层

路由层负责控制结点间数据的路由,确保数据在不同结点间能以接力的方式进行传输。另外,路由层还负责扫描网络拓扑和维持路由表等。

控制器以及能够转发路由信息的受控结点,都可以参与路由层的活动。

5）应用层

应用层主要包括厂家预置的应用软件。为了给用户提供更广泛的应用,该层还提供了面向仪器控制、信息电器、通信设备的嵌入式应用的编程接口库。

4. 路由层工作

1）数据的发送

路由层具有以下两个数据包。

- 路由单播数据包,是发往目的结点的数据包,包含了所需要的路由。

- 路由应答数据包(Router Ack),是对路由单播数据包的确认。

超出控制器通信距离的结点,可以通过控制器与受控结点之间的其他结点,以路由的方式完成控制。如图 23-11 所示(图中括号中的数字表示动作的次序),Controller 需要发送命令给 Slave 2,由于距离较远,于是先将数据发送至 Slave 1,即 Data(1);Slave 1 收到正确数据后,予以应答,即 Ack(2)。Slave 1 再将数据转发给 Slave 2,即 Data(3);Slave 2 收到正确数据后,同样予以应答,即 Ack(4)。

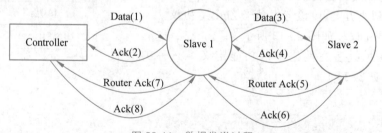

图 23-11　数据发送过程

Slave 2 收到数据后,需要发送 Router Ack 给 Controller,同样需要通过 Slave 1 进行转发,对应于 Routed Ack(5)、Ack(6)、Routed Ack(7)、Ack(8),至此完成 Controller 对 Slave 2 的命令发送。

通过这种方法,Z-Wave 延伸了无线网络的覆盖范围。

2）网络拓扑和路由查找

Z-Wave 中的路由表保存了网络的拓扑情况。在每个结点加入网络时，由主控制器发送数据包询问该结点的邻居，以更新路由表。

Z-Wave 路由表使用 1 位信息表示是否可达。图 23-12 展示了路由表示意图。

结点	1	2	3	4	5
1	0	1	0	0	1
2	1	0	1	0	1
3	0	1	0	1	0
4	0	0	1	0	0
5	1	1	0	0	0

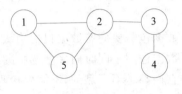

图 23-12　Z-Wave 路由表

Z-Wave 使用的路由协议是源路由（Source Routing）机制，在数据源发出数据包时，直接在数据包内指定详细的路径，这样可以省去每个结点花在路由功能上的资源。

路由查找是通过广播发送 SearchRequest 数据包启动的，所有收到该数据包的结点延迟一个随机时间后（减少数据碰撞）继续广播该数据包。如果查找到目标，结点发送 SearchStop 数据包，这样，后面收到 SearchRequest 数据包的结点停止查找。

对于一般的控制器（一般不移动）而言，控制器会缓存最后一次的路由信息，在发送数据时会以缓存的路径作为第一选择进行发送。因为移动较少，所以最后一次缓存的路由信息往往继续有效，从而以最快的速度提供路径，节省不必要的查找开销。如果使用缓存的路由信息发送失败，则启用路由查找过程。

23.3　MiWi 无线网络协议

1. 概述

Microchip MiWi 无线网络协议是为低数据率、短距离、低成本网络设计的简单协议，特别针对小型应用。

MiWi 底层基于 IEEE 802.15.4，但它并非 ZigBee 的替代者，而是为无线通信提供了起步的备选方案，如果需要更复杂的网络解决方案，应该考虑基于 ZigBee 协议。

MiWi 的协议栈如图 23-13 所示。

MiWi 根据设备在网络中的功能定义了三种类型的MiWi 设备，见表 23-1。

图 23-13　MiWi 的协议栈

表 23-1　MiWi 协议设备

设 备 类 型	IEEE 设备类型	典 型 功 能
PAN 协调器	FFD	每个网络一个，负责启动并组建网络、选择无线通道和网络的 PAN ID、分配网络地址，等等
协调器	FFD	可选，扩展网络的物理范围，允许更多的设备加入网络，也可以执行监视和/或控制功能
终端设备	FFD 或 RFD	执行监视和/或控制功能

使用 MiWi 的网络最多可以有 1024 个网络设备,最多可以有 8 个协调器,每个协调器最多有 127 个子设备。

MiWi 使用所谓报告(Report)的特殊数据包在设备间传输,可实现最多 256 种报告类型。

2. MiWi 网络拓扑

MiWi 规定,协调器只能加入 PAN 协调器,而不能加入另一个协调器。由此,MiWi 可以支持三种网络拓扑,分别是星形拓扑、簇树拓扑、网状(或 P2P)拓扑。

1)星形拓扑

星形网络由一个 PAN 协调器和若干终端设备(FFD 或 RFD)组成,如图 23-14 所示。

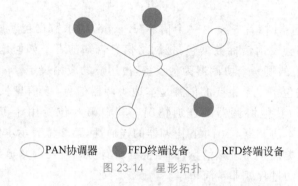

〇PAN协调器　●FFD终端设备　〇RFD终端设备

图 23-14　星形拓扑

网络中所有终端设备只能与 PAN 协调器通信。如果终端设备需要向其他设备传输数据,就会向 PAN 协调器发送数据,由后者将数据转发给目的设备。

2)簇树拓扑

簇树网络(见图 23-15)以 PAN 协调器为树根,其他协调器以 PAN 协调器为父设备,从而构成树形拓扑。这种网络中,所有消息都会沿着树枝进行传送。

3)网状拓扑

网状拓扑(见图 23-16)允许 FFD 间可直接进行消息的转发。但是发往 RFD(设为 A)的消息仍需经过 A 的父设备。该拓扑结构的优点在于能减少消息延时,增加可靠性,但是路由协议较复杂。

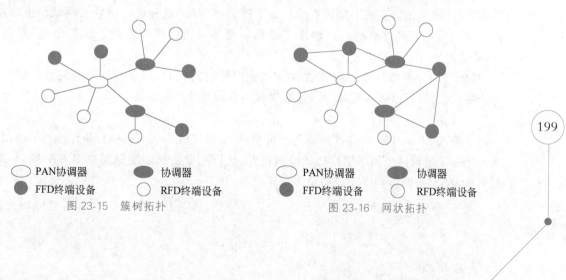

〇PAN协调器　　　●协调器
●FFD终端设备　　　〇RFD终端设备

图 23-15　簇树拓扑

〇PAN协调器　　　●协调器
●FFD终端设备　　　〇RFD终端设备

图 23-16　网状拓扑

199

3. MiWi 地址

MiWi 协议定义了以下三种类型的地址。

- 扩展的唯一标识符(EUI)：全球唯一的 8 字节地址。
- PAN 标识符(PANID)：PAN 中所有设备共用一个 PANID,设备以 PANID 表示自己所在的网络。
- 短地址：是父设备分配给本设备的 16 位地址。该地址在本网内是唯一的,用于网络内的寻址和消息传递。PAN 协调器的地址总是 0000h,其他协调器的地址为 0100h～0700h。协调器下的子设备的地址,前 8 位与协调器相同,例如地址 0323h 的设备是 0300h 协调器的子设备。

4. MiWi 路由

任何设备加入网络时,首先发出一个信标(Beacon)请求数据包。所有收到信标请求数据包的协调器,都会发出信标数据包,把网络信息告知前者。如何选择加入哪个网络,或者以同一个网络中的哪一个协调器为父设备,由用户的应用决定。

MiWi 信标数据包中一个重要的信息是本地协调器信息,该信息长度为 1 字节,表示发送信标的协调器与其他协调器的连通情况。其中第 0 位专用于 PAN 协调器(地址 0000h),第 1 位表示本协调器与 0100h 协调器的连通性,第 2 位表示本协调器与 0200h 协调器的连通性,以此类推。通过该信息,网络上的所有协调器均可知道到达所有设备的路径。这样,发送数据的过程就非常简单了。

(1) 目的设备(设为 D)是否为源设备(设为 S)的邻居设备,如果是,则直接发送给 D,结束。

(2) D 的父设备(设为 D_p)是否为 S 的邻居设备,如果是,则直接发送给 D_p,由 D_p 发给 D,结束。

(3) S 的邻设备(设为 D_n)是否和 D 或 D_p 为邻设备,如果是,则直接发送给 D_n,由 D_n 发给 D,结束。

(4) 如果自己不是根设备,则发送给自己的父设备。

(5) 根设备根据 D 的地址找出 D_p,并转发给 D_p。

MiWi 通过一种简单的方法绕开路由问题：它只允许 PAN 协调器接受协调器的加入请求,因此网络拓扑实质上是扩展的星形拓扑。MiWi 的这种设计提供了网状路由功能,同时大大简化了路由机制。这也使得数据包最多可在网络中跨越 4 跳的距离,并且从 PAN 协调器出发不能超过 2 跳。

MiWi 协议支持广播,当网络协调器收到广播数据包时,只要数据包的跳数计数器不等于零,就会继续广播数据包。广播数据包不会转发给终端设备。

5. 发展

较新的 MiWi Pro 具有增强的路由机制,最多可支持 64 个协调器,并允许一个协调器加入另一个协调器。当网络形成线性拓扑时,从终端设备到终端设备最多可跨越 65 跳,或者从 PAN 协调器到终端设备最多可跨越 64 跳。

第 6 部分
接入网通信技术

第 3～5 部分主要介绍了关于末端网的相关技术,其作用是将分布在广阔区域内的信息进行收集,信息一旦收集完毕,就需要通过传统概念的接入技术传输到互联网上,从而进行数据的后续处理。

本部分开始,着重介绍接入网(Access Network,AN)通信技术。

接入网是末端网和互联网的中介,是指骨干网络到用户终端之间的所有设备,对于物联网来说,用户也可能是物。接入网长度一般为几百米到几千米,因而被形象地称为最后一千米问题。在市场潜力的驱动下,产生了各种各样的接入网技术,但尚无一种接入技术可以满足所有应用的需要。

接入网也可以分为有线接入网和无线接入网。有线接入网又可分为铜线接入网、光纤接入网和光纤同轴电缆混合接入网等介质。有线接入方式,多数情况下信号传输质量较好,相关通信协议也可以较为简单,因此是物联网应用重要的接入手段之一。

但是,在越来越多的场合,信息是无法通过有线方式进行传输的。例如,在汽车上安装的智能结点,所采集的汽车相关信息,只有通过无线方式才能发送到互联网上。

无线接入技术的本质是本地通信网的一部分,是有线通信网的延伸。无线接入网采用卫星、蜂窝通信等无线传输技术,实现对有线接入网外的盲点地区用户的接入、对处于分散地区的用户的接入、对需要移动的用户的接入等。无线接入具有设备安装快速灵活、使用方便等特点,因此对物联网的很多应用都非常适用。

无线接入网可以分为:

- 一跳接入,如 Wi-Fi、传统蜂窝通信等。
- 多跳接入,如无线 Mesh 网、最新的蜂窝通信技术等。

无线接入方式需要一些固定的基础设施(特别是地面的基础设施)才能实现通信,如传统的蜂窝移动通信系统需要有通信基站的支持,Wi-Fi 需要接入点(Access Point,AP)的支持。这些技术下,用户设备和基础设施直接通信,属于一跳接入。

还有一些特殊的场合,例如临时的感知区域、地震灾区等,这时需要有一种能够临时、快速建立的接入技术,而无线 Mesh 网可以满足这样的要求,它允许用户设备在远离基础设施后采用接力的方式延伸接入的距离,是 Ad Hoc 网络的一个分支,并且成为 4G 蜂窝通信技术的一个重要组成部分。还有一些技术也可以作为接入技术用于这样的场合,例如卫星接力通信等,这些技术都可以归入多跳接入技术范畴。

目前的接入技术有以下一些特征。

- 很多接入技术主要提供物理层和数据链路层的技术。
- 作为接入技术,都有用户认证的功能。
- 有些技术,比如 4G、5G,除了作为接入技术外,系统还包括更多的功能,如 IP 数据转发、网络管理等。
- 对于物联网应用,随着对实施便利性要求的不断提高,无线接入方式将逐步占据主要角色。

本部分将首先从一些常用的共用技术入手,然后对有线接入方式进行讲述,最后讲解无线接入方式,以及基于 Ad Hoc 的接入技术。

第 24 章 PPP 及相关认证

24.1 PPP

1. 概述

PPP(Point to Point Protocol,PPP)是目前互联网上应用较广泛的数据链路层协议之一,该协议具有用户认证、支持多个上层协议、允许在连接时分配 IP 地址等功能。PPP 最初的设计目标是为两个对等结点之间的 IP 数据传输提供一种数据链路层上的封装协议,目前则成为在点对点连接上传输多协议数据包的标准方法,替代了原来的 SLIP。

PPP 提供了以下三类功能。

- 成帧:即把上层的数据封装成帧(framing)。
- 链路控制:链路控制协议(Link Control Protocol,LCP)支持同步和异步通信,也支持面向字节和面向比特的编码方式,可用于启动连接、测试连接、协商参数,以及关闭连接等。
- 网络控制:网络控制协议(Network Control Protocol,NCP)负责网络层相关选项的协商。

2. 成帧

成帧是指在一段上层数据的前后分别添加首部和尾部以构成数据帧的技术,首部和尾部的一个重要作用是进行帧定界(数据帧什么时候开始,什么时候结束)。看上去似乎很简单,但是成帧的过程面临的一个问题是容易造成歧义。下面以面向字符的编码方式(即把所要传输的数据都考虑成字符)为例进行讲述。

如图 24-1(a)所示,一般情况下,在数据帧前后简单地加上定界符(SOH 和 EOT)即可。但如果数据部分中出现了定界符,则通信过程就会产生歧义,进而导致失败。

为此引入了字符填充技术。如图 24-1(b)所示,如果帧内容中出现了 SOH/EOT 符,此时需要引入一个转义符(ESC),发送方自动在控制符之前加上转义符,使得接收方知道后面紧跟的不是控制字符,而是帧数据部分中的信息。如果帧数据部分中出现了 ESC呢?则如图 24-1(c)所示,在转义符之前再加一个转义符即可。

当然,转义符是无意义的,所以接收方对转义符的处理是:丢掉第一个转义符,保留后面紧跟的控制符(实际上是数据)。这个过程也就是所谓的透明传输技术。

PPP 可以做到无歧义地标识出一帧的起始和结束。PPP 采用 0x7E(即二进制的01111110)作为 PPP 帧的开始符和结束符。

- 如果在帧数据中出现了 0x7E,则 PPP 将其转变成为两个字符(0x7D,0x5E)。
- 如果在帧数据中出现了 0x7D,则 PPP 将其转变成为两个字符(0x7D,0x5D)。

读者可以自己思考一下,接收端如何处理。

204

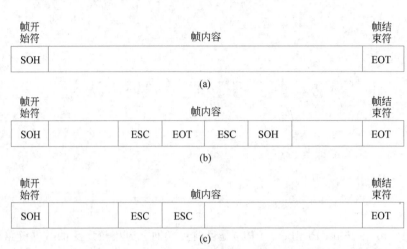

图 24-1　透明传输示意图

PPP 也可以把数据内容按照比特的形式成帧（把所要传输的数据都考虑成二进制串），而且依然使用二进制串 01111110 作为帧的定界标识，但此时的处理更加简单：

- 在发送端扫描待发送的帧内容，每发现连续的 5 个 1 后，在其后添加一个 0。
- 在接收端，如果发现连续的 5 个 1 后是 0，就把这个 0 删除。

例如，在发送端，帧内容 011011111111111 将会转变成 01101111110111110，这样就能避免连续出现 6 个 1 了，也就避免了产生歧义。

3. 连接建立

PPP 的连接建立过程如图 24-2 所示。当用户由静止状态开始申请接入互联网时，接入服务器对请求做出确认，并建立一条物理连接。

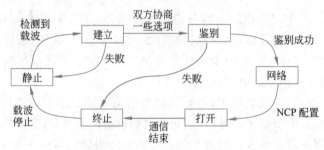

图 24-2　PPP 的连接建立过程

在建立状态下，PPP 使用 LCP（链路控制协议）协商所需的连接，该阶段主要是发送一些配置报文来配置数据链路，之后的鉴别阶段使用哪种鉴别方式也是在这个协商过程中确定下来的。鉴别阶段是可选的，PPP 支持两种鉴别方式：一种是 PAP；另一种是 CHAP，其中 CHAP 方式的安全性更高。鉴别成功后，就进入了网络的状态。

网络状态下，主要使用 NCP（网络控制协议）协商相关网络配置，NCP 给新接入的智能设备分配一个临时的 IP 地址，使智能设备成为互联网上的一个合法设备。

经过网络阶段后，PPP 进入打开状态，在这个状态下，PPP 链路上即可正常通信了。

通信完毕时，NCP 释放网络层连接，收回原来分配出去的 IP 地址。接着，LCP 释放数据链路层连接。一次上网过程就结束了。

24.2 认证技术

为了实现安全、计费等功能,往往在接入前需要对用户进行认证,目前最常用的协议有 PPPOE 和 IEEE 802.1X。

1. PPPOE

PPPOE(PPP Over Ethernet,以太网上的点对点协议)是将以太网和 PPP 相结合的协议。原有的 PPP 要求通信双方是点到点的关系,不适于广播型的网络和多点访问型的网络,于是产生了 PPPOE 协议。

PPPOE 可以实现高速宽带网的个人身份验证访问,为每个用户建立一个独一无二的 PPP 会话,以方便高速连接到互联网,实现接入控制和计费。

建立会话前,双方必须知道对方设备的 MAC 地址,PPPOE 协议通过发现协议来获取。发现协议基于客户/服务器模式,一个典型的发现阶段分为以下四个步骤。

(1) 客户端广播发送 PADI(PPPOE Active Discovery Initiation)帧给服务端。

(2) 如果服务端能够满足 PADI 提出的服务请求,则发送 PADO(PPPOE Active Discovery Offer)帧回应。

(3) 由于 PADI 帧是广播发送的,因此客户端可能收到多个 PADO 响应帧,客户端选择一个合适的服务端,发送 PADR(PPPOE Active Discovery Request)帧。

(4) 如服务端能够提供 PADR 所要求的服务,则发送 PADS(PPPOE Active Discovery Session Confirmation)帧进行应答,其中包含了双方本次会话所需使用的 Session_ID,否则服务端进行拒绝。

(5) 当客户端收到 PADS 帧后,双方进入 PPP 会话阶段。双方根据对方 MAC 地址和 Session_ID 唯一确定一个会话。

发现过程后,客户端和服务端之间进行 PPP 的 LCP 协商,建立链路层通信,协商使用什么方式进行鉴别。鉴别成功后,进行 NCP 协商,客户端可以获取 IP 地址等参数。如同 24.1 节所述。

如同 PPP 的内容所述,CHAP(Challenge Handshake Authentication Protocol)安全性较高,但其认证过程比较复杂,是一个三次握手的机制。基于 CHAP 的认证过程如图 24-3 所示。

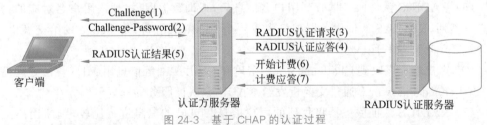

图 24-3 基于 CHAP 的认证过程

(1) 认证方服务器发送 Challenge 报文给待认证的客户端,携带本次认证的 id、认证用户名和一个随机数据 Challenge。

(2) 客户端收到 Challenge 报文后,根据用户名查找密码,将认证 id、密码和 Challenge 经 MD5 算法处理后得到 Challenge-Password,把它发送给认证方服务器。

（3）认证方服务器将 Challenge-Password 等信息一起送到 RADIUS(Remote Authentication Dial In User Service)用户认证服务器,由 RADIUS 认证服务器进行认证。

（4）RADIUS 认证服务器根据用户信息判断用户是否合法,然后回应认证成功/失败报文给认证方服务器。

（5）认证方服务器将认证结果返回给客户端。

（6）如果认证成功,认证方服务器发起开始计费请求给 RADIUS 认证服务器。RADIUS 认证服务器回应计费开始报文。认证完成。

2. IEEE 802.1X

IEEE 802.1X 基于交换机端口对用户的接入进行控制,也可以用在 Wi-Fi 网络,从而形成 IP over Ethernet 模型。IEEE 802.1X 需要在接入交换机上安装 IEEE 802.1X 服务器软件,在用户端安装客户软件,使得用户的接入可以直接由接入交换机进行控制。

IEEE 802.1X 协议也是一个基于客户/服务器的访问控制和认证协议,其核心是基于局域网的可扩展认证协议(Extensible Authentication Protocol over LAN,EAPoL)。IEEE 802.1X 可以限制未经授权的用户/设备通过接入端口(Access Port)访问 LAN/WLAN。

- 在认证通过之前,IEEE 802.1X 只允许 EAPoL 的帧通过交换机端口。
- 认证通过以后,正常的数据可以顺利通过交换机端口,从而进入互联网。

协议主要包含以下 3 个角色。

- 请求者,被认证的用户/设备,须运行遵循 IEEE 802.1X 客户端标准的软件。
- 认证者,对接入用户/设备进行认证的交换机等接入设备,根据请求者当前的认证状态,控制其与网络是否连接。
- 认证服务器,接受认证者的请求,对请求访问网络资源的用户/设备进行实际的认证。认证服务器通常为 RADIUS 服务器,保存了用户名及密码,以及相应的授权信息。认证服务器还负责管理由认证者发来的审计数据。

IEEE 802.1X 认证过程如下。

（1）客户端发出请求认证帧给交换机,启动一次认证过程。

（2）交换机收到请求认证帧后,要求客户端传送用户名信息。

（3）客户端将用户名信息发送给交换机。

（4）交换机将客户端发来的帧封装后发送给 RADIUS 认证服务器。

（5）RADIUS 认证服务器收到用户名信息后,查询数据库,找到该用户名对应的密码信息。然后,RADIUS 认证服务器随机生成一个 Challenge,将 Challenge 发给交换机,由交换机发给客户端程序。

（6）客户端程序收到 Challenge 后,将密码和 Challenge 等信息用 MD5 算法处理后得到 Challenged-Password,通过交换机发给 RADIUS 认证服务器。

（7）RADIUS 认证服务器将收到的用户信息和自己的信息进行比较,判断用户是否合法,然后回应认证成功/失败报文给交换机。

（8）如果认证通过,则交换机打开端口,允许用户的业务流通过端口访问互联网,交换机发送计费开始请求给 RADIUS 认证服务器,RADIUS 认证服务器回应计费开始报文。否则,保持交换机端口的关闭状态,只允许认证信息通过,而不允许业务数据通过。

（9）如果认证通过,则给客户端分配 IP 地址,客户端开始访问互联网。

第 25 章　有线接入方式

有线接入方式经历了很长时间的发展，产生了很多的接入技术，从最初的拨号上网，到后来的 xDSL(主要是 ADSL)、DDN、ISDN 等，目前已全面进入宽带接入方式。

25.1　拨号上网

电话拨号上网是个人用户接入互联网最早使用的方式之一，是一种最简单、最便宜的接入方式，但是带宽太窄、速率太低、信号不好，在高带宽应用领域已经渐渐不用了。电话拨号需要使用的主要设备是调制解调器(Modem)，其带宽为 300～3400Hz，最高下行速率为 56kb/s，上网时需要一直占用线路，用户无法打电话。反之亦然。

如图 25-1 所示，用户端包括一台终端、一个调制解调器、一条能拨打市话的电话线和拨号软件。运营商(ISP,Internet 服务提供者)端主要由拨号接入服务器负责接入，并将合法用户的数据通过路由器传递到互联网上。其中，调制解调器是一种在模拟信号(电话线信号)和数字信号(用户数据)之间进行转换的设备，主要由两部分功能构成。

- 调制是将数字信号转换成适于在电话线上传输的模拟信号以进行传输。
- 解调是将电话线上的模拟信号转换成数字信号，由计算机接收并处理。

外置式的调制解调器与计算机之间一般通过串口通信进行连接。

图 25-1　拨号上网示意图

用户需事先从 ISP 处得到相应的账号信息，包括特服电话、用户名和密码等。通过拨号软件进行登录。拨号接入服务器具有一定数量的 IP 地址(地址池)，用户通过拨号上网时，如果验证成功，拨号接入服务器会动态分配一个 IP 地址给用户，使之成为互联网上的一个正常用户；用户下网时，IP 地址被释放，以备再次分配。

25.2　以太接入网技术

以太网不断发展，逐渐成为最普遍的有线局域网，并在接入网、骨干网等其他公用网领域迅速扩展。利用以太网作为接入手段的主要优势是：具有良好的基础和长期使用的经验，与 IP 匹配良好；性价比高、可扩展性强、容易安装与开通；以太网技术已有重大突破，带宽不断提高，容易升级。

以太网接入技术特别适合密集型的居住环境。中国居民大多集中居住，尤其适合发展光纤到小区，再通过以太网连接到户的接入方式。据统计，时下 90% 以上的全球企事业用户都采用以太网接入，它已成为企事业用户的主导接入方式。

以太接入网与传统以太网有很大的不同。首先，以太接入网工作在公共环境下，需要用户之间的隔离。其次，以太接入网要对用户的接入进行控制与管理。最重要的是，需要强调对个体用户的收费和个性化服务（例如不同带宽）。因此，以太接入网应附加强大的网管功能，能进行配置管理、性能管理、故障管理、安全管理和计费管理等，特别是计费管理可以方便 ISP 以多种方式进行计费（如按时间、包月等）。

以太接入网由局端设备和用户端设备组成，如图 25-2 所示。

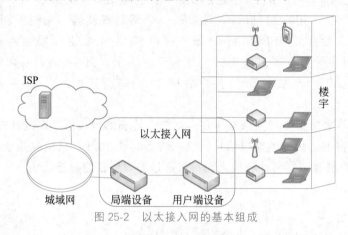

图 25-2　以太接入网的基本组成

- 用户端设备一般位于居民楼内，需支持双绞线/光纤接口，与用户设备相连。
- 局端设备一般位于小区内，提供与 ISP 的连接。

用户端设备连接到局端设备的链路现在越来越多地采用了光纤，以提供足够的带宽。局端设备具有汇聚用户端设备数据和网管等功能。为了保证接入带宽和可扩展性，一般需要进行接入控制。不管是用户端设备还是局端设备，都和普通的交换机/路由器不同，如前所述，它们应该参与对用户接入的控制和认证。

另外，以太接入网还针对那些不具备正规机房条件的接入情况制定了 IEEE 802.3af-2003 标准，由正规机房通过以太网实现远程馈电，即通过以太网端口对一些远程设备进行供电，称 PoE（Power over Ethernet）。这为物联网应用的实施提供了极大的方便。

25.3 电力线上网

1. 概述

电力线通信（Power Line Communication，PLC）是利用电力线（包括利用高、中压电力线、低压配电线等）作为通信载体传输语音或数据的一种通信技术。另外，还需要加上一些 PLC 局端和终端调制解调器，可以将原有电力网变成电力线通信网络，将原来的电源插座变为信息插座。利用电力线作为通信载体使得 PLC 具有极大的便捷性。

早期的 PLC 主要用于发电厂与变电站间的调度通信，而且主要在中、高压电力线上实现，性能较差。在低压领域，PLC 技术首先用于负荷控制、远程抄表和家居自动化，其传输速率一般较低（如 1200b/s），称为低速 PLC。近几年，利用低压电力线达到 1Mb/s 以上的技术称为高速 PLC。国内在这方面的发展非常快，出台了相关通信标准。

2. 组网模式

目前，PLC 已形成若干类组网模式。例如，可以利用 PLC 实现用户外接入，包括：

- 进楼，楼内配电室以外更远距离的通信接入，如小区内从配电变压器到某栋楼配电室的通信连接。
- 进户，数据网（如光缆或其他高速通信手段）到楼内配电室后，利用低压配电网解决配电室至每个住户门口的接入问题。

可以利用室内电源线和电源插座，实现家庭内部多台设备的联网，以及智能电器的控制，也可通过家庭网关（或楼层网关）与其他接入方式相连，进入互联网，如图 25-3 所示。其作用有些类似于末端网。

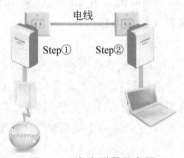

还可以利 PLC 实现专用网，如实现远程抄表等业务，也属于末端网范畴。

图 25-3 户内联网示意图

3. 楼宇内电力线接入模型

当在楼宇内以电力线作为传输媒体进行接入时，只在楼宇内配备局端 PLC 设备即可，如图 25-4 所示。

局端 PLC 设备负责与外部网络连接，将信息通过电线在家庭内部 PLC 调制解调器之间进行传输。通信时，来自用户的数据经过调制解调器调制后，把载有信息的高频数字信号加载于低频动力电，通过电线传输到局端设备；局端设备将信号解调出来，再转到外部的互联网。反之亦然。

4. HomePlug

PLC 的一个重要标准是 HomePlug。其中 HomePlug 1.0 和 HomePlug AV 主要用于家庭内的宽带网，分别是 14Mb/s 和 200Mb/s，HomePlug BPL 用于电力线接入。

1）物理层

HomePlug 在物理层采用具有通道预估和自适应能力的 OFDM（正交频分复用），属于多载波技术。把整个频段分成若干子载波，每个子载波内，根据信噪比的高低，自适应选择每个载波的调制方式（即子载波的调制方式可以不同）。所有子载波的传输速率之和即这个信道的总传输速率。

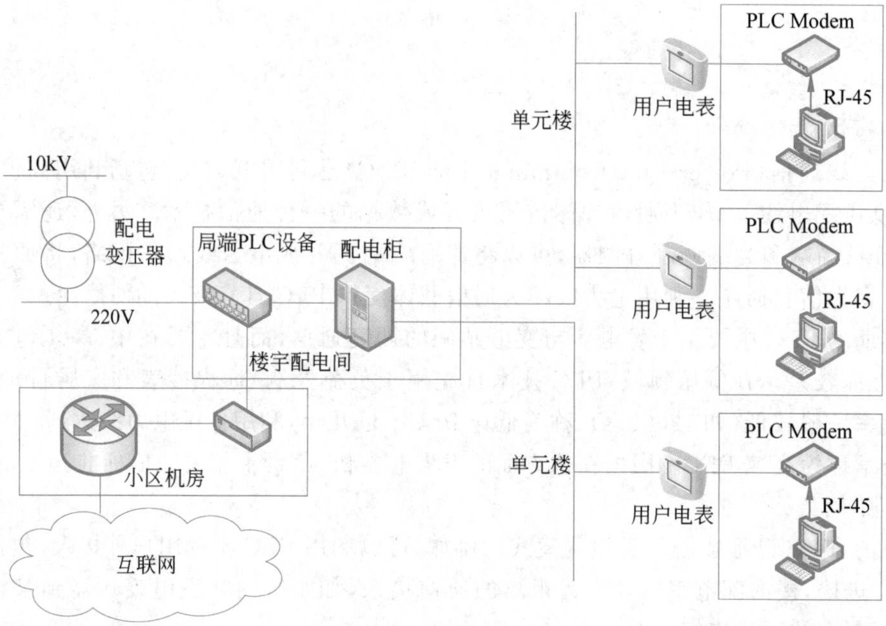

PLC Modem

用户电表 RJ-45

单元楼

10kV

配电
变压器

局端PLC设备 配电柜

PLC Modem

220V 用户电表 RJ-45

楼宇配电间

小区机房

互联网

单元楼

PLC Modem

用户电表 RJ-45

图 25-4　楼宇内电力线接入

2）MAC 层

HomePlug 在 MAC 层采用 IEEE 802.3 的数据帧结构,但可以通过快速自动重传请求保证数据可靠传送。

HomePlug 综合使用了无竞争的时分多址接入和基于竞争的 CSMA/CA 接入两种方式,为了有效管理两种方式同时工作,HomePlug 通过主从模式进行管理。

通信过程中,主设备(Master)将时间分成一个个信标(Beacon)区,每个信标区由非竞争周期(TDMA)和竞争周期(CSMA/CA)组成,如图 25-5 所示。主设备在每个信标区的开始时刻广播一个信标帧,对分配的 TDMA 和 CSMA/CA 时段进行通告。

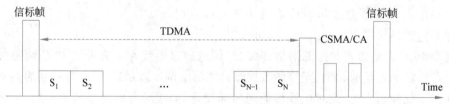

信标帧

TDMA

CSMA/CA

信标帧

S_1　S_2　...　S_{N-1}　S_N

Time

图 25-5　HomePlug 的信标区

设多个设备共享一条公共信道,TDMA 接入把这个信道的时间分割成若干时隙,按次序给各个设备分配时隙使用信道。当轮到某设备使用时,该设备占用信道进行传输,其他设备与信道断开。等设备所属时隙用完,该设备停止发送信息,并把信道让给下一个设备使用,等待下一个信标区的时隙到来。

在满足时间同步的条件下,TDMA 接入不会发生数据的碰撞,且能保证数据传输质量,实现带宽预留,具有高可靠性和严格的时延抖动控制。

在 CSMA/CA 周期中,各个设备需要竞争使用信道,此时可能产生数据的冲突。

HomePlug 中的 CSMA/CA 定义了 CA0~CA3 四个优先级。希望传输数据的设备在发送数据时需要先进行优先级的对比,优先级高的可优先发送。

为了减少相同优先级设备的数据产生的冲突,HomePlug 定义了竞争期(Contention Period)。竞争期由一些小的时隙组成。具有相同优先级的设备在发送数据前,需要随机产生一个退避计数器(Backoff Counter),每过 1 个时隙,退避计数器减 1。如果退避计数器减为 0 且信道空闲,则设备可以发送自己的数据。因为各个设备选择的退避时间很可能是不同的,所以把开始发送数据的时刻错开了,这在很大程度上避免了数据的冲突,进一步减少了碰撞的可能性(但仍无法完全避免)。

25.4 光纤接入技术

1. 概述

光纤通信具有容量大、质量高、性能稳定、防电磁干扰、保密性强等优点,在干线通信中扮演着极为重要的角色,在接入网中也正在成为发展的重点,称为光纤接入网(OAN),即接入网中的传输媒体为光纤。

光纤可分为单模光纤和多模光纤。多模光纤是利用光的全反射原理工作的(见图 25-6),当光线从高折射率媒体射向低折射率媒体时,折射角将大于入射角。当入射角足够大,将不会出现折射光线时,就会出现全反射,光将沿着光纤不断全反射地向前传播,能量很少外溢。多模光纤中多条光路可同时在一根光纤中传输多种模式的光。单模光纤的直径很小,只有一个光的波长,可使光线沿着"管道"一直向前传播而不会产生反射,能量保存更好。相比于单模光纤,多模光纤传输性能较差、频带较窄、容量较小、距离较近,一般只有几千米。多模光纤和单模光纤的对比如图 25-7 所示。

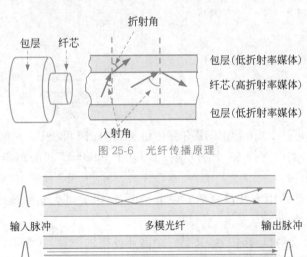

图 25-6　光纤传播原理

图 25-7　多模光纤和单模光纤的对比

考虑到成本及可维护性,ITU-T 规定在接入网中使用生产量最大、价格最便宜、性能较优的 G.652 单模光纤。

光纤接入网从技术上可分为以下两大类。

- 有源光网络（Active Optical Network，AON）：局端和用户端设备通过有源光传输设备相连，传输技术以骨干网中已大量采用的同步数字系列/体系（Synchronous Digital Hierarchy，SDH）为主。
- 无源光网络（Passive Optical Network，PON）：是一种纯介质网络，局端和用户端设备通过无源光传输设备相连，业务透明性较好。

其中，PON 是光纤接入网的重要发展方向之一，包括基于 ATM 的 APON、基于以太网的 EPON、千兆比特 GPON、万兆比特 10GPON、宽带无源光网络（BPON）等，已发展为一系列技术。其中 GPON 和 EPON 更为常见，EPON 的标准为 IEEE 802.3ah。

【案例 25-1】 乘风庄公安局全球眼监控项目

根据相关文献，乘风庄公安局全球眼监控项目采用了二级分光器模式，使用中兴公司 ZXA10XPON 无源光网络系列设备，建成点对多点的 EPON，实现了乘风庄南三路、西干线附近 12 个全球眼设备的接入。※

2. EPON 的组成

基于 EPON 的光纤接入网系统如图 25-8 所示，包括用户端设备（光网络单元（ONU））和局端设备（光线路终端（OLT）），它们通过光配线网（Optical Distribution Network，ODN）相连，可采用树形拓扑结构。

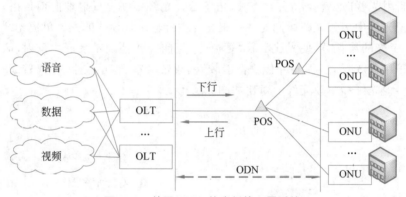

图 25-8　基于 EPON 的光纤接入网系统

EPON 的距离可达 20km（如采用有源中继器，则距离可更长）。如果 OLT 和 ONU 间的距离为 20 km，则可支持 32 个用户端；如 OLT 和 ONU 间的距离为 12km～15km，则可支持 64 个用户端。

由于不需在外部站中安装昂贵的有源电子设备，因此可大幅降低外部站的建设及维护成本，具有较高的性价比。

OLT 既是一个交换机/路由器，又是一个多业务提供平台，其作用是为接入网提供访问互联网的接口，并通过光传输与用户端的 ONU 通信，实现集中和接入的功能，是主设备。OLT 还提供了对自身和用户端设备的维护和监控、针对不同用户的 QoS 要求进行带宽分配、网络安全配置等。

ONU 放置在用户端，是从设备，采用以太网协议，实现对用户数据的透明传输。ONU 的网络端是光接口，用户端是电接口，因此必须具有光/电转换功能，以及相应的维护和监控功能。根据 ONU 的位置，光纤接入可分为 FTTR（光纤到远端结点）、FTTB（光纤到大楼)、FTTC(光纤到路边)、FTTZ(光纤到小区)、FTTH(光纤到用户)等。

无源光分路器(Passive Optical Splitter,POS)是一个连接 OLT 和 ONU 的无源设备,它的功能是分发下行数据和集中上行数据。

3. EPON 的编码

在物理层,EPON 遵循 1000Mb/s 以太网规定。EPON 传输链路全部采用无源光器件,支持全双工传输,采用了 8B/10B 编码。

8B/10B 编码是将一组 8 位数据分成两组:一组 3 比特,一组 5 比特。3 比特的数据进行 3B/4B 编码,按照映射规则形成 4 比特信息;而 5 比特的数据进行 5B/6B 编码,按照映射规则形成 6 比特信息。故发送时是一组 10(4+6)比特的数据,解码时再将 10 比特的数据反变换得到 8 位数据。

3B/4B 和 5B/6B 编码的过程都是通过映射机制进行的,这种映射机制已经标准化为相应的映射表。并且,在 8B/10B 编码的过程中,3B/4B 和 5B/6B 两个编码过程是相关的,并非独立的,使得采用 8B/10B 编码方式发送的 0、1 的数量基本保持一致,且连续的 1 或 0 不会超过 5 位,这样可以很方便地实现接、收双方的时间同步。

8B/10B 编码是目前高速数据传输常用的编码方式。

4. EPON 通信

EPON 的数据采用以太网帧格式,最长达 1518 字节。EPON 分为上行通信和下行通信两个方向,为点到多点(一个 OLT 针对多个 ONU)的工作方式,下行采用广播方式,上行采用 TDMA 方式。

当局端 OLT 启动后,在下行端口上广播允许接入信息。用户端 ONU 初始化后,根据允许接入信息发起注册请求。OLT 分配给 ONU 一个唯一的逻辑链路标识(LLID)。

1) 上行通信

上行通信中,为了防止来自不同 ONU 的数据帧发生碰撞,上行接入主要采用 TDMA 技术进行管理。在 ONU 注册成功后,OLT 会根据系统的配置给 ONU 分配特定的带宽,实际上是可以传输数据的时隙数。

ONU 只能在被指定的时隙内发送数据。如果在指定的时隙中没有数据,则以填充位填充。采用 TDMA 技术使得用户端数据不存在碰撞,不需额外的算法。

局端 OLT 根据时隙的位置,判断数据帧是从哪个 ONU 发过来的,从而区分不同用户,即实现了时分多址。

TDMA 要求所有 ONU 时间严格同步,EPON 以局端的 OLT 时钟为参考时钟。

2) 下行通信

OLT 发出的每个以太网帧都会打上 LLID 标记,唯一地标识该数据帧是发往哪个 ONU 的。OLT 以广播的方式向下行方向传输数据帧,每个 ONU 都能收到所有的下行数据帧,并根据数据帧上的 LLID 进行选择,只接收发送给自己的数据帧,丢弃其他数据帧。

出于安全性的考虑,正常情况下 ONU 之间的通信都应通过 OLT 进行转发。但在 OLT 端可以设置是否允许 ONU 之间的通信,默认状态下是禁止的。

EPON 的一个关键技术是动态带宽分配(DBA)问题,可以根据实际情况动态调整分配给各个 ONU 的带宽,即分配的时隙数,在此方面已经存在不少研究。

213

第 26 章　无线光通信

光通信是当前研究的重点方向之一,按照传输介质的不同,光通信可分为光纤通信、自由空间光通信(Free Space Optical,FSO,又称无线光通信)和水下光通信。本章主要介绍无线光通信的相关内容。

26.1　概述

无线光通信是指以光波为载体,在真空或大气中传递信息的一种通信技术。目前,无线光通信采用的光包括可见光、红外线等。

早期的无线光通信技术距离短,易受干扰,实用价值不大。1960 年出现的红宝石可视激光器的出现大大改善了无线光通信的传输性能,特别是通信距离,直到 20 世纪 90 年代,当激光器和光调制技术都已成熟时,无线光通信才进入实用阶段。近年来,随着各种技术的不断发展,无线光通信已可以和光纤通信、电磁波通信等相提并论。

和其他无线通信技术相比,无线光通信具有以下优点。

- 不需要频率许可证,没有申请频带的问题。
- 可用频带宽,与光纤通信相近。
- 激光的波束非常窄,即便被截取,由于链路被中断,用户也会很快发现,因此通信的安全保密性较好。
- 架设简单,直接架设在屋顶上进行空中传送,没有挖掘马路、敷设管道等问题,建设成本低,并且可灵活拆卸、移装至其他位置。
- 抗电磁干扰。
- 易于扩容升级,只对接口进行变动就可以改变容量。

但是,无线光通信也有不可克服的缺点,最主要的问题是通信双方必须在相互的可视范围内且相互对准。因此,无线光通信和光纤通信、电磁波通信等在许多方面可以互为补充,使用户得到更方便的服务。

另外,大气中各种微粒、恶劣的天气都可能导致光信号受到严重的干扰,影响信号的传输质量。自适应光学技术已经可以较好地解决这一问题,并已逐步走向实用化。

目前已经有成熟的无线光通信产品进入市场,国内也在积极推进,2015 年我国就已经实现了 50Gb/s 的可见光通信。

无线光通信系统最基本的技术是光/电转换。为了实现双工通信,每个通信结点都必须具备光发射机和光接收机两套机构,如图 26-1 所示。

发射端首先把信源的串行数据送入编码器进行编码,再把编码后的信息经过调制器进行调制,最后通过功率驱动电路使发光器发光(电光转换),并由光学发射天线发射到自

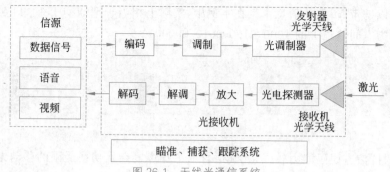

图 26-1 无线光通信系统

由空间。

接收系统把光学天线收集到的光信号集中在探测器上,通过光电转换把光信号转换为电信号,放大,筛选出有用的信号,再经过解调器进行解调、解码器进行解码后,恢复出原始的信息,并把得到的信息传给信宿单元进行计算、存储、显示等。

另外,系统还应具有瞄准、捕获、跟踪系统,方便通信双方互相对准对方。

利用无线光通信可以很好地进行点对点的通信,但是,随着无线光通信技术的不断发展和完善,光网络的发展趋势必然由点对点通信系统走向组网系统。

26.2 光通信相关技术

1. 光调制技术

激光信息可采用强度、频率、相位、偏振态等参数进行调制。下面主要对强度调制技术进行介绍。

1) 开关键控(On-Off Keying,OOK)

开关键控非常简单,以存在激光脉冲代表数字 1,没有激光脉冲代表数字 0。

这种方式虽然简单,但同步性能不好,当发方发送一长串没有变化的数字比特(全 0 或全 1)时,接收方的接收时钟无法有效地同步。

2) 曼彻斯特编码调制

这种方式将一个码元分为前后两部分(见图 26-2),规定:

- 前一部分无脉冲,后一部分发射脉冲为 1。
- 前一部分发射脉冲,后一部分无脉冲为 0。

相较于开关键控,曼彻斯特编码调制方式效率低了一半,但是同步性良好。

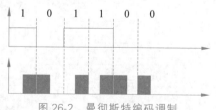

图 26-2 曼彻斯特编码调制

3) 脉冲位置调制(Pulse Position Modulation,PPM)

PPM 是利用光脉冲在不同的位置表示信息比特的,本质上是一种相位调制。

其中的单脉冲位置调制(L-PPM,L 代表位置数目)把一个码元的时间分为 $L(L=2^M)$个时隙,光脉冲在不同的时隙位置代表不同的信源信息。如图 26-3 所示,$L=4$ 表示 4 个时隙位置,脉冲在第一个时隙代表数字 00,在第二个时隙代表 01,以此类推。这样,一

215

个码元就可以携带 M 位的信息了。在本例中，实际上相当于把 $00,01,10,11$ 四种信源比特分别映射为空间信道上的 $1000,0100,0010$ 和 0001。

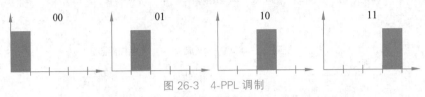

图 26-3 4-PPL 调制

PPM 的抗信道误码能力较强，尤其适合信道噪声复杂且功率受限的移动光通信。

差分脉冲位置调制（Differential Pulse Position Modulation，DPPM）是在 PPM 基础上改进的调制方式，将 PPM 码元中脉冲后的时隙省略，如图 26-4 所示。可见，DPPM 方式下码元占用的时间长度不再固定，分别为 1~4 个时隙的时间长度。

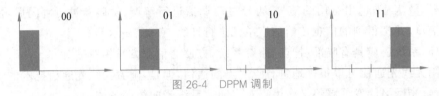

图 26-4 DPPM 调制

4）多脉冲位置调制

多脉冲位置调制（Multiple Pulse Position Modulation，MPPM）是 PPM 的扩展，即在一个码元时间内不再只输出一个脉冲，而是输出多个脉冲。MPPM 一般有两种方法：列表法和星座图法。下面以 2 脉冲位置调制的列表法进行介绍。

将输入的二进制比特流分成长度为 L（本例中 $L=3$）的信息组，经过 2 脉冲编码器编码，输出的码元用 $(m,2)$ 表示，其中 m 为码元所包含的时隙个数（本例中 $m=5$），2 个脉冲所在时隙位置记为 l_1、l_2（$1 \leqslant l_1、l_2 \leqslant m$）。

也就是说，原来的 L（$L=3$）个信息比特，现在用 m（$m=5$）个时隙表示，其中有 2 个时隙发射脉冲（位置分别为 l_1、l_2）。信息比特与脉冲位置间的关系如表 26-1 所示。

表 26-1 信息比特与脉冲位置间的关系

输入信息	MPPM 符号	脉冲所在时隙位置(l_1, l_2)
000	00011	(4,5)
001	00110	(3,4)
010	00101	(3,5)
011	01100	(2,3)
100	01010	(2,4)
101	01001	(2,5)
110	11000	(1,2)
111	10100	(1,3)

MPPM 和 DPPM 可以获得较高的频带利用率，但是抗码间干扰能力有所下降。

5）数字脉冲间隔调制（DPIM）

下面以有保护时隙的 DPIM 调制方式为例进行介绍。DPIM 与差分脉冲位置调制有些类似,只不过 DPIM 脉冲的位置在前而已。DPIM 中,脉冲在每个码元的起始时隙上,其后添加一个保护性的空时隙(能有效减少码间串扰),再加上 k 个空时隙表示信息,不同的空时隙个数代表了不同的数据,如图 26-5 所示。

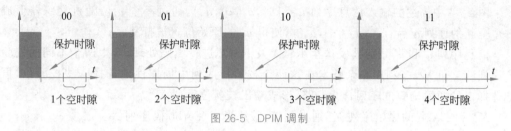

图 26-5　DPIM 调制

接收端接收到脉冲后,只计算脉冲后的空时隙个数就可以解析出信息了。

2. 信道编码

信道编码的任务是通过制定和利用各种编码/译码方法,以检测甚至纠正信号传输中的误码。

除了奇偶校验(见 5.2.3 节)、循环冗余校验(CRC,见 4.4.2 节)等简单的校验技术外,常用的信道编码还有 RS(Reed-Solomon)码、Turbo 码和低密度奇偶校验码(Low Density Parity Checkcode,LDPC)等复杂的校验方法,后两者得到越来越多的研究和应用。

Turbo 码的典型编码结构采用了并行级联卷积码,如图 26-6 所示。

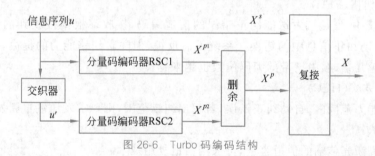

图 26-6　Turbo 码编码结构

1) 分量码编码器

Turbo 码的分量码编码器常选择递归系统卷积码(RSC),对发送的数据进行 RSC 编码。图 26-6 中是两个 RSC 并行级联,也可以将多个 RSC 级联,构成多维 Turbo 码。RSC1 和 RSC2 的结构可相同,也可以不同。由 RSC1 对原始信息进行编码处理,由 RSC2 对经过交织后的信息进行编码处理,可以产生两个校验位序列。

2) 交织器(Interleaver)

交织器的目的是将输入信息序列的位置打乱,使之具有伪随机性,具体可以参见 15.3 节。

3) 删余矩阵

删余(Puncturing)矩阵/删余器的目的是改变系统的编码率。

差错控制编码都是有冗余的,信息经过 RSC1 和 RSC2 形成的两个校验位序列若不进行处理而直接进入后续的复接器,系统的编码效率会大大降低。删余矩阵以损失部分校验信息为代价来提高编码效率,同时也使得纠错能力有所降低。Turbo 码中的删余器一般比较简单,只要从两个校验位序列中周期性地选择校验比特输出即可。

217

218

4）复接器

复接器将未编码和已编码的所有二进制数进行组合，在后续进行调制与传输。

5）编码过程

图 26-6 中描述的输入信息序列 $u=\{u_1,u_2,\cdots,u_n\}$，通过一个 n 位随机交织器形成一个全新的序列 $u'=\{u_1',u_2',\cdots,u_n'\}$，使得 u_i 的原始位置被打乱。

信息序列 u 和 u' 分别被发送至 RSC1 及 RSC2 进行编码处理，产生两个不同的校验位序列 X^{p1} 和 X^{p2}。利用删余技术在这两个校验位序列中周期性地选择一些校验位，再把选择出的两组校验位序列合为一路，形成输出校验位序列 X^p。

X^p 和未编码的原始序列 X^s 通过复接，最终形成 Turbo 码序列 X。

6）译码算法

较成熟的 Turbo 码的译码算法有 MAP 系列算法和 SOVA 算法两大类。前者的译码性能优异但复杂度高，后者以牺牲译码性能为代价换取较低的复杂度。这里不再赘述。

3. 差错控制方法

为了对各种信息进行差错控制，可以采用以下三种方式。

1）自动请求重传（ARQ）

ARQ 系统中，在接收端根据信道编码规则对接收的数据进行检查，如果出错，则通知发送端重新发送，直到接收端检查无误为止。

2）前向纠错（FEC）

FEC 系统中，发送端发送能纠正错误的信道编码，接收端根据接收到的信道编码和编码规则，自动纠正信息中的错误。系统不需反馈，但随着纠错能力的提高，编码和译码设备会越来越复杂，帧中携带的编码位数也越来越长。

3）混合方式（HEC）

在纠错能力范围内，自动纠正错误，若超出纠错范围，则要求发送端重新发送。

4. 复用技术

为了提高激光传输的信道容量，可采用信道复用技术。

1）偏振复用（PDM）

偏振复用的基本思想是：将光信号在空间中以两个正交偏振态的偏振光形式进行传播。在接收端区分这两种偏振光并分别接收，如图 26-7 所示。

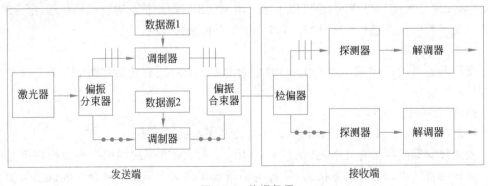

图 26-7　偏振复用

发送端输出两个正交偏振的线性偏振光,这两个线性偏振光通过偏振分束器分开,然后分别对这两束光进行调制,再经过偏振合束器发射出去。在接收端,设置两个检偏方向相互垂直的检偏器,检偏方向必须与光信号的偏振方向分别一致,从而将两路携带信号的光波分别检测出来,这样便实现了偏振复用。

偏振复用技术对固定点之间的通信是简单实用的,但若两个通信点之间有相对移动的情况,则存在很大的难度。

2)波分复用(WDM)技术

光的波分复用实质上就是光的频分复用,是把光的波长划分为若干波段,每个波段作为一个独立的通道传输一路光信号。在发送端,多路光信号(波长不同)被复用器(如棱镜)合并为一路信号发射出去。接收端采用分用器分离出不同波长的光信号,再经探测器恢复出各路电信号。

3)时分复用(TDM)技术

时分复用技术分为电时分复用(ETDM)和光时分复用(OTDM)两类。

电时分复用将多个低速率的电信号通过时分复用得到高速率的电信号,用它调制激光获得高速的光信号。接收端接收光信号并转换成电信号后,将高速电信号进行解复用。电时分复用实际上就是把传统的时分复用信号用光进行传播而已。

光时分复用采用全光数字信号处理,将相同波长的多路数据信号按照时分复用的思想实现信号的复用、解复用以及相关的信号处理。相对于 ETDM,OTDM 可以有效地克服电子设备的瓶颈限制,提高数据通信速率。

26.3 特殊的无线光通信

1. 卫星激光通信

卫星之间、卫星与地面站之间的通信目前主要采用微波通信技术,受载波频率的限制,数据率(如 150 Mb/s)无法满足大速率应用的要求(如德国 TerraSAR 卫星的 X 波段合成孔径雷达需 5.6 Gb/s)。卫星激光通信具有巨大的潜在应用价值。

欧美在这方面进行了大量的研究,我国相关工作起步基本与国际同步,也取得了显著的成绩,2018 年交付的实践十三号卫星首次在卫星上开展了高轨卫星与地面的双向激光通信试验,速率最高达到 5Gb/s。实践十三号能让用户快速接入网络,并能实现偏远地区的移动通信基站接入及其他行业应用。实践十三号在距地球近 4 万千米的卫星与地面站之间攻克了光束的高精度捕获难题,有效克服了卫星运动、平台抖动等因素的影响,成功实现了光束信号的快速锁定和稳定跟踪。中国卫通集团在甘肃省 15 个教学点开展了"利用高通量宽带卫星实现学校(教学点)网络全覆盖试点项目",有效解决了上述学校因位置偏僻、受地理条件限制无法宽带上网的问题。

2. 可见光通信

可见光通信是无线光通信的一种重要类型。目前的可见光通信主要是利用 LED 灯源实现的,对人体不会造成伤害,安全性较高。图 26-8 显示了利用可见光进行数据接入的方案。

一般的可见光通信系统包括 LED 灯、光/电转换、信号编码电路和信号处理电路等。

220

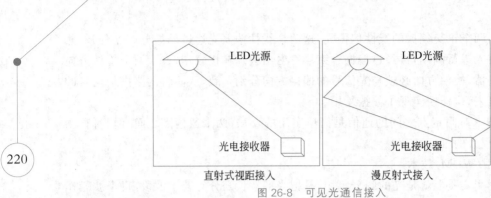

图 26-8　可见光通信接入

用户数据在编码之后，通过控制 LED 灯发光的强度变化进行信号的调制，发射出去。接收方使用光电接收机将接收到的光信号进行光电转换和调制，得到电信号，并解码最终输出用户数据。

据报道，2018 年 8 月在首届中国国际智能产业博览会上，我国研发的全球首款商品级超宽带可见光通信专用芯片组正式发布，对推动可见光通信产业和应用市场规模化发展，高效实现室内最后 10m 通信具有里程碑式的意义。

第 27 章 IEEE 802.11 无线局域网

27.1 概述

基于 IEEE 802.11 标准的无线局域网(Wireless Local-Area Network,WLAN),属于有基础设施的 WLAN,使用不必授权的 2.4GHz 或 5GHz 射频进行连接,使智能终端实现随时、随地、随意的宽带网络接入,为用户(包括物联网的物)的接入提供了极大的方便。表 27-1 展示了几种 WLAN 标准。

表 27-1 几种常用的 IEEE 802.11 无线局域网

标准	频段	最高数据率	调制技术	优 缺 点
IEEE 802.11b	2.4GHz	11Mb/s	HR-DSSS	数据率较低,信号传输距离远,且不易受阻碍
IEEE 802.11a	5GHz	54Mb/s	OFDM	数据率较高,支持更多用户同时上网,信号传播距离较近,易受阻碍
IEEE 802.11g	2.4GHz	54Mb/s	OFDM	数据率较高,支持更多用户同时上网,信号传输距离远且不易受阻碍
IEEE 802.11n	2.4/5G	600Mb/s	MIMO-OFDM	速率进一步提升,兼容性得到极大改善
IEEE 802.11ac	5GHz	1Gb/s	MIMO-OFDM	提高了吞吐量,支持用户的并行通信,更好地解决了通道绑定所引起的互操作性问题,必须有强大的硬件支持

现在许多地方,如机场、快餐店等都向公众提供有偿或无偿接入 Wi-Fi 的服务,这样的地点就叫作热点。由许多热点连接起来的区域叫作热区。基于 Wi-Fi 的物联网应用,参见案例 3-4。

基于 IEEE 802.11 的 WLAN 的基本组成如图 27-1 所示。

IEEE 802.11 规定 WLAN 的最小组成单位为基本服务集(Basic Service Set,BSS),一个 BSS 包括一个基站和若干移动结点。BSS 内的基站叫作接入点(Access Point,AP),在生活中常以无线路由器的形式出现,作用与网桥相似。当网络管理员安装 AP 时,必须为其分配一个不超过 32 字节的服务集标识符(Service Set Identifier,SSID)。

一个 BSS 可以是孤立的,也可以通过 AP 连接到一个主干分配系统(Distribution System,DS),然后再连接另一个基本服务集,构成扩展的服务集(Extended Service Set,ESS)。主干分配系统可以采用以太网、点对点链路,或其他无线网络等。WLAN 还可通过门桥(Portal,相当于网桥)或路由器连接其他网络。

一个移动结点如果希望加入一个基本服务集,就必须先选择一个接入点并与此接入

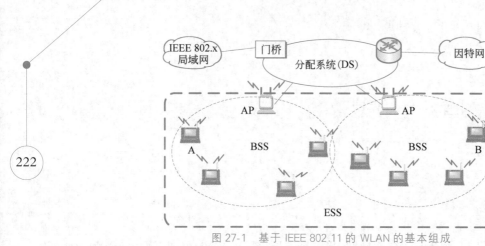

图 27-1　基于 IEEE 802.11 的 WLAN 的基本组成

点建立关联。移动结点与 AP 建立关联的方法包括：

* 被动扫描，移动结点等待接收 AP 周期性发出的信标帧（Beacon Frame）。
* 主动扫描，移动结点主动发出探测请求帧，等待从 AP 发回的探测响应帧。

BSS 内所有的移动结点需要通信时，包括和其他 BSS 内的移动结点通信时，都要通过接入点进行转接。

结点 A 在移动过程中，甚至从某个基本服务集漫游到另一个基本服务集的过程中，仍可保持与另一个移动结点 B 的不间断通信。

27.2　IEEE 802.11 协议栈

1. 协议栈

IEEE 802.11 标准定义了物理层和 MAC 层的协议规范，如图 27-2 所示。其中的物理层相关内容见表 27-1。

图 27-2　IEEE 802.11 协议栈

IEEE 802.11 的 MAC 子层支持两种不同的工作方式。

* 分布式协调功能（Distributed Coordination Function，DCF），是 IEEE 802.11 协议中数据传输的基本方式，所有移动结点竞争信道以发送数据。
* 点协调功能（Point Coordination Function，PCF），是由 AP 控制的轮询（Poll）方式，是一种非竞争的工作方式，主要用于传输实时业务。

其中分布式协调功能直接位于物理层之上，其核心是 CSMA/CA 技术，可以作为基于竞争的 MAC 协议的代表。点协调功能是可选的。下面主要介绍 DCF 机制。

2. DCF 工作模式

DCF 包括两种传输模式：基本传输模式和基于 RTS/CTS 的传输模式。

1）基本传输模式

发送结点通过算法竞争得到信道后，发送数据帧。可能有多个结点收到该帧，根据帧的目的地址，只有目的结点进行接收。目的结点在检验并确认数据帧正确后，需向发送结点发送一个应答帧（ACK），表明本次数据帧发送成功，如图 27-3(a)所示。

收到数据帧和发送应答帧之间的时间间隔被设定为最小间隔，使得其他结点无法抢占信道，保证了此次会话的完整性。

如果在一定的时间内，发送结点没有收到 ACK 帧，则认为发送失败，发送方重新竞争信道并重传该帧。经过若干次重传失败后，将放弃发送。

在发送结点和目的结点通信的过程中，若相邻结点认为信道忙，则停止工作，等待当前通信的双方完成通信。

2）基于 RTS/CTS 的传输模式

为了减少隐蔽站和暴露站问题（见 10.2 节），IEEE 802.11 协议也引入了 RTS/CTS 机制，但是该机制是可选的。

如图 27-3(b)所示，在传输数据前需要利用 RTS 和 CTS 两个控制帧事先进行信道的请求和预留。并且在整个会话过程中，所有帧之间的时间间隔都被设定为最小，使得其他结点无法抢占信道，保证此次会话的完整性。

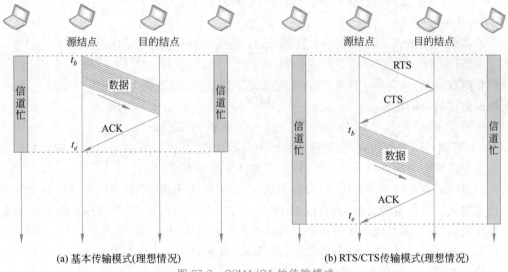

(a) 基本传输模式(理想情况)　　　　　(b) RTS/CTS传输模式(理想情况)

图 27-3　CSMA/CA 的传输模式

3. IEEE 802.11 的 CSMA/CA

1）虚拟载波监听

结点在发送数据帧前需侦听信道是否空闲。IEEE 802.11 结合物理载波侦听和虚拟载波侦听两种方式判定信道的占用情况。

所谓的虚拟载波监听，是指 IEEE 802.11 规定发送结点要将自己需要占用信道的时间（包括目的结点发回确认帧所需的时间）放置在数据帧首部，所有监听到此帧的结点就此可知信道还会被占用多久，在这段时间内其他结点停止发送数据。

为此，每个结点维护一个网络分配向量（Network Allocation Vector，NAV），表示信道被其他结点（设为 A）占用的时间长度，即经过多少时间 A 才能发送完当前数据帧，使信道转入空闲。NAV 可理解为一个计数器，初始值是 A 所发数据帧中给出的持续时间，当 NAV 值减到 0 时，虚拟载波侦听指示信道空闲，否则指示信道为忙。

2）帧间间隔（IFS）

IEEE 802.11 规定，当一个结点确定空间信道是空闲时也不能立即发送数据，而是要等待一个特定的帧间间隔（Inter Frame Space，IFS）时间后才能发送。标准定义了不同长度的三个 IFS，从而区分各类帧占用信道的优先权，优先级高的帧等待的时间短，反之则等待时间长。IFS 由短到长依次为：

- 短帧间间隔（Short Inter Frame Space，SIFS）最短，用来分隔属于一次会话的各帧（如确认帧 ACK、CTS 等），当两个结点已占用信道并通信时，使用 SIFS 确保它们的会话优先级最高，不被打断。这时其他结点应避免使用信道。前面工作模式中提到的最小的时间间隔指的就是 SIFS。
- PCF 帧间间隔（PCF Inter Frame Space，PIFS），只用于 PCF 模式。
- DCF 帧间间隔（DCF Inter Frame Space，DCFS），用于在 DCF 模式下发送数据帧或管理帧。

在等待过程中，若低优先级的帧还没来得及发送，而其他高优先级的帧已经开始发送了，则媒体变为忙态，低优先级的帧就只能再推迟发送了。

3）争用窗口

若数据帧是结点发送的第一个数据帧，且结点检测到信道空闲（包括物理的和虚拟的），在等待 DIFS 后，可以立即发送该帧。除此之外，标准规定源结点（可能是多个结点同时希望发送帧）在等待 DIFS 之后，不能立即发送数据，而是进入争用窗口进行竞争，以期减少碰撞的可能性。

所谓竞争，就是所有源结点各自选择一个随机的退避时间（退避计数器，Backoff Timer），按照时间进行扣除，直到退避时间为 0 后才能发送，这样就可以通过随机数对多个结点发送帧的时刻进行分散，大大降低了碰撞发生的概率。

如果某结点在退避过程中（退避时间大于 0）信道再次被占用，结点需冻结自己当前的退避时间。当信道转为空闲，再经过 DIFS 后，结点继续执行退避（从刚才剩余的退避时间开始递减）。冻结机制使得被推迟的结点在后续竞争中无须再次产生新的退避时间，这样，等待时间长的结点可能可以优先访问信道，从而维护了一定的公平性。

结点在退避时间变为 0 后立即占用信道发送数据帧，此时可能有如下结果：

- 如果不存在冲突，则本次发送成功。
- 若和其他结点产生冲突（两个结点的退避时间相同），则结点进行下面介绍的碰撞处理。

图 27-4 显示了多个站点发送数据帧退避的过程，向上的箭头代表产生了数据帧。

当结点 A 发送数据完毕，B、C、D 都产生了数据，希望发送。等待 DIFS 之后，B、C、D 都产生了自己的退避时间，进行退避。

C 的退避时间最短，获得了第 1 轮信道的使用权，发送数据。B 和 D 冻结自己的退避时间。

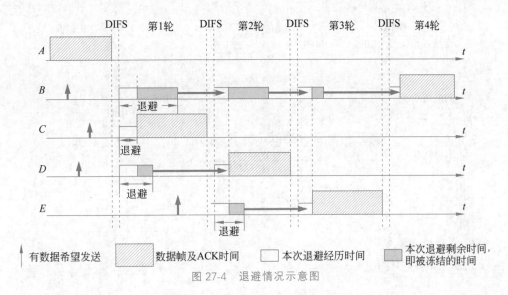

图 27-4　退避情况示意图

图中图例说明：
↑ 有数据希望发送　　▨ 数据帧及ACK时间　　□ 本次退避经历时间　　▨ 本次退避剩余时间，即被冻结的时间

C 发送完毕，E 也产生了数据和退避时间。所有结点在等待 DIFS 之后，继续退避。由于 D 的剩余退避时间最短，所以 D 获得了第 2 轮信道的使用权，发送数据。

D 发送完毕，E 的剩余退避时间最短，获得了第 3 轮信道的使用权，发送数据。最后，B 在第 4 轮等待完自己的剩余退避时间后发送数据。

4）碰撞处理

即便经过精心的设计，碰撞仍然可能发生，这时各个结点采用二进制指数退避算法计算一个新的退避时间，等待这个时间后继续尝试发送。

二进制指数退避算法如下：设当前是第 i 次退避，则算法从 $\{0, 1, \cdots, 2^{2+i} - 1\}$ 中随机地选择一个数字 n，算法以 n 个单位时间为自己新的退避时间。

5）会话过程示例

图 27-5 展示了在基本传输模式下，源结点获得信道使用权后，与目的结点间的一次会话过程。目的结点经过 SIFS 时间后，需要立即返回一个 ACK 信息给源结点。

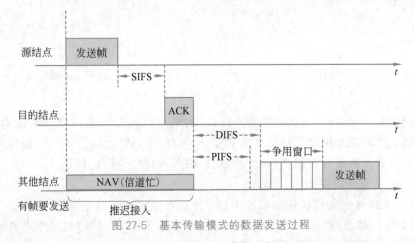

图 27-5　基本传输模式的数据发送过程

图 27-6 展示了在具有 RTS/CTS 机制的传输模式下的一次会话过程。

225

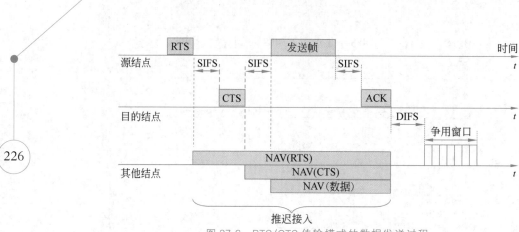

图 27-6　RTS/CTS 传输模式的数据发送过程

27.3　相关发展

1. MU-MIMO 技术

IEEE 802.11ac 最显著的特点是采用了多用户-多天线（Multi-User MIMO，MU-MIMO）技术，使得接入点可同时与多个结点通信，真正改善了网络资源的利用率。

可以把传统 AP 的覆盖范围想象成一个圆圈（实际上是一个球形）。在覆盖范围内的设备，AP 会根据竞争情况轮流地与它们进行通信，但每次只能一对一地服务，如图 27-7（a）所示。

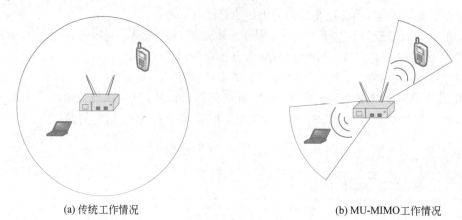

(a) 传统工作情况　　　　　　　　　　　　　　(b) MU-MIMO工作情况

图 27-7　MU-MIMO AP 与传统 AP 的对比

而支持 MU-MIMO 技术的 AP 则不同，它利用波束成形和多用户分集技术，将信号在时域、频域、空域三个维度上分成多条射线，同时与不同的结点进行通信，而且多路信号互不干扰。也就是可以真正做到同时为多用户服务，如图 27-7（b）所示。

2. 更大的信号承载密度

IEEE 802.11ac 在物理层还通过加大信号承载密度实现高数据率。

在 GPS 通信技术一节中曾提到过星座图，码元状态可以用其中的星座点表示。星座图可以直观地表现出一个码元携带数据的多少。

- 如果星座图中的星座点比较稀疏，则表明通信系统可用的码元状态数少，此时一个码元可携带的数据较少。

- 如果星座图中的星座点比较密集,则表明通信系统可用的码元状态数多,此时一个码元可携带的数据较多。

IEEE 802.11n 采用了 64QAM[①] 调制技术,其星座图如图 27-8(a)所示,而 IEEE 802.11ac 则采用了 256QAM,其星座图如图 27-8(b)所示。可见,IEEE 802.11ac 采用的码元状态数比 IEEE 802.11n 多很多。

IEEE 802.11n 中,一个码元可携带 6 比特,而 IEEE 802.11ac 可携带 8 比特。假设波特率(每秒传输多少码元)相同,则 IEEE 802.11ac 的数据率是 IEEE 802.11n 的 1.3 倍。打个比方,在 IEEE 802.11n 时代,马路上运输的交通工具是小轿车,而在 IEEE 802.11ac 时代则改成了大客车,运输能力强很多。

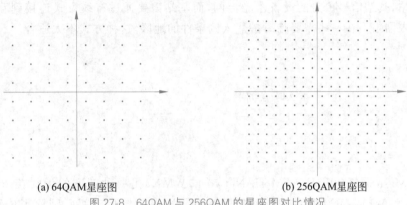

(a) 64QAM星座图　　　　　　　　(b) 256QAM星座图

图 27-8　64QAM 与 256QAM 的星座图对比情况

新的调制方案虽然增加了单个码元承载的比特数,但同时也增加了调制技术的复杂度和误码率,在实际应用中对信号的稳定性和抗干扰性要求更高。

227

---

① 其中 QAM 是 Quadrature Amplitude Modulation 的简写,中文名为正交振幅调制,调制过程中频率不变,以振幅和相位作为参量进行变化。

第 28 章　无线 Mesh 网络

28.1　概述

传统无线上网的方式主要如图 28-1 所示,包括传统蜂窝网、WLAN 等。这种方式需有一个基站,基站信号覆盖的设备才能上网,而基站需要通过有线方式连接到互联网,属于单跳接入网络。在一些需要临时搭建入网条件的地区,这种方式不太适合。

图 28-1　传统无线接入

无线 Mesh 网络(Wireless Mesh Network,WMN)是一种新型的无线接入网络,如图 28-2 所示,WMN 不要求所有基站都通过有线方式连接到互联网,消除了传统无线网络中必须有中心接入点覆盖的要求。WMN 是在自组网基础上发展起来的,其中的部分结点可同时作为基站和路由器,进行信号的接入和数据的转发。

图 28-2　取消中心基站的无线接入

同 Ad Hoc 网络相比,WMN 提供了更大容量和更高速率的数据传输和无线接入,但WMN 中大多数 Mesh 结点的移动性低,拓扑变动小。与传统的 WLAN 相比,WMN 可有多个接入点,数据可经过多跳传输最终发送到互联网,是一种多跳(Multi-hop)接入网络。WMN 的特点主要有:

- 可快速组网,方便、灵活。WMN 具有自组织、自愈以及多跳的特点,安装时大多数结点只需电源线即可。
- 网络中可能存在多条路由,当某个结点故障时,数据能通过其他路由进行转发,不会影响整个网络的运行,冗余的路由提升了网络的健壮性。
- 冗余的路由允许网络根据每个设备的负载情况动态地调整,从而避免网络出现拥塞,可以提高整个网络的吞吐量。

WMN 的应用前景相当广泛,而且特别适合一些特殊场合,如战场上部队的快速展开和推进、重大灾难后原有网络基础设施损毁、偏远/野外地区、临时组织的大型活动等。

28.2 WMN 结构

1. 无线结点类型

WMN 符合 IEEE 802.11s 标准,根据标准,WMN 结点可以分为以下四种类型。
- Mesh 结点(Mesh Point,MP):与其他结点建立通信链路,负责转发数据,提供多跳的功能,相当于路由器。
- Mesh 接入结点(Mesh Access Point,MAP):拥有 MP 的所有功能,同时提供接入功能。
- Mesh 网关(Mesh Portal Point,MPP):可以与外网进行数据交互的结点,一般以有线的方式和互联网连接。
- Mesh 客户端(Station,STA):用户端设备。

2. WMN 的分类

WMN 可分为骨干/架构式、对等式和混合式三类。

1) 骨干式 WMN(Infrastructure/Backbone WMN)

如图 28-3 所示,Mesh 结点、Mesh 接入结点之间通过无线链路形成多跳网状网络,构成 WMN 的骨干,并通过 Mesh 网关与互联网相连。WMN 客户端可通过 Mesh 接入结点直接接入 WMN,也可通过 WMN 允许的其他接入方式(如 Wi-Fi)接入 WMN。

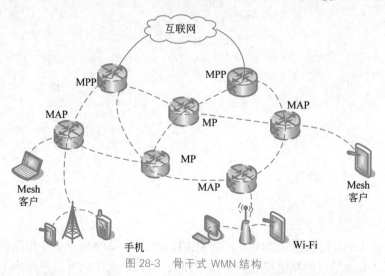

图 28-3 骨干式 WMN 结构

2) 对等式 WMN

如图 28-4 所示,网中只有 Mesh 客户端,每个无线设备都具有相同的路由、安全及管理等协议,结点通过自组织的方式形成网络。这种结构实际上就是一个 MANET,可以在没有或不方便使用网络基础设施的情况下提供一种互通手段。

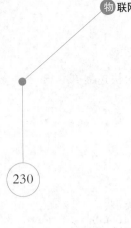
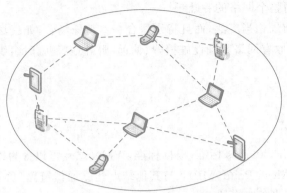

图 28-4　对等式 WMN 结构

3）混合式 WMN

图 28-5 所示是骨干式和对等式的结合，Mesh 客户端可通过 Mesh 接入结点直接接入 WMN，也可以先经过对等式 WMN，再接入骨干式 WMN。其中，对等式 WMN 进一步改进了网络的连接性和覆盖性。

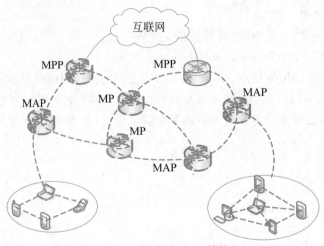

图 28-5　混合式 WMN 结构

28.3　WMN 路由

28.3.1　概述

混合无线 Mesh 路由协议 HWMP 是 IEEE 802.11s 设计的一个专用路由协议，分为按需路由模式和基于树的路由模式两种基本模式，由此产生了以下三种路由工作方式。

- 按需路由模式：是一个对 AODV 进行改进的路由算法，称为 Radio-Metric AODV（RM-AODV，无线度量 AODV）。
- 基于树的路由模式：以一个 Mesh 网关结点为根结点，形成树形拓扑，实施基于树的路由算法。
- 混合模式：上面两种路由模式的融合，既允许 WMN 中的路由结点自己发现和维护最优化的路由,也允许路由结点组成一棵树形的拓扑结构,快速建立到根结点的路径。

28.3.2　RM-AODV

1. 概述

1）路由选择判据

AODV 是网络层的路由协议,使用跳数作为路由计算的度量判据。而 RM-AODV 是 MAC 层的路由协议(其实和网络层的原理相似,为了加以区别,IEEE 802.11s 提出以路径选择代替路由选择的说法,但为了便于阅读,本书还是使用路由一词)。

标准基于 MAC 地址进行寻址,使用空时链路判据(AirTime Link Metric,ALM)作为路由选择判据。ALM 是链路传输一个帧所消耗的信道资源量,路径所经链路的 ALM 之和就是路径的选择判据,ALM 之和最小的路径就是最优路径。

2）序列号

RM-AODV 也采用了序列号机制建立和维护路由信息:WMN 中的每个结点都维护自己的序列号,并且通过 RM-AODV 的控制信息传递给其他结点。

在此基础之上,RM-AODV 使用目的地址序列号检验超时或者失效的路由信息:假设结点 M 收到了一条关于目的结点 x 的路由信息,M 检查路由信息的序列号 n',如果 n' 比 M 自己所持有的序列号小,则认为收到的这条路由信息是过期的。这就避免了路由环路的产生。

3）RM-AODV 的控制信息

RM-AODV 重用了 AODV 的路由控制信息,并加以修改扩展:

- 路径请求(Path Request,PREQ)帧,主要用于源结点请求获得路由,PREQ 可以包含多个目的结点,从而允许源结点使用一条 PREQ 寻找多个目的结点的路由。
- 路径回复(Path Reply,PREP)帧,主要用于对 PREQ 的应答,PREP 可以包含多个源结点。
- 路径错误(Path Error,PERR)帧,用于链路发生错误时进行通告或维护。
- 根通告(Root Announcement,RANN)帧,用于根结点广播自己的身份,主要用于 28.3.3 节介绍的基于树的路由模式。

4）PREQ 帧中的多目标设置

RM-AODV 允许使用一条 PREQ 寻找到达多个目的结点的路径。PREQ 中的目的地址计数域(Destination Count)定义了目的结点的个数,目的地址序列域包含了多组目的结点的地址信息,每组信息都包括以下内容。

- 每目的标志(Per Destination Flags,PDF)是一组控制信息,针对不同的目的结点而不同。
- 目的地址(Destination Address)。
- 目的序列号(Destination Seq)。

PDF 中重要的标志包括目的唯一标志(Destination Only flag,DO)和回复转发标志(Reply and Forward flag,RF),控制作用如下。

- 若 DO=1,则 RF 不起作用,这是 RM-AODV 的缺省行为。此时请求路径上的中间结点不做任何回复处理,只能转发 PREQ 到下一跳结点,直至到达目的结点。

只有目的结点才能发送一个单播路径应答帧(PREP)给源结点。这种方式可以确保查找到的路径是当前最新的。

- DO=0 且 RF=0,当中间结点存在从自己到目的结点的路径时,结点发送一个单播 PREP 给源结点,不再转发 PREQ。结点把源结点到自己(从 PREQ 中抽取)、自己到目的结点的两段路径拼接起来,放置在 PREP 相关域中。

- DO=0 且 RF=1,当中间结点存在从自己到目的结点的路径时,结点发送一个单播 PREP 给源结点,同时把 PREQ 的 DO 设为 1,然后转发 PREQ 至目的结点。由于 DO 改为 1,因此后续的中间结点不再发送 PREP 给源结点。

2. 路由发现过程

1) 启动路由发现过程

每个 Mesh 结点都会维护一个路由表,用来记录该结点到达其他结点的路由信息。

当源结点需要向目的结点发送数据时,首先在自身的路由表中查询,如果存在到达目的结点的路由信息,源结点直接根据这条信息发送数据,否则广播 PREQ,启动路径发现过程。PREQ 的源地址和请求 ID 可以唯一地标识一个路由发现过程。

2) 中间结点的处理

在 PREQ 的传播过程中,也需要建立一条到达源结点的反向路径,这样 PREP 就可以沿着这条反向路径传输给源结点 S。收到 PREQ 的结点(设为 M)可以根据自身路由表的情况进行相关处理,充分利用这条反向路径进行反向学习。

- 如 M 不存在一条从自己到达 S 的路径,则 M 生成一条新的、到达 S 的路由表项并保存,目的序列号从 PREQ 源序列号中获得,并从 PREQ 相应域中获得路由度量信息,下一跳是 PREQ 的上一跳结点。

- 如 M 已存在一条从自己到达 S 的路径,M 检查是否需要进行更新:如果 PREQ 中的源结点序列号比自己持有的序列号更大,或序列号相同但 PREQ 中的路径度量更好,则更新现有的路径。

M 记录反向路径后,根据每个地址及其设置(主要是 DO 和 RF)进行相关处理。

3) 应答 PREP

目的结点(或可以答复 PREP 的中间结点)M 生成 PREP,对源结点进行答复,PREP 包含了完整的路径,并收集了当前的路径度量值。

如果 PREQ 包含了多个目的地址,则 M 针对每个地址及其设置进行处理:

- 如果 M 生成了针对目的结点 D_i 的 $PREP_i$(设 $DO_i=0$,$RF_i=0$,即 PREQ 没必要被发送到 D_i),则 M 将 D_i 从 PREQ 的目的地址序列中删除。

- 如果 PREQ 的目的地址序列中已没有目的地址,则该 PREQ 不必再传播。

源结点收到 PREP 后,路由发现过程完成,建立了从源结点到目的结点的路径信息。

4) 可选的维护 PREQ

因为无线媒体的动态变化,一个已存在的路径可能变为源与目的结点间较差的路径。为了保证结点间的路径始终是最好的,RM-AODV 制定了一个可选的功能,维护路由请求。一个具有此功能的源结点周期性地向目的结点发送 PREQ,并且规定只有目的结点才能应答这些消息(即 DO 被设置为 1)。

虽然可以向每个目的结点发送一个单独的维护路由请求,但是为了减少路由开销,

RM-AODV 可借助前面所讲的多目的地址路由发现功能。维护 PREQ 按照普通 PREQ 进行处理即可。

5）路径错误 PERR

两个结点间的连接可能中断，RM-AODV 使用 PERR 通知所有受到影响的结点：当一个结点 N 发现通向邻居结点 M 的链路发生了中断，N 生成一个 PERR 帧，发送给所有包含 N-M 链路的路径的上游结点。

28.3.3 基于树的路由协议

1. 出发点

WMN 的结点移动不频繁，且很多应用中的数据流仅流向网关 MPP，结点与 MPP 间的先验式路由显得非常有用。WMN 支持基于树的、可选的先验式路由。

在 WMN 构建时，可以通过配置或经过一个选择过程，使其中一个 MPP 为根 Mesh Portal（下称根结点）。根结点周期性地广播通告帧，其他结点接收并处理，可以建立起树形拓扑结构。根据根结点的配置，结点可为下面工作模式之一。

- 注册模式：结点需要立即进行注册，便于根结点和该结点建立双向路径。
- 非注册模式：不需要立即注册，只能建立起从结点到根结点的单向路径。

根结点周期性地广播 RANN 帧，实际上可以看作一个特殊的 PREQ 帧，向 WMN 中的所有结点广播以请求路径。RANN 中包含了根结点的 MAC 地址，以及到达根结点的路由及度量。另外，RANN 中还定义了一个重要的标志——HWMP 注册标志（RE），RE=0 为非注册模式，RE=1 为注册模式，对 RANN 的处理取决于该标志。

如果根结点没有相关配置，则网络默认执行按需路由（RM-AODV）算法，否则执行混合式路由。针对后者，若 RE=0，则是非注册模式；若 RE=1，则是注册模式。

2. 非注册模式

非注册模式的目的是使路由的负载保持在最小值。当结点 N 收到根结点（设为 R）的 RANN 通告时：

- 如果 N 没有到达 R 的路由表项，则 N 新增一条相应的表项。
- 如果存在，但是 RANN 中的路径有更大的序列号（路径信息比较新），或序列号相同但路径更优，则 N 更新现存的路由表项。

如果 RANN 包含更新或更好的路径信息，则 N 将在更新 RANN 后继续广播给所有邻居结点。通过这样的操作，N 可以选择一条到达 R 的最佳路径，以这个路径的上游邻居结点为自己的父结点。这样，有了到 R 的路径信息，可以方便 N 将后续的数据传输给 R。

通告完成后，网络还只具有从结点到根结点的单向路径，如果希望和根结点进行双向的通信，可以在第一个数据帧发送之前发送一个 PREP，向根结点通告到达自己的路径，进行注册。

3. 注册模式

当结点 N 收到根结点 R 的 RANN 通告时，N 除了完成非注册模式下的相关工作外，还需要存储 RANN 并等待一个预定的时间段（以避免收到重复 RANN 后的重复处理）。经过这个时间后，N 发送一个 PREP 给根结点对自己进行注册。注册后，N 更新 RANN 并向所有邻居结点进行广播。

233

通过以上过程,网络建立和维护起一个先验式的双向路径树。

28.3.4 混合路由模式

混合路由模式融合了 RM-AODV 和树形路由协议,当源结点 S 需要向目的结点 D 发送数据的时候,S 首先在自身的路由表内查找是否存在到达 D 的路由,如果存在,则按照相应的路径发送数据,否则将数据发送到根结点 R。R 可以识别出 D 是否在网络中,如果在网外,则直接发向网外,否则转发数据给目的结点,如图 28-6 所示。

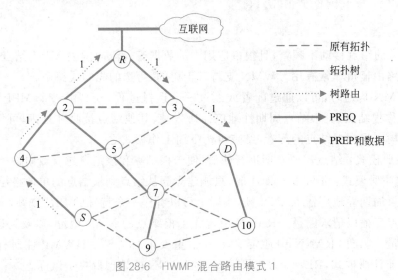

图 28-6 HWMP 混合路由模式 1

当 D 收到 S 的数据后,向 S 启动路由发现机制,并发送相应的路径请求 PREQ,如图 28-7 所示。

S 根据收到的 PREQ,获得了一条不经过 R 的、跨越多个树枝的更优路径。PREP 及后续的数据通过这条内部的新路径进行传输,如图 28-8 所示。因为网络中根结点离大部分的 MP 较远,所以混合路由模式往往更节省网络资源,效率也较高。

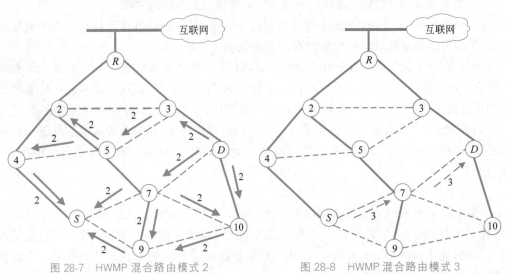

图 28-7 HWMP 混合路由模式 2   图 28-8 HWMP 混合路由模式 3

第 29 章　蜂窝通信

29.1　概述

　　1973 年,美国电话电报公司(AT&T)发明了蜂窝通信(Cellular Communication)工作方式。如图 29-1 所示,这种方式可在相同投入的情况下得到最大的电磁覆盖面积,将手机和网络通过无线信道连接起来,实现在移动中进行通信。几个月后,摩托罗拉发明了第一部手机,该手机虽然相当笨重,只能通话 35 分钟,但这标志着人类从此进入一个无线通信的时代。

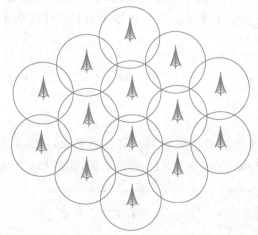

图 29-1　蜂窝通信的区域覆盖

　　关于蜂窝网的案例较多,如案例 1-3、案例 3-3 等,都需要利用蜂窝网进行数据的接入。

　　移动蜂窝接入目前发展了 5 代。

- 第 1 代模拟蜂窝系统,如美国的 AMPS(高级移动电话系统)和欧洲的 TACS(全接入通信系统)等。
- 第 2 代数字蜂窝系统(2G),如欧洲的 GSM(全球移动通信系统)和美国的 CDMA(码分多址)等。第 2.5 代过渡蜂窝系统(2.5G),如 GPRS、CDMA1x 等。
- 第 3 代(3G)多媒体数据通信,如 WCDMA、CDMA 2000、TD-SCDMA 等。
- 第 4 代(4G)宽带多媒体数据通信,如 LTE 等。
- 第 5 代(5G)强调万物互联,正在积极推广,第 6 代也正在积极研究中。

　　其中 4G 仍是当前的主流,其标准主要指 LTE(Long Term Evolution,长期演进),其他还有 LTE-Advanced、Wireless MAN、Wireless MAN-Advanced、HSPA＋四种。其中

LTE 是 3G 的演进,提供下行 100Mb/s,上行 50Mb/s 的峰值速率,能够满足几乎所有用户对无线服务的要求。LTE-Advanced 是 LTE 的升级,是实际上的 4G 标准,提供下行 1Gb/s,上行 500Mb/s 的峰值速率,但 5G 的快速推进对 LTE-A 造成了很大的挑战。

4G 是以 OFDM 为技术核心的,具有更高的信号覆盖范围,能够提高小区边缘的数据率,同时具有良好的抗噪声性能及抗多径干扰的能力。

LTE 定义了 LTE FDD(Frequency Division Duplexing,频分双工)和 LTE TDD(Time Division Duplexing,时分双工,也称 TD-LTE)两种模式,两个模式在 MAC 与 IP 层完全一致。其中,TD-LTE 是由我国所主导的,具有一定技术上的优势,并且具有战略上的思考,对我国通信技术快速发展具有巨大的促进作用。

FDD 模式下,系统在独立的两个无线信道上分别进行数据的接收(下行)和发送(上行),两个信道的频带之间间隔一定的频谱,用来减少信道间的干扰。该模式在支持对称业务时效率较高,但在支持非对称业务时效率大大降低,但多数业务的上行数据都少于下行数据,在这一点上,TDD 模式有很大的优势。

TDD 模式也就是时分双工(参见 16.3 节),系统只需要一个信道,工作时上、下行数据占据全部信道资源,但在不同的时隙内交替收发,交替的频率非常高,所以不会影响收发的连续性。这种模式让通信系统很容易实现以下目标:根据业务数据的统计结果分配上、下行资源。

29.2 LTE 系统

1. LTE 系统架构

LTE 系统可以简单地看成由核心网(Evolved Packet Core,EPC)、基站(e-NodeB,eNB)和用户设备(User Equipment,UE)三部分组成,如图 29-2 所示。

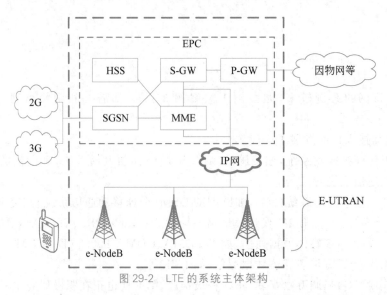

图 29-2 LTE 的系统主体架构

4G 的核心网是一个基于全 IP 的网络,可以提供端到端的 IP 业务。核心网具有开放的结构,允许各种空中接口接入核心网,实现不同网络的互联。同时,核心网能把业务、控

制和传输等分开,具有很好的独立性和灵活性。核心网包括:

- e-NodeB(Evolved NodeB,演进的 NodeB,即演进的基站)为终端的接入提供无线资源,负责用户报文的收发。
- S-GW(Serving Gateway,服务网关)负责连接 e-NodeB,实现用户面的数据加密、路由和数据转发等功能。
- P-GW(Public Data Network Gateway,PDN 网关)负责与互联网等网络之间的数据业务转发,从而提供控制、计费、地址分配等功能。
- SGSN(Service GPRS Supporting Node,服务 GPRS 支持结点)相当于网关,实现 2G/3G 用户的接入。
- MME(Mobility Management Entity,移动管理实体)管理和控制用户的接入,包括用户鉴权控制、安全加密、GUTI 分配、2G/3G 与 LTE 间相关参数(安全、QoS 等参数)的转换等。正常的 IP 数据包是不需要经过 MME 的。
- HSS(Home Subscriber Server,归属用户服务器)主要用于存储并管理用户签约数据,包括用户设备的位置信息、鉴权信息、路由信息等。

为保护用户的身份信息,从 2G 开始就规定,在正常通信过程中使用临时身份标识代替永久身份信息,4G 采用全球唯一临时 UE 标识(GUTI)作为用户的临时身份,由 MME 分配给用户,仅在所属 MME 范围内有效。

e-NodeB 由 3G 中的 NodeB 和 RNC(Radio Network Controller,无线网络控制器,负责移动性管理、呼叫处理、链路管理和移交机制等)两个结点演进而来,具有 NodeB 的接入功能和 RNC 的大部分功能。

2. 接入网

演进的地面无线接入网(E-UTRAN)如图 29-3 所示,负责用户设备的接入,由多个基站(e-NodeB)所组成,是一个全 IP 网络,数据流基于 IP 地址进行转发。

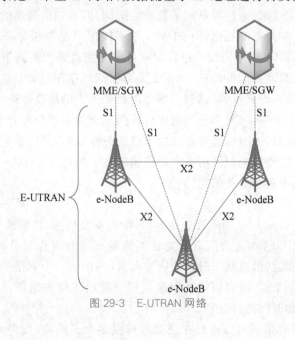

图 29-3　E-UTRAN 网络

237

接入网提供了 S1 接口和 X2 接口用于接入。

- S1 实现基站和核心网之间的通信。
- X2 实现基站间的用户数据传输，并在用户设备进行小区切换时进行基站间切换信息的传递。

基站间的 X2 接口采用无线 Mesh 网连接，基站和核心网间的 S1 接口采用部分的无线 Mesh 网连接，可有效控制成本。为了进一步节约成本，LTE 还支持网络中存在移动或临时的基站，形成无线 Mesh 网以多跳的形式传输数据。

LTE 还支持其他接入技术，如 Wi-Fi、WiMax 等。

29.3　4G 物理层相关技术

1. 多址方式

1）概述

蜂窝网络必然面临一个基站为多个用户设备服务的情况，必然涉及多址问题，即如何区分用户设备的问题。有多种多址方式可用于蜂窝网络，如时分多址（TDMA）、频分多址（FDMA）、码分多址（CDMA）、正交频分多址（OFDMA）等。

LTE 在下行采用 OFDMA 技术，在上行采用单载波频分多址（SC-FDMA）技术。SC-FDMA 由 OFDMA 演变而来，在基本保证系统性能的同时有效减小了设备的发射功率，延长了设备使用时间。下面主要讲述下行的相关技术。

2）OFDMA

OFDM 技术（参见超宽带一章的多频带 OFDM 一节）把高速率的信源数据流变换成 N 路低速率的并行数据流。利用 OFDM 原理产生了 OFDMA 多址接入方式：将传输带宽划分成互相正交的一系列子载波，将子载波按时间分配给不同的用户，每个用户可同时占用若干子载波。反过来，通过对不同子载波的解调，即可知道是谁的数据。

OFDMA 与 FDMA 有些相似，但 FDMA 中不同用户是在相互分离的不同子频带上进行通信的，而 OFDMA 中不同用户是在频域可以互相重叠的不同子载波上同时进行通信的，前提是这些子载波必须彼此正交（正交关系保证不存在相互干扰）。

OFDMA 多址接入方式下，频谱利用率可以得到很大的提高。简单的情况下，可以把整个频带划分成若干子频带，每个子频带还可按照正交关系划分出若干子载波，相当于重复利用了子频带的资源。并且，通过合理的子载波分配策略，只简单地改变用户所使用的子载波的数量，就可以使得用户占用特定的传输带宽。因此，OFDMA 特别适合多业务通信系统，可灵活地满足多种业务带宽的需求。

3）资源元素的概念

资源元素（Resource Element，RE）是 LTE 中的重要概念，是资源分配的具体单位。

如图 29-4 所示，OFDMA 的信道带宽首先按频率划分成若干子频带，再将子频带的使用时间划分成时间段，形成基于时频的资源元素（图中的一个方格即一个资源元素），是资源分配的一个基本单位，可以将这些资源元素分配给不同的用户。这种方案可以看作将总资源按照频率和时间进行分割。

实际上，每个子频带还可以按照正交关系形成多个子载波（频率可以相同，但须相互正交),从而将图 29-4 转换成三维的资源划分方法。

基于资源元素的分配方法十分灵活,例如,在图 29-4 中第 3 个时间段,用户 2 被分配了 2 个资源元素,带宽是用户 3 和用户 4 的 2 倍;而用户 1 没有数据发送,不需要分配资源元素。

4) LTE 的 OFDMA

LTE 物理层下行的多址方式采用了 OFDMA。

如图 29-5 所示,LTE 的资源元素是最基本的单位,在时域上为一个符号的时间,占用一个子载波。黑粗方框所围资源元素的集合就是 LTE 的一个资源块(Resource Bolck, RB)。资源块是 LTE 信道资源的分配单位,在时域上表现为一个时隙,占用 12 个子载波。资源的调度由基站完成,根据需求的数据率,每个用户在每秒内被分配一个或多个资源块。

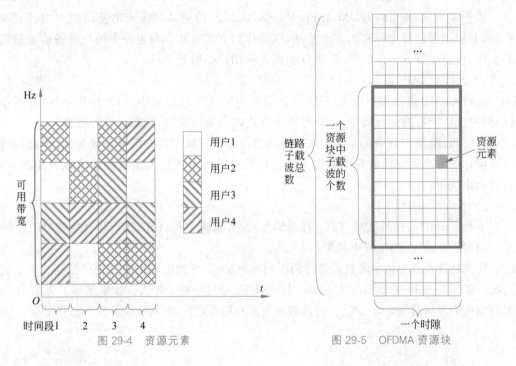

图 29-4　资源元素　　　　　　　　图 29-5　OFDMA 资源块

LTE 另一个重要的技术是 MIMO 技术(参见水下通信一章),OFDMA 与 MIMO 相结合既可提供更高的数据率,又可通过分集达到很强的可靠性,增强系统的稳定性。

2. 链路自适应

无线信道的一个显著特征是信道的动态性,有时信道质量好,有时信道质量很差。而设计中重要的一环是进行编码和调制的设计,编码和调制的效率越高,数据率越高,但对信道质量要求也就越高。如果信道质量比较差,采用效率高的编码和调制技术,将导致接收方无法正确接收。如果信道质量良好,采用效率低的编码和调制技术,则会造成信道的浪费。

一个较好的方案是通信双方相互交流信道状态,根据当前信道质量调整传输参数(如编码、调制、重复模式等),最大限度地优化无线资源的使用。

LTE 的一项重要技术就是链路自适应,核心是自适应调制编码(Adaptive Modulation

239

and Coding，AMC），其基本原理是根据当前的瞬时信道质量和资源使用情况，选择最合适的链路调制和编码方式，使用户获得尽量高的数据吞吐率。而传统无线通信技术在信道质量发生变化时，仅仅是简单地改变终端的发射功率。

自适应技术通常包含以下三个步骤。

（1）对信道情况的测量、估计。目前，信道情况只能从上个时隙的信道质量估计获得。

（2）最佳参数的选择。主要有调制方式、编码方式、发射功率等。研究发现，调制方式的改变，比发射功率的改变更加有效。策略可以包括在速率固定的前提下误码率最小、在保证一定误码率的条件下发送速率最大等。

（3）自适应参数的发送。双方进行参数的交流，完成自适应匹配的过程。

3. 协作多点传输技术

协作多点（Coordinative Multiple Points，CoMP）传输是对传统单基站技术的补充和扩展，利用地理位置上分离的多个基站，以协作的方式共同参与为一个用户设备传输数据的工作，可有效降低小区间干扰，提升小区边缘用户的服务质量。

1）上行 CoMP

上行 CoMP 是指用户设备（UE）所在服务小区（UE 的归属小区）和协作小区（邻近小区）同时接收 UE 的上行信号，并通过协作方式联合做出决策，判断接收的结果。

目前，发给用户设备的反馈（ACK/NACK）信息只从 UE 的服务小区发出，因此最终决策应在服务小区完成。其他协作小区需将收到的数据或相关信息传递给服务小区，由后者做出决策。

2）下行 CoMP

下行 CoMP 有两种实现方式：联合调度/协作波束赋形（CS/CB）、联合处理（JP）。

（1）联合调度/协作波束赋形。

传统蜂窝系统中各小区独立进行调度和波束赋形，可能出现用户设备信号相互干扰的情况。如图 29-6 所示，UE1 通过基站 1 接入，UE2 通过基站 2 接入。如果基站 1 为 UE1 分配的频率资源与基站 2 为 UE2 分配的频率资源相同或相近时，两个设备就会相互干扰。

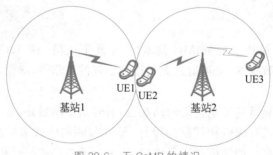

图 29-6　无 CoMP 的情况

为此，可采用联合调度的方式，通过基站 1 和基站 2 之间的协调，使得两个用户设备会被分配到不同的资源，避开相互干扰。或者，对于调度到相同资源上的两个用户设备，通过控制波束指向控制彼此的干扰。

如图 29-7(a)所示，通过基站 1 和基站 2 之间的协调，将分配给 UE2 的频带分配给

UE3,给 UE2 重新分配差异较大的频带,从而避免两个用户设备相互干扰。而图 29-7(b)则展示了协作波束赋形的情况,各基站为用户提供服务时,使用单一的方向性波束,以减小多用户之间的干扰。

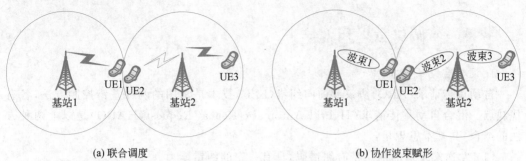

(a) 联合调度　　　　　　　　　　　　　　(b) 协作波束赋形

图 29-7　联合调度/波束赋形

（2）联合处理。

联合处理技术下,多个传输点同时向用户设备传输数据。比如,基站 1、2、3 同时向 UE1 发送数据(见图 29-8),具体又分为以下两种方式。

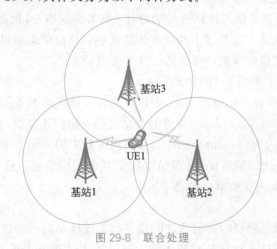

图 29-8　联合处理

- 联合传输:各个传输点同时向用户发送数据,可实现用户数据率的最大化。
- 动态基站选择:某个时间点只有一个基站向 UE 发送数据,但是某一时间段内,为 UE 服务的基站是动态调整的。

4. 小基站

LTE 采用了小基站的概念来增加自己的服务性能。小是相对于当前常见的宏基站(Macro Cell)而言的。宏基站的覆盖范围可达几十千米,而小基站要小得多。

小基站主要有三种形式。

- 微基站(MicroCell),主要部署于室外、由于占地受限而无法部署宏基站的地方,用来提高宏基站弱覆盖区的服务质量,覆盖范围为百米级。
- 皮可基站(PicoCell),低功率的紧凑型小基站,大部分部署于室内公共场所,如机场、火车站等,覆盖范围为十米级。
- 家庭基站(FemtoCell),安装于家庭或企业环境中,为室内用户提供高质量的无线

241

通信服务，覆盖范围为十米级。

小基站具有以下优势：体积小、发射功率低、辐射范围小；用户与小基站距离近，路径损失小，信号质量高；辐射低，回传灵活，能够以较低的成本部署。

29.4　数据链路层相关技术

1. 混合自动重传技术

自动重传请求（ARQ）协议和前向纠错（FEC）技术是常用的两种差错控制方法，各有优缺点。混合自动重传请求（Hybrid Automatic Repeat Request，HARQ）是以上两种方法的结合，其基本思想是：

（1）发送端发送的信息带有纠错码，具有一定的纠错能力。

（2）接收端收到数据帧后首先检验错误情况，如果没有错误，则返回 ACK 信息。

（3）如果数据帧存在错误，但在纠错码的纠错能力之内，就自动进行纠错。

（4）如果错误较多，超出纠错码的纠错能力，则接收端通过反馈 NAK 传给发送端，要求发送端重新发送数据。

HARQ 过程本身就反映了链路质量的好坏（如果质量不好，则需要频繁纠错或反复重传），可以认为 HARQ 一定程度上改变了传输速率以适应信道质量，是一种隐式的链路自适应技术（相对于前面所讲的链路自适应技术而言）。

LTE 在 MAC 层中采用了 HARQ 机制。

根据重传数据帧所包含信息的不同，有以下两种方式可实现重传。

- CC(Chase Combining)方式，重传的数据是第一次传送数据的简单重复。
- IR(Incremental Redundancy)方式，在初次传输中用高码率编码，此后每次重传的数据不是前一次的简单重复，而是增加了冗余编码信息。这样，多次重传合并在一起，就可以提高正确解码的概率。

2. 随机接入过程

随机接入是用户设备（UE）与网络之间建立起无线链路的必要过程，只有接入过程完成后，基站和 UE 才能进入正常的数据传输。通过接入过程可实现 UE 与基站之间的同步、UE 向基站申请资源、基站为 UE 提供调度信息并分配数据传输所需网络资源，等等。

LTE 系统的随机接入采用了基于资源预留的时隙 ALOHA 协议，用户先随机申请，然后进行调度接入。LTE 提供了以下两种接入方式。

- 基于竞争的随机接入，主要用于 UE 的初始接入。
- 基于非竞争的随机接入，用于 UE 在不同小区间进行切换等情况下的接入。

1）基于竞争的随机接入

LTE 中基于竞争的随机接入过程分 4 步，每步传输一条消息（Msg1～Msg4），如图 29-9 所示。基站事先广播通知所有 UE，哪些时频资源允许利用，分别传输哪些随机接入前导码（前导码的主要目的是 UE 告知基站"有随机接入请求到来"，每个小区有 64 个可用的前导码）。

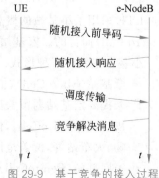

图 29-9　基于竞争的接入过程

（1）UE 发送随机接入前导码（Msg1）。

UE 随机选择一个前导码，按照预定义的初始发射功率，在预定的随机接入时隙中发送该前导码。LTE 中用于传输前导码的信道与上行数据信道是正交的，两者的传输不会相互干扰。

（2）基站发送随机接入响应（Msg2）。

基站通过前导码进行时延估计等操作，并在下行共享信道上发送随机接入响应（RAR），包括接入前导码标识、初始上行授权等信息。

（3）UE 发送调度传输消息（Msg3）。

如果 UE 收到 RAR，并且其中的接入前导码与自己发送的一致，则使用 HARQ 机制将 Msg3 发送给基站。Msg3 消息根据接入需求的不同而不同，但必须包含一个 UE 的标识，并启动竞争解决定时器。

如果 UE 在随机接入时间窗内未接收到 RAR，则认为接入失败，将重传前导码。

（4）基站发送竞争解决消息（Msg4）。

基站收到 Msg3 后，需进行接入竞争的判决，然后向 UE 发送竞争解决消息 Msg4，包含成功接入的 UE 的标识。如果 UE 发现 Msg4 中的 UE 指向自己，则表示本次接入成功；否则认为发生了碰撞，UE 执行退避后重新发起新的随机接入过程。

2）冲突和退避机制

上述的随机接入过程中，不同的 UE 有可能选择相同的接入前导码，导致接入失败。失败后需引入退避机制。传统通信系统中，各结点自行进行退避。而 LTE 随机接入退避策略是由基站集中控制的。

（1）在发送 Msg2 中，基站将退避窗口的最大值（设为 W）下发给 UE。

（2）基站检测 UE 的冲突，并通过 Msg4 将检测结果发送给参与竞争的 UE。

（3）若本次接入不成功，则 UE 根据 W 执行退避过程（如果基站未下发退避窗口，则 UE 不需要进行退避）。

（4）如达到最大退避次数，则 UE 放弃本次随机接入。

3）基于非竞争的随机接入

该过程主要用于切换，负责接收 UE 接入的基站对该 UE 的信息已有所了解，接入过程中不会出现冲突，并可减少随机接入的时延。过程分为以下 3 步。

（1）基站在下行链路分配一个专用的前导码 C 给特定的 UE。

（2）UE 在规定的上行接入信道中传输 C。

（3）基站返回随机接入响应，接入完成。

3. 用户永久身份的保护

UE 开机时需向网络进行注册，网络将要求用户提供永久身份 IMSI（International Mobile Subscriber Identity，国际移动用户识别码），过程如图 29-10 所示。

为了保护用户的身份信息，需减少用户永久身份暴露的时间，从 2G 开始就规定了在通信过程中使用临时身份标识替代永久身份信息的相关内容。4G 采用 GUTI 作为用户临时身份。GUTI 由 MME 分配给用户，仅在所属 MME 范围内有效，分配过程如下。

（1）MME 向 UE 发布新的临时用户身份 GUTI/TAI，其中 TAI（Tracking Area Identity）用于标识用户当前所处区域。GUTI 的生成是随机的，并建立起与 IMSI 的对应

244

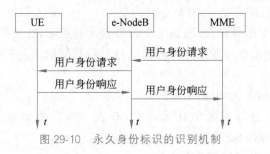

图 29-10　永久身份标识的识别机制

关系。

（2）UE 收到新的 GUTI 后，撤销原 GUTI 与 IMSI 的关联关系，并建立起新的 GUTI 与 IMSI 的关联关系，然后向 MME 反馈。

（3）一旦 GUTI 分配完成，此后 UE 使用该 GUTI 进行后续的通信过程。

第30章 卫星通信

30.1 概述

1. 组成

卫星通信系统一般由三部分组成：空间段、地面段和用户段。

空间段通常由若干通信卫星组成，可以包括地球同步轨道（Geostationary Earth Orbit，GEO）卫星、中轨道（Medium Earth Orbit，MEO）卫星、低轨道（Low Earth Orbit，LEO）卫星、深空卫星。

高轨道静止卫星通信技术成熟，能以少量的卫星实现全球覆盖，但时延长、衰减大。中轨道卫星覆盖全球需要十几颗。低轨道卫星轨道高度低，覆盖全球需要很多，且相对地面有着高速的移动（平均过顶时间仅有几分钟），星座的网络拓扑不断变化。但低轨卫星系统传输时延及路径损耗小，是卫星通信的一个重要发展方向。

卫星通信链路包括：

- 高轨道静止卫星间的链路（GEO2GEO：约 80000 千米）。
- 低轨道和高轨道卫星间的链路（LEO2GEO：可达 45000 千米）。
- 低轨道卫星间的链路（LEO2LEO：约数千千米）。
- 深空通信，距离地球 200 万千米以上的宇宙空间为深空，深空航天器与卫星的通信为深空通信。
- 其他，如卫星与地面站/航空器，或地面站之间的链路等。

目前，很多工作都是将相关的卫星组成一个网络，这就是天基网的基本思想。中国的第 20 颗北斗导航卫星可以和第 19 颗北斗星（及后续诸星）实现空间组网对话，这些北斗卫星可以交互测量和通信，从而实现卫星间的时间同步，保证提供给地面用户的信号测量结果更加准确，并为北斗提供短报文通信服务打下良好基础。

另外，无线光通信具有带宽大、天线尺寸小、抗干扰/保密性好等优点，在卫星通信和组网领域必然具有重要的发展、应用前景。

卫星通信的地面段包含网络控制中心（NCC）、信关站以及其他地面设施。系统控制中心负责管理卫星资源，监视卫星轨道工作，控制整个系统的运行。信关站负责把卫星段与地面段连接起来，实现全球通信。

用户段即用户终端，可以是固定接收端、车载移动终端或者手持机等。

2. 传统卫星通信的分类和特点

传统的卫星通信包括卫星固定通信、卫星移动通信和卫星广播几大类型。

- 卫星固定通信是指利用通信卫星作为中继站实现固定用户间通信的方式。
- 卫星移动通信是指利用通信卫星作为中继站实现移动用户之间，或移动用户与固定用户间通信的通信方式。

- 卫星广播是指利用卫星向用户传送音频、视频等广播节目。

针对卫星移动通信，20世纪90年代，中/低轨道卫星通信的出现和发展开辟了全球个人移动通信的新纪元。这种通信虽然受到蜂窝通信的严峻挑战，但在军事等领域仍然具有重要的作用。

这些卫星通信主要是地面站/用户终端与空间站间的星地通信，具有以下特点。

- 覆盖面积大，不受地理条件限制，在解决通信不发达、人口稀少等地区的通信问题上具有不可替代的作用。
- 同一卫星覆盖区内的地面设备之间，通过卫星一次转发即可连通，通信成本与地面设备的通信距离无关。
- 组网灵活，支持全球漫游，使通信真正实现全球化。
- 受众面广，既可以为固定终端服务，也可以为航海、航空等移动终端提供服务。

因此，卫星通信在国内外民用/军事通信和广播电视等领域得到广泛应用。

3. 系统分类

根据卫星波束覆盖区域与卫星运动的关系，可将系统分为两类：卫星固定小区系统和地球固定小区系统。

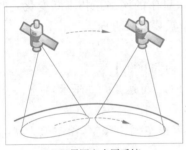 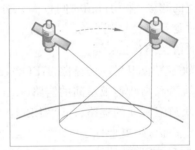

(a) 卫星固定小区系统　　　　　　　(b) 地球固定小区系统

图 30-1　卫星固定小区系统和地球固定小区系统示意图

在卫星固定小区系统中，每个波束相对于卫星是固定不动的，这样波束覆盖的小区会随同卫星一起同步移动，如图30-1(a)所示。采用这种方式的系统如铱星系统。

在地球固定小区系统中，卫星在移动过程中通过位置计算，控制波束的方向，使波束覆盖的小区在地面的位置固定，如图30-1(b)所示，直到无法完成覆盖为止。采用这种方式的系统如ICO、Teledesic系统。

4. 标准化

为了推广应用、降低成本，采用标准接口是卫星通信的发展趋势。一个著名的标准是美国宇航局、欧洲空间局等成立的空间数据系统咨询委员会CCSDS标准，中国国家航天局于2008年成为CCSDS的第十一个正式成员。

CCSDS旨在开发空间数据通信系统的标准化体系结构、通信协议和业务，使空间任务能以标准化的方式进行数据交换和处理，并在新一代标准中纳入了TCP/IP协议簇。中国实践五号卫星在国内首先采用了CCSDS协议，此后越来越多地采用了CCSDS相关协议。2008年，中国第一颗数据中继卫星（天链一号01星）在数据链路层使用了该协议。

另外，还有VSAT、INTELSAT、INMARSAT、DVB-RCS、DVB-S2等标准。

30.2 IPoS 协议

1. 概述

IPoS(IP over Satellite)是另一个卫星通信标准,是完全以 IP 为基础的标准,由休斯网络系统公司制定且通过了欧美相关组织和国际电信联盟(ITU)的批准。

IPoS 系统通过 GEO 卫星提供在线的互联网服务,网络拓扑采用树形拓扑结构(见图 30-2),其中调度中心为网络枢纽,为多个远程终端提供中心式调度,能够满足大量远程终端通过卫星访问互联网的要求。

图 30-2　IPoS 系统的构成

IPoS 的工作过程如下。

(1) 初始同步:用户终端通过扫描与下行信道同步,获得上行信道参数。另外,终端还可根据情况完成测距的工作来获得正确的时间偏移量。

(2) 鉴权和注册:调度中心接收终端发来的账户信息进行鉴权,并根据用户请求的服务类型和本地数据库信息产生与终端相关的信息(如 IPoS 协议内部地址、密钥等),发送回用户终端。此后,用户即可享受在线服务。

(3) 数据发送:终端需要发送数据时,发送带宽请求包给调度中心,调度中心据此为终端分配带宽,并向终端发送带宽分配包,至此终端可以发送数据。

(4) 即使终端没有数据,也必须在相应时隙上回送应答空包,调度中心按比例逐次减少带宽,直至超时,调度中心停止为该终端分配带宽,并将终端标记为空闲。

(5) 在空闲状态下,终端每隔一段时间从调度中心获取一次参数,这个过程中,终端可以有选择地改变其数据传输速率、编码方式等。

2. 体系结构

IPoS 协议(见图 30-3)遵循分层、对等通信的原则,为通信双方的 IP 业务和信令提供传输机制。

1) 物理层

物理层负责数据信号的发送和接收,还包括初始接入、时钟和频率同步、测距以及调制、编码、纠错等。目前,卫星通信以微波通信为主,但

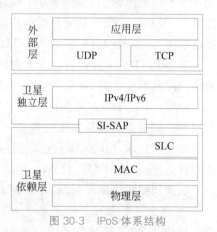

图 30-3　IPoS 体系结构

通过激光进行通信正在迅速发展中。

2）数据链路层

数据链路层又分为两个子层：媒体接入控制（MAC）子层和卫星链路控制（SLC）子层。

- MAC 接受 SLC 的要求，将用户数据/控制信息以特定的格式封装进行发送和接收。
- SLC 控制用户终端和主站之间的包传输以保证可靠性。

IPoS 中不同传输方向的控制机制不同，终端到枢纽方向（入向）需要提供可靠传输机制，需包括 MAC 和 SLC 两个子层，而枢纽到终端方向（出向）不需要 SLC 子层。

卫星独立服务接入点（SI-SAP）是卫星依赖层为独立层提供的服务接口，从而建立一个开放服务的平台。

3）卫星无关协议

模型中的卫星独立层（相当于网络层）和外部层（相当于传输层和应用层）基本不属于 IPoS 范畴，仅在传输层采用的是改进后的 TCP。

30.3　卫星通信相关技术

IPoS 的主要功能是提供可靠的链路层服务，为上层提供透明的传输，比较关键的技术包括混合 ARP（HARQ）、自适应编码等，在蜂窝通信一章已有所涉及。

1. 按需的 MF-TDMA

目前，卫星通信系统的接入体制主要有时分多址（TDMA）、频分多址（FDMA）、码分多址（CDMA）、空分多址（SDMA）、正交频分多址（OFDMA）接入等。为了适应更复杂的环境和通信需求，卫星通信广泛采用动态分配卫星带宽资源的机制，可有效提升系统性能和资源的利用率，一个常用的技术就是按需的 MF-TDMA（多频-时分多址）接入带宽分配，IPoS 协议的上行信道采用的就是 MF-TDMA。

MF-TDMA 是频分多址和时分多址相结合的混合多址接入方式，将卫星频带资源分为多个不同频率的子载波，不同子载波的传输参数可以不同，每个子载波又可分为多个时隙单元，带宽以时隙为单位分配给特定的终端。如果 MF-TDMA 的分配原则是按照用户的需求进行的，则称为按需的 MF-TDMA 带宽分配方式。

当 MF-TDMA 的载波数为 1 时，就变成了传统的 TDMA。当 MF-TDMA 每个载波的用户降低到 1 个时，对应的就是传统的 FDMA 机制。

通常，MF-TDMA 可提供几种可选的数据速率、带宽等，当信道状态发生改变时，可通过调整相关参数保证系统的性能。而且通过不同参数的组合，可以同时满足不同的用户终端及其需求。IPoS 将自适应调制编码（AMC）技术（参见 4G 物理层相关技术一节的链路自适应）和按需 MF-TDMA 相结合进行工作。

如何根据需求调度资源，是资源分配的一个重要问题。

2. 多波束天线

目前，多数卫星通信系统均采用了多波束天线，这样能够产生多个点波束（也称为子波束），将覆盖区域分割成若干细小的小区，如图 30-4 所示。多波束技术其实是 SDMA 的一种方式：通过指向不同区域的波束区分不同的用户群。

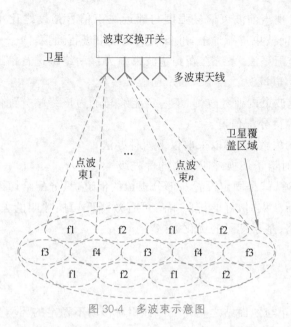

图 30-4　多波束示意图

同一波束内还可以再用 FDMA、TDMA、CDMA 等方式区分不同的用户终端。

多波束方式已经成为目前提高卫星通信系统容量的必要手段。

3. 卫星通信的切换

在低轨卫星通信系统中,单颗卫星一般只能为用户提供几分钟的服务时间,为了提供不间断的服务,需要把用户切换到另一颗卫星上,从而继续为用户服务。

另外,卫星通信系统采用了多波束天线,所产生的多个点波束(子波束)将覆盖区域分割成细小的小区,波束间也涉及了切换的问题。

这两种切换如图 30-5 所示。实质上,卫星切换也可看作波束切换,是不同卫星的两个波束间的切换。

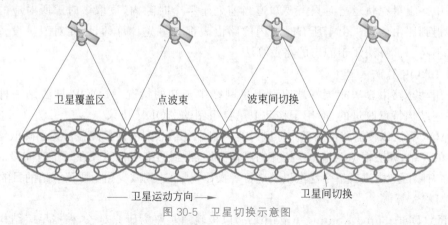

图 30-5　卫星切换示意图

卫星通信系统中,通常切换的过程如下。

(1) 移动终端周期性测量当前使用信道的传输质量,确定自己是否处在相邻波束的重叠区内。一旦检测到进入重叠区,就启动切换过程准备切换,设置新的激活波束集(激活波束集是指邻近移动终端的、当前可用波束的集合)。

249

（2）终端一旦发现当前波束信号强度与邻近波束信号强度之比小于切换阈值，就开始切换，终止利用当前波束进行通信，准备利用新波束进行通信。

（3）按照信道分配算法，系统在新到达波束中为移动终端进行信道分配，并在原波束中回收终端使用的信道资源。

（4）如果新到达波束内业务较忙，不一定能够马上为该终端分配信道，则移动终端的切换请求还需排队等待分配信道。

为了降低切换的失败率，可以采取以下两种办法。

- 在分配信道时给予切换呼叫较高的优先级。
- 设置保护信道，就是固定设置一部分预留的信道，只分配给切换呼叫使用。

移动终端进入新波束时，好的排队策略可有效降低切换呼叫的失败率。排队等待策略包括先进先出策略、基于度量的优化策略等。

30.4 路由算法

卫星与卫星、卫星与地面站之间处于一种相对移动不稳定的环境中，导致网络拓扑结构不断变化，相关路由算法必须考虑这一点。

1. 单层路由算法

1）基于离散化的虚拟拓扑路由算法

利用卫星轨道的周期特性，以及星座结构的可预测特性，在卫星运转的周期 T 内，将时间 T 离散化为 n 个时隙段 $[t_0, t_1], [t_1, t_2], \cdots, [t_{n-1}, t_n]$。在某个时隙 $[t_{i-1}, t_i]$ 内，卫星的拓扑结构可虚拟化为一个连接图 G_i。当 n 足够大，也就是时隙 $[t_{i-1}, t_i]$ 足够小时，可将此时的卫星拓扑连接图 G_i 视为静态的，可利用经典的迪杰斯特拉（Dijkstra）最短路径优先（Shortest Path First，SPF）算法计算图 G_i 中每一对结点的连接路径。

上述工作是在卫星系统设计之初完成的，并将每个时隙内的路由计算结果保存于卫星设备中。卫星在轨运行时只需要知道当前处于哪个时隙内，读取该时隙所对应的路由表即可得到路由信息。由于所有时隙内的路由表都是事先计算的，因此对卫星设备的性能要求不高。该算法属于静态的路由算法。

2）LAOR 算法

采用动态路由算法能更好地应对卫星网络中未知的情况。LAOR 算法是一种根据卫星星座结构特点改进的、应用于移动卫星自组网的 AODV 协议。

LAOR 算法以按需路由为基本原则计算网络中各结点间的连接路径。为了降低路由信息交换的开销，算法根据卫星星座拓扑的可预测性，得到网络中各路径在每个时间段的生存周期，在有限区域内进行信令泛洪以及应答等操作，从而达到减少路由协议开销的目的。

3）DRA 算法

DRA（Distributed Routing Algorithm）以极轨道星座为研究对象，根据星座结构的对称性提出了逻辑地址的概念。DRA 将地球表面抽象为一个二维平面，将此平面分为若干区域，每个区域赋予一个固定的逻辑地址。算法要求星座结构设计要保证在任意时刻，每个区域内都有一颗卫星进行覆盖。当一颗卫星离开本区域时，下一颗卫星立即进入此区域，并继承当前所在区域的逻辑地址。

DRA 的设计利用了极轨道星座结构的特点,屏蔽了卫星运动对网络的影响。在此基础之上,卫星根据逻辑地址可以推测出全网络内任意一颗卫星的位置,从而避免在卫星结点之间进行链路状态信息的交互,对链路切换频繁的卫星网络来说很有优势。

DRA 开创了星座结构卫星网络路由的一个新领域,后续有很多深入的研究。

2. 多层路由算法

传统的互联网路由协议是二维的,不适用于网络拓扑结构快速变化的三维网络,必须考虑多层卫星网络路由技术。

1)GEO 方式

多层路由算法最早采用地球同步轨道(GEO)卫星方式,即信号被上传到 GEO,由 GEO 进行放大、频移后以广播的方式传送到它所覆盖的全部区域。这种组网方式以地面网为主,路由也主要在地面网完成,GEO 只相当于一个无线的中继器/交换机,卫星之间不直接进行通信。

2)HQRP 算法

HQRP 利用中轨道(MEO)卫星相对较强的计算能力,将路由计算从低轨道(LEO)层移至 MEO 层,LEO 卫星直接向 MEO 卫星上报链路状态信息,通过 MEO 层实现快速的路由计算。此外,HQRP 算法还建议通过 MEO 层转发 LEO 层的多跳分组,从而减少 LEO 层的流量负载。

3)MLSR 路由

MLSR 提出了由 GEO、MEO 和 LEO 组成的三层卫星网络结构(见图 30-6),并基于此结构提出对应的路由算法。网络中不同层的卫星之间具有层间星际链路,各层内卫星之间使用层内星际链路进行连接。

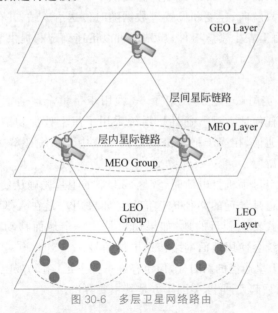

图 30-6　多层卫星网络路由

算法基于上层卫星的覆盖域对下层卫星进行区域划分,引入了卫星组与组管理的概念,即 LEO 卫星在某 MEO 卫星的覆盖区域内形成 LEO 组,MEO 卫星在某 GEO 卫星的覆盖区域内形成 MEO 组。上层卫星进行覆盖域内下层卫星网络状态信息的收集,并周期性地计算下层网络中数据包转发的下一跳。GEO 卫星不能跃层对 LEO 卫星进行管理。

该算法提出了组群的概念,有利于进行大规模、多层卫星的一体化管理。但 MEO 和 LEO 卫星都具有相对高的移动性,使得卫星的星上路由表更新过于频繁。

30.5　卫星网实例

1. 海事卫星

海事卫星(Inmarsat)是实现海上和陆地间无线通信的卫星系统。空间段由 9 颗地球静止卫星组成:大西洋东区、大西洋西区、太平洋区和印度洋区上各有 1 颗三代卫星,剩下的 1 颗三代卫星备用;4 颗二代卫星已转为备用。

网络操作控制中心位于伦敦,监视、协调和控制所有卫星的工作运行情况。岸站是设在海岸边上的地球站,经由卫星的中继实现与船站的通信,完成船站与陆地网络的互连,相当于网关。岸站归所在国主管部门所有。每个洋区有一个岸站兼作网路协调站,对本洋区内的船站与岸站间的电话和电传信道进行分配、控制和监视。

船站是设在船上的地球站,船站的天线均安装有稳定平台和跟踪机构,使得船只在起伏/倾斜时,天线也能够始终指向卫星。

系统可提供低速率语音和数据服务,也可提供高速率的数据服务,海上的船舶可根据需求,由船站将通信信号发射给海事卫星,卫星转发给岸站,岸站再通过与之连接的地面通信网络或国际卫星通信网络,实现与世界各地用户的相互通信。

海事卫星利用有限的频率资源,为全世界提供了可用的多种服务业务,特别是可承担救援业务。系统把船只航向、速度和位置等数据随时传送给岸站,并存储在控制中心的计算机内,船只一旦在海上发生紧急事件,岸站就可以迅速确定和提供船只所在海域的具体位置。

2. 铱星

20 世纪 90 年代,美国铱星公司发射了 66 颗用于手机全球通信的卫星,使用卫星手持电话可在地球上的任何地方进行通话。系统采用了星上处理和星间链路技术,通过卫星间的接力实现全球通信,相当于把蜂窝网搬到了空中。系统还解决了卫星网与地面蜂窝网之间的跨协议漫游。

当地面用户使用卫星手机打电话时,该区域上空的卫星先确认使用者的账号和位置,接着自动选择最便宜也是最近的路径传送信号:如果用户是在人烟稀少的地区,电话将由卫星通过接力的方式转达到目的地;如果用户是在一个地面移动通信网络(如蜂窝通信)的区域,则控制系统会使用地面网络传送电话信号。

铱星开创了个人卫星通信的新时代,但也存在一些不足:在市场上遭受冷遇,于 2000 年破产,次年接受新注资后起死回生,美国军方是其主要客户。

3. 星链

星链(Starlink)是美国 SpaceX 公司的项目,计划发射 4.2 万颗卫星来提供互联网服务,平均数据率目标为 50～150Mb/s。星链的应用范围包括通信、卫星成像、遥感探测等,同样适用于军事领域,能进一步增强美军作战能力。但希望星链作为接入技术来取代 5G

还相当困难,目前在数据率和时延上远无法逾越 5G,且用户终端大小(直径约 0.48 m)无法与手机相提并论。不少文章提出两者可以互补。

星链给他国和平利用太空带来巨大的威胁,它使得地球近地轨道变得异常拥挤,卫星碰撞风险大幅增加。2021 年甚至出现两次星链卫星突然变轨试图靠近中国空间站的情况,对航天员构成生命威胁,中国航天站被迫改变轨道。据统计,目前星链卫星已占据近地轨道遭遇事件的一半。另外也引发了各国对近地轨道频谱资源的竞争,星链占据了大量频谱资源,其他国家需要避开这些资源,客观上造成了美国的数据霸权。

4. 和德一号

和德一号是商用 AIS(船舶自动识别系统)海事卫星,填补了国内星基 AIS 市场的空白,对我国主权及领土/海安全、经济社会发展、海事航运业发展具有重要意义。

和德一号通过高度集成化实现了从小型化到微型化的飞跃,配置的 AIS 系统对船舶中/高密度区域具有良好的检测率,平均每天可解码不少于 6 万艘船舶的 200 万条消息。卫星地面接收站设在上海,用于对卫星进行遥测遥控,并对星上接收到的 AIS 数据实现完整地下载及分发。数据处理中心设在北京,实现实时数据与历史数据的高效存储与分发,并通过与地/海图结合形成可视化应用平台。

5. 行云工程

中国航天科工集团有限公司计划发射 80 颗行云小卫星,建设我国首个低轨道窄带通信卫星星座,打造最终覆盖全球的天基物联网,实现全球范围内物联网信息的无缝获取、传输与共享,同时构建包括云计算、大数据等服务的信息生态系统。

天基物联网通过卫星系统将全球范围内的各通信结点进行连接,覆盖地域广、不受气候条件影响、抗毁性强、可靠性高,具有广阔的应用前景。天基物联网在自然灾害、突发事件等应急情况下依旧能正常工作,在抢险救灾、应急保障等方面优势突出。

6. 全球移动宽带卫星互联网

2018 年,中国航天科工集团有限公司开始部署一个低轨道通信卫星星座,卫星数量最终将超过 300 颗,建成后将成为全球无缝覆盖的空间信息网络基础设施,为地面固定、手持移动、车载、船载、机载等各类终端提供互联网传输服务。系统可在深海大洋、南北两极等区域实现宽、窄带相结合的通信保障能力。

253

第 7 部分
互联网相关技术

前面讲述的相关技术可以实现物联网获取的数据被传输进入互联网,此时需要在互联网中进行传输和处理了。

数据在互联网中进行数据传输所需要的技术,特别是 TCP/IP 协议族已经有很多书籍进行了介绍,这里不再赘述。本部分首先讲述对数据进行处理的一个平台性技术——云计算平台。

可以想象,物联网的数据是非常庞大的,是海量的,具有数据存储量大、业务增长速度快等特点。这就涉及如何有效处理和利用的问题,如果不能及时处理,有用的数据也可能变成无用的了。

利用传统意义上的大型机、巨型机,其软硬件成本和维护成本等费用高昂,大多数企业难以承担,不见得是良好的方案,也不一定能够取得良好的结果。为了解决上述问题,业界提出云计算的构想,经过 10 多年时间的发展,云计算技术取得了巨大的进步并广泛应用,被认为是 IT 行业的又一次巨变。

云计算技术可以为大型应用提供良好的支持,为应用软件在主机之间传递数据,从这个角度看,可以把云计算技术归纳入应用层的通信技术,本部分将简要介绍云计算的相关内容。

本书的最后,鉴于 RFID 在物联网中的重要作用,本部分将介绍 RFID 阅读器网络及应用技术。

第31章　云计算技术

　　分布式计算(Distributed Computing)是在两个或多个软件实体之间通过交互,进行信息交流和共享,完成某共同的任务,这些软件既可以在同一台计算机上运行,也可以在通过网络连接起来的多台计算机上运行。

　　云计算技术作为分布式计算的一个重要成果,其主要目的是提供服务,并希望这种服务可以像使用电、水一样方便地使用计算、存储等资源,而不需要考虑这些服务是哪里提供的,有多少硬、软件为你的服务进行支持。资源服务化是云计算重要的表现形式。云计算的出现,意味着计算能力也可作为一种商品进行流通了。

31.1　概述

1. 云计算的概念

　　云计算最初的一个出发点是利用来自网络上的不同计算机,让它们协同工作,并行计算来处理大型的任务。较为简单的一个解释:把需要解决的大型任务分发给不同的计算机,最后把各个计算机的计算结果进行合并以得出最后的结果。但是,这种协调工作必须对使用者透明,为用户屏蔽数据中心管理、大规模数据处理过程管理、应用软件部署管理等复杂问题,要让用户感觉到像使用电能一样方便。

　　随着大型数据中心的出现(谷歌、百度等在世界各地拥有大量的计算机组成的集群),这种目标有所扩展:数据中心具有大量的高性能计算机,每台的性能都超过很多应用的需求,如何把这些资源合理化细分并提供给用户使用,则可以提高效益。

　　总结起来,当前云计算技术的思想是:把分布在各地的资源(如计算资源、存储资源等)进行统一管理,形成逻辑上一体的庞大资源库,针对不同用户的不同需求,调用一部分资源为该用户服务。一次任务分配的资源,可能分布在不同地区、不同数据中心的不同设备中,并且在计算过程中可能会根据具体情况进行资源的重新调度和分配。

　　云计算的概念非常多,一个通常的定义如:云计算是一种利用互联网实现随时随地、按需、便捷地访问共享资源池(包含计算设施、存储设备、信息数据、应用软件等资源)的、按使用量进行付费的计算模式。一般来讲,用户和云计算服务提供商需要协商,以实现双方可以接受的服务方案和服务质量,以及服务费用。

　　云计算是分布式计算、并行计算(Parallel Computing)、效用计算(Utility Computing)、网络存储(Network Storage)、虚拟化(Virtualization)、负载均衡(Load Balance)等传统技术和网络技术发展融合的产物。

　　作为信息产业的一大创新,云计算模式一经提出,便得到工业界、学术界的广泛关注。国内外各大 IT 公司纷纷推出自己的云计算平台,如 Amazon、Google、华为、百度、阿里等。此外,以 Hadoop 等为代表的开源云计算平台的出现,加速了云计算服务的研究和普及。

2. 虚拟化技术的引入

从管理的角度看,云计算可以有以下两种基本模式。

- 多个资源"组装"成大规模资源为大型应用提供服务。
- 大型资源"分成"多个小型资源为小型应用提供服务。

不管是什么模式,为了提高管理的灵活性并让用户感到自己使用的服务(特别是计算服务)是专享的(好像有专门的计算机在为自己服务),利用虚拟化技术把上述资源虚拟出一台独立计算机是非常理想的一种模式。通过虚拟化,设备的性能和指标可根据用户的需求进行定制,云计算甚至可以让用户体验每秒上万亿次的运算能力。

如果读者觉得有些抽象,可以试用一下虚拟机软件,如 VMware、Virtual PC、VirtualBox、KVM、Xen 等。在这些软件中,你可以安装和同时运行多套不同的操作系统(如 Windows、Linux 等)。VMware 的界面如图 31-1 所示(安装了多套系统,包括 Windows XP 和 Windows 7 两类)。

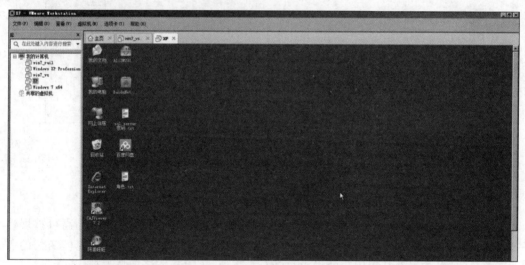

图 31-1　VMware 虚拟出的多套系统

针对每个操作系统,都可以指定不同的硬件资源(CPU 个数、内存大小、硬盘大小等),如图 31-2 所示。

把这些不同的"计算机"按需求分配不同的硬件资源,安装不同的软件,租给不同的客户,就可以简单地实现云计算的某些功能了。这属于第二种模式。

3. 云计算的特点

1) 超大规模

Google 云计算已拥有 100 多万台服务器,Amazon、IBM、微软、Yahoo 等的"云"也拥有几十万台服务器。这是对外提供服务的基础。

2) 虚拟化和通用性

有了虚拟化技术,用户无须了解、也不用关心自己所需的应用运行在什么位置,只需要一台笔记本或者一个手机,就可以通过网络获得他们所需的服务。这就带来了通用性:

257

258

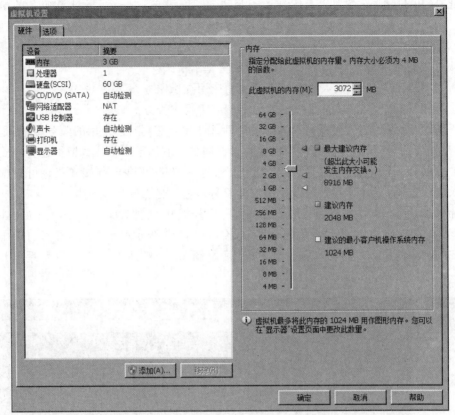

图 31-2　指定虚拟机的硬件资源

虚拟环境不针对特定的应用,可以根据用户需求构造出千变万化的应用,还允许用户把自己的程序上传到云上,在通用的平台上运行。

3）资源池化和高可扩展性

资源以共享资源池的方式统一管理,便于分享给不同的用户。资源池为高可扩展性打下了良好的基础,用户所需的资源规模可以动态伸缩,满足应用和用户规模变化的需要。并且,这种扩展性基于用户的需求自动分配资源,不需系统管理员干预。

4）高可靠性

为了提高对外服务的质量,云一般使用数据的多副本容错、计算结点同构可互换等措施保障服务的高可靠性,做到使用云计算比使用本地计算机更加可靠。

5）简单性和按需付费

用户按自己的实际需要购买服务,对云中资源的使用应尽量简单,其目标是像自来水、电、煤气那样使用和计费。服务提供方需要监控用户的资源使用量,并根据资源的使用情况对提供的服务进行计费。

6）廉价

云的专门设计,使得廉价的结点也可以构成云,并且云的自动化、集中式管理使大量企业无须负担数据中心日益高昂的管理和维护成本。

4. 云计算的隐患

云计算也有一些不可避免的问题,比较重要的是信息安全问题。云计算一般都提供存储服务,这样就存在秘密数据/隐私保护的问题。

　　一方面,从技术上讲,云计算的安全也是存在的,但矛和盾的斗争在信息安全领域是时刻存在的,且云计算一般都处在公开的环境中,受到的风险更多一些,而数据如果保存在公司的私网内部,面临的外部攻击相对会少一些。

　　另一方面,云计算中的数据对于所有者以外的其他用户是保密的,但对于云计算提供者而言没什么秘密可言。而这些商业机构仅能提供商业级的信用,对于政府机构(特别是军事、刑事这样需保密的关键部门)、商业机构(特别是银行这样持有敏感数据的公司)等,选择云计算(特别是国外机构提供的云计算)服务时应保持足够的警惕。

31.2　服务类型

　　云计算的服务类型可以分为以下三类,如图 31-3 所示。

　　1) 基础设施即服务(Infrastructure as a Service,IaaS)

　　IaaS 提供硬件基础设施的部署服务,为用户按需提供计算、存储和网络等硬件资源。用户可以与 IaaS 服务提供商协商所需硬件资源的配置需求、基本程序等。用户可在 IaaS 上安装和部署自身所需的平台和应用软件,不需要管理和维护底层的物理基础设施。

　　为了方便和优化硬件资源的分配,IaaS 应引入虚拟化技术提供可靠性高、可定制性强、规模可扩展的服务。

　　2) 平台即服务(Platform as a Service,PaaS)

　　该类服务提供了云计算应用软件的开发平台、运行平台、程序部署与管理服务等支撑环境。通过 PaaS 层的软件工具和开发语言,开发者只上传程序代码和数据即可使用服务,而不必关注底层的网络、存储、操作系统等细节问题。

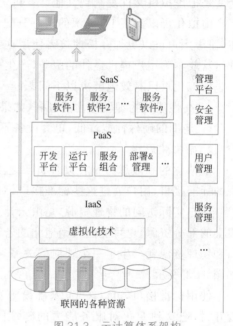

图 31-3　云计算体系架构

典型的 PaaS 平台有 Google App Engine、Hadoop 和 Microsoft Azure 等。其中 Hadoop 由 Apache 基金会维护,是一个开源的开发平台,在可扩展性、可靠性、可用性方面进行了各种优化,适用于大规模的云环境。目前许多研究都基于该平台。

　　3) 软件即服务(Software as a service,SaaS)

　　该类服务包含多种多样基于云计算平台所开发的应用软件,是用户可直接拿来就用的一种服务。企业可以通过租用这类现成服务解决企业信息化的问题。

　　如 Google Apps 将传统的桌面应用软件(文字处理软件、电子邮件软件等)迁移到云上,用户通过 Web 浏览器便可随时随地访问这些软件,而不需要下载/采购、安装、维护任何软硬件。另外,办公自动化(Office Automation,OA)、客户关系管理(Customer

259

Relationship Management，CRM）系统、企业资源计划（Enterprise Resource Planning，ERP）等都可以在云上部署和对外提供服务。

31.3 虚拟化技术

1. 概念

虚拟化（Virtualization）是云计算的基础性关键技术之一，是一种资源的管理技术，它以软件的方法将各种实体资源（如 CPU、网络、内存、硬盘、资料等）重新划分、组合后，进行封装予以抽象，从而呈现出若干逻辑完整的虚拟视图（虚拟计算机），这种虚拟视图不受实现、地理位置或底层资源等配置的限制。

虚拟机最终体现为硬盘上的若干文件，因此封装后产生的虚拟机不仅可以表现为一个计算实体对外提供服务，而且可以在必要时实现虚拟机的移动和复制。这个过程实质上就是把虚拟机文件复制到其他计算机上进行附加，即可令虚拟机在新的机器上运行。

虚拟化可以实现 IT 资源的动态分配、灵活调度，打破了实体结构不可分割的传统思想，使得用户可以更加轻松地按需使用这些资源，并以不断优化、调整资源的方式，以最低的运营成本为用户提供最佳的服务，产生相应的经济效益。

虚拟化可以有效地解决以下问题。

- 高性能的物理硬件性能过剩，如果分配给一个用户使用太过浪费。
- 老旧的硬件性能过低，单套设备不足以为用户提供有效的支持。

2. 虚拟化思路

虚拟化的一般思路是在硬件资源之上增加一个软件的层次，对用户提供访问硬件资源的标准接口，用户通过这些标准接口，对物理资源进行间接的访问。

用户实际访问的物理资源，是由云计算技术进行调度的，可能是天涯海角的一台计算机上的部分资源，也可能是天南地北的若干台计算机上的若干资源的组合。于是，标准接口和物理资源就产生了一个映射的关系，这种映射关系对用户透明。虚拟化的主要思路如图 31-4 所示。

使用标准接口，可以在 IT 基础设施发生变化时，把这种变化对服务能力的破坏降到最低。因为用户使用的接口是没有变化的，变化的只是接口和底下物理硬件资源的映射关系。

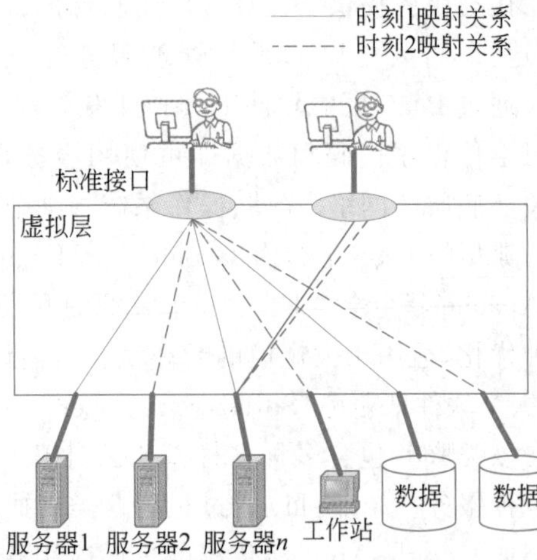

3. 工作模式

根据上面的内容可以归纳出，虚拟技术主要有下面两种工作模式。

- 单一资源多个逻辑表示。这种模式只包含一个物理资源，但是把这个资源划分为多个虚拟资源（子集），每个虚拟资源对应一个消费者，但消费者

图 31-4　虚拟化的主要思路

与这个虚拟资源进行交互时，就仿佛自己独占了整个物理资源一样。

- 多个资源单一逻辑表示。这种模式包含了多个组合资源,将这些资源表示为单个逻辑视图为一个用户服务。利用多个功能不太强大的资源创建功能强大且丰富的虚拟资源是一种非常诱人的模式。存储虚拟化就是这种模式的一个典型例子。在计算方面,提供多台机器一起运行来为用户服务,和传统的并行计算技术有些类似。

4. 虚拟化的特性

1) 透明性

虚拟化屏蔽了底层的各种细节和复杂性,使得云计算在用户不知情的情况下,自由地选择拆分或者组合物理资源来为用户服务,为物理资源的可扩展性使用提供了强大的支撑。而用户在不知情的情况下可以简单地获得优化后的各类物理资源。

2) 完整性

虽然虚拟机是一个逻辑视图,但它看起来与物理计算机一样具备完整的组件(如CPU、内存、磁盘、网卡等),脱离了硬件对软件的约束,能够兼容相同架构的计算机。

3) 灵活性

虚拟化的封装过程对云计算的灵活性非常关键,使得虚拟机的移动不需要用户重新安装相关程序,大大提高了资源调度的灵活性。试想一下,如果某个主机负载严重,则云计算可以把其上的一些虚拟机搬到其他主机上运行,从而可以实现对系统的优化,对用户提供更好的服务。

4) 资源定制

用户利用虚拟化技术可以配置所需的计算资源,包括指定CPU数目、内存容量、磁盘空间等,从而实现资源的按需分配,并可随时根据需要进行更改。

5) 隔离性

封装后的多个虚拟机可能共享了同一台物理计算机,但虚拟化的隔离性确保了虚拟机之间互相不受影响,即使一台虚拟机死机,同一物理计算机上运转的其他虚拟机也可正常运行。隔离性也使得用户配置自己的虚拟计算机时不影响其他虚拟机。

5. 虚拟机快速部署技术

传统的虚拟机部署一般分为5个阶段:创建虚拟机、安装操作系统、配置主机属性(如网络、主机名等)、安装应用软件、启动虚拟机。这种方法时间长,达不到快速、弹性服务的要求。为了简化虚拟机的部署过程,虚拟机模板技术被应用于大多数云计算平台上。虚拟机模板预装了操作系统与应用软件,并对虚拟设备进行了预配置,通过复制即可产生出一个新的虚拟机,可有效减少虚拟机的部署时间。

但模板技术仍不能很好地满足快速部署的需求。一方面,将模板转换成虚拟机需要复制模板文件,甚至跨网络实现复制,当模板文件较大时,时间开销较大;另一方面,新产生的虚拟机需要在启动并加载到内存后才可以提供服务。

有研究提出基于fork思想的虚拟机部署方式,利用父虚拟机迅速克隆出大量子虚拟机,子虚拟机可继承父虚拟机的内存状态信息,并在创建后即时可用。当部署大规模虚拟机时,子虚拟机可并行创建并维护其独立的内存空间。虚拟机fork技术虽然提高了部署的效率,但通过该技术部署的子虚拟机不能持久化保存。Potemkin项目可在1秒内完成虚拟机的部署或删除(父、子虚拟机需在相同的物理机上),而Lagar等研究了跨网络分布

261

式环境下的 fork 技术,可在 1 秒内完成数十台虚拟机的部署。

6. 在线迁移

虚拟机的在线迁移技术对云计算的资源优化至关重要。在线迁移是指虚拟机在运行状态下从一台物理主机移动到另一台物理主机的过程,这个过程必须对用户透明。虚拟机在线迁移技术对云计算平台的作用体现为以下几方面。

- 提高系统可靠性:一方面,当物理主机需要维护时,可以将运行于该物理主机的虚拟机转移到其他物理主机;另一方面,对于高可靠性需求的任务,可利用在线迁移技术完成虚拟机运行时的备份,如果当前虚拟机发生异常,可立即将服务无缝切换至备份的虚拟机。
- 实现负载均衡:当某一台物理主机负载过重时,可通过在线迁移技术把虚拟机转移到负载较轻的物理主机上,实现负载均衡。
- 便于设计节能方案:通过迁移技术将零散的虚拟机集中到若干物理主机上,使其他物理主机完全空闲,以关闭/休眠这些物理主机,达到节能目的。

31.4 海量数据处理相关技术

1. 海量数据存储

为了适应大规模数据应用的不断涌现,云计算提出海量数据存储技术,这是进行大规模数据处理的前提,特别适合物联网的各类应用。海量数据存储非常重要的一个因素是要考虑存储系统的 I/O 性能,可靠性与可用性也不可忽视。下面以 Google 公司的 GFS (Google File System)为例进行介绍。GFS 对应用环境做了以下假设。

- 系统是部署在容易失效的硬件平台上的。
- 系统要存储大量的 GB 级,甚至 TB 级的大文件。
- 文件具有一次写入、多次读取的特点,即一旦写完,文件就基本只读。事实上,很多数据都具有这个特性,这样的假设可简化数据同步问题。
- 大部分文件的更新主要是在文件后添加新数据,而不是随机进行写操作。系统需要有效处理并发的追加写操作。
- 流式数据的读取是大规模的,随机读取是小规模的。
- 高的持续 I/O 带宽比低的传输延迟重要。

GFS 中的数据文件被分割成固定大小的数据块(Chunk),由一个不变的、全局唯一的 64 位块句柄(Chunk-Handle)进行标识。数据块相当于仓库物资的分割打包。

GFS 主要有三类角色:客户端、主服务器(Master)和数据块服务器(Chunk Server)。主服务器是整个文件系统的管理结点,相当于公司仓储部门的经理;数据块服务器负责具体的数据存储工作,是实际保存数据的地方,相当于仓库及其管理员。

主服务器在逻辑上必须保证其唯一性,并主要完成以下几方面工作。

- 负责对整个文件系统进行管理和调度,如同部门经理管理所有仓库,并进行物资的分仓入库、移库调拨等。
- 保存系统的元数据,包括访问控制信息、名字空间、数据的位置信息等。
- 同每个数据块服务器使用心跳机制进行周期性地通信,感知其正常与否。

出于可靠性考虑,每个数据块被复制成多个副本(默认 3 个),并分配到不同的数据块服务器上,这种设计还可以提高读取文件的并行性,从而提高 I/O 的吞吐率。需要指出的是,读操作只需要读取一个副本,但写操作则需要对每个副本进行修改,以实现数据块的同步,这个过程是 GFS 自己完成的。

客户程序通过调用 GFS 相关接口进行数据的处理,与主服务器的交流只限于元数据的操作,而数据方面的交流都是直接和数据块服务器进行的。就像向部门经理查询、申请物资,到具体的仓库进行物资领取一样。GFS 的这种设计分离了控制流和数据流,大大减少了主服务器的负载,降低了其成为系统性能瓶颈的可能性。

2. 海量数据处理技术

云计算平台不仅要实现海量数据的存储,还应该支持面向海量数据的分析处理功能。由于云计算平台部署于大规模的硬件资源之上,所以对海量数据分析处理的支持需要能够实现规模的可扩展性,并应该屏蔽底层的各种细节,方便开发者开发并行的程序。Google 公司提出 MapReduce 模型来应对海量数据的分析处理。这将在第 32 章介绍。

3. 数据查询工具

为了进一步减轻开发者的负担,还应该提供相应的工具(如数据库)进行支持。Bigtable 是一个基于 GFS 的分布式非关系型数据库(即 NoSQL 数据库),其设计目的是快速且可靠地处理 PB($1PB=1024TB=2^{50}B$)级别的数据,并能部署到上千台机器上,为 Google 应用(如搜索引擎、Google Earth 等)提供数据存储与查询的服务。

本质上,Bigtable 是一个分布式多维映射表,管理的是键值(Key-Value)映射(Map)。对于其中的值,Bigtable 都视为字符串,而且 Bigtable 本身不解析这些字符串,由客户程序自己根据需要进行处理。

Bigtable 允许保存数据的多个版本,版本的区分依据是时间戳(64 位整数),可以由 Bigtable 赋值,代表数据进入 Bigtable 的准确时间,也可以由客户端赋值。

31.5 云计算与移动通信的结合

1. 移动云计算

当前,各种移动应用的快速发展,对移动终端(如手机等)的要求越来越高,但是移动终端的电池容量、计算能力、存储容量较为有限。为了缓解这两者的矛盾,移动云计算得到快速的发展。移动云计算作为移动通信和云计算相结合的产物,其主要目标是应用云端的资源优势为移动用户提供更加丰富的应用和更好的用户体验。

所谓的移动云计算,即移动终端通过无线网络,以按需、易扩展的方式从云端获得所需资源(如基础设施、平台、软件等)的服务模式。移动云计算的体系架构如图 31-5 所示。移动用户通过基站可以接入互联网上的公有云,公有云的数据中心部署在不同的地方,为用户提供可扩展的计算、存储等服务。对安全性等方面要求较高的用户,可以通过无线局域网连接到本地云,通过基站访问移动云,进而获得授权的云服务。本地云和移动云也可以通过互联网连接到公有云,进一步扩展自身的计算、存储能力,为移动用户提供更加丰富的资源。

移动云计算继承了云计算的很多特性,如应用动态部署、资源可扩展、多用户共享等,

263

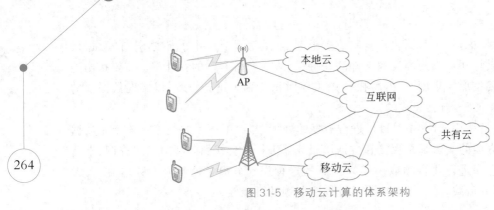

图 31-5　移动云计算的体系架构

为解决移动终端资源受限问题提供了一种有效的方案。

2.移动边缘计算

当前,移动网络流量呈指数级增长,2022年移动数据流量增长到每月超77艾字节,大多是视频流量,且很多是重复的。而传统的云平台距离用户较远,这使得链路压力不断增大,无法满足高带宽、低延迟的网络需求,影响用户体验。为此提出了移动边缘计算(Mobile Edge Computing,MEC)技术,如图31-6所示。

MEC在无线接入网附近部署了服务器,使网络边缘具有了数据处理、资源存储等能力,这样可以使得核心网的部分功能下沉,使更多的服务和功能部署在靠近用户的网络边缘,可以大大减少网络带宽的占用,降低网络延迟,提升用户使用体验。

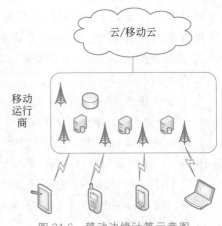

图 31-6　移动边缘计算示意图

这个架构下,移动边缘缓存是重要的技术之一,将主动缓存技术引入移动边缘计算中,对流行度高的内容进行预先缓存,当大量用户请求到达时可以就近从边缘服务器获取,无须请求远程服务器。由于边缘服务器存储空间有限,所以有效(缓存内容有用)和高效(缓存命中率高)的缓存策略是性能提升的关键。

缓存命中率是指移动用户的访问请求被边缘服务器接收并直接处理的次数占用户总请求次数的比例,是边缘缓存技术的重要性能指标之一。对缓存内容进行选择时应尽可能缓存流行度高的内容以提升命中率。缓存策略是一个研究较多的技术,包括传统的先进先出策略、最少访问频次策略、最近最少使用策略,以及基于用户偏好的缓存策略、基于学习的缓存策略和基于合作式的缓存策略等。

计算卸载是移动边缘计算的另一个关键技术,一般指移动设备将自身任务(特别是计算密集型任务)发送至资源丰富的计算结点(例如边缘服务器)处理,然后再把运算结果取回的过程。在卸载过程中,移动设备以额外的网络传输为代价换取计算能力,不仅可以扩展自身计算性能,还能节约能耗,从而解决移动设备在存储、计算和能耗等方面的不足。

第 32 章　Hadoop

Hadoop 被认为是云计算架构中 PaaS 层的重要解决方案之一,整合了并行计算、分布式存储、数据库等一系列技术,目前 Hadoop 广泛应用于百度、阿里、Facebook、Twitter 等大公司的相关项目中。

32.1　概述

Hadoop 主要包括资源管理系统(Yet Another Resource Negotiator,YARN)、并行计算框架 MapReduce 和分布式文件系统(Hadoop Distributed File System,HDFS)三大部分。另外还提供了分布式数据库 HBase(Hadoop Database)等工具,为用户提供了高效、透明的分布式并行计算架构,能快速处理 TB 级甚至 PB 级的海量数据。

Hadoop 所需的集群环境可由廉价的计算机组成,在可扩展性、实用性等方面具有很大的优势,并且具有可靠性高、容错性能良好等特性。

Hadoop 是一个不断发展的模型(见图 32-1)。其中 HDFS 是 Hadoop 的分布式文件管理系统,属于基础部件。HDFS 可以部署在廉价的硬件之上,提供高吞吐率的数据访问,适合那些需要处理海量数据集的应用程序。

YARN 是 Hadoop 2 中的资源管理模块,负责集群资源的管理和调度,为各类应用程序提供优化的服务。

MapReduce 是 Hadoop 实现谷歌 Map-Reduce 架构的一个并行计算模型。

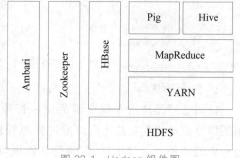

图 32-1　Hadoop 组件图

HBase 是 Hadoop 的数据库部件,是一个 NoSQL 数据库,提供随机读写功能。

Pig 是一个基于 Hadoop 的大规模数据分析工具,它提供的语言叫作 Pig Latin,该语言的编译器会把数据分析请求转换为一系列经过优化的 MapReduce 运算。Pig 不仅能高度简化代码,而且可以简化 Hadoop 的开发工作量。

Hive 也用于数据处理与分析,扮演数据仓库的角色,提供了类似于 SQL 的高级语言,并可将 SQL 语句映射为 MapReduce 任务进行并行处理。

Zookeeper 是开源的分布式协调服务,担任着平台协调员的角色,支持 Hadoop 各组件与项目正常运行。Ambari 对 Hadoop 集群提供管理和监控的支持。

32.2 资源管理系统

资源管理系统（YARN）主要用于集群资源的统一管理和调度。引入 YARN 之后，可以为集群在提高资源利用率和数据共享等方面带来巨大的好处。YARN 定义了一整套的接口规范，以便用户按照需求定制自己的调度策略。

1. YARN 的架构

YARN 符合主/从（Master/Slave）结构，部件包括资源管理器（ResourceManager）、结点管理器（NodeManager）、应用主程序（ApplicationMaster），如图 32-2 所示。

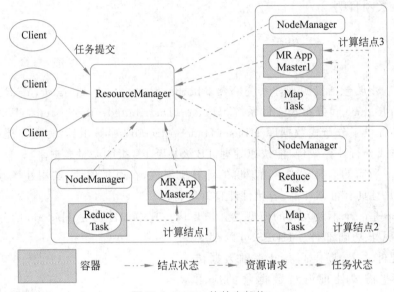

图 32-2　YARN 的基本架构

1）资源管理器

资源管理器负责全局资源的统一管理和分配，为系统的 Master，逻辑上唯一。它采用了事件驱动机制：其他模块发往资源管理器的事件会触发并执行相应的处理函数，做出相应的动作。通过事件，资源管理器可收集到集群中的各种信息（如资源使用情况）及用户程序的信息（如执行状态），并根据这些信息进行资源的调度和优化。

资源管理器主要由资源调度器和应用程序管理器两个组件构成。

资源调度器根据资源使用情况、任务队列等，将系统中的资源分配给各应用程序。

应用程序管理器管理整个系统中所有的应用程序，包括应用程序的提交、与调度器协商资源、监控应用程序运行状态，并在失败时重启等。这些功能是通过与下述应用主程序的交互完成的。

2）结点管理器

YARN 中引入了容器（Container）的概念，它处于计算结点之上，是对计算结点资源（如内存、CPU、磁盘、网络等）子集的一个封装，用于分配给用户的程序。YARN 会为每个任务分配一个容器，任务只能使用容器中描述的资源。

结点管理器是计算结点的管理者,为 Slave,负责实现具体的资源分配和任务管理,其中资源的分配单位为容器。结点管理器不仅定时向资源管理器汇报本结点上的资源使用情况等信息,还接收并完成任务的启动、停止等各种请求,对任务实施管理。

3)应用主程序

应用主程序负责单个应用程序的管理。用户提交一个应用程序时,还需要提供一个应用主程序用以跟踪和管理这个应用程序,它负责向资源管理器申请资源,并要求结点管理器提供指定的资源以启动任务。另外,应用主程序还可以请求停止任务,监控任务运行状态并在任务运行失败时,重新为任务申请资源以重启任务等。

图 32-2 给出了两个 MapReduce 应用主程序:MR App Master1 和 MR App Master2。

2. YARN 的工作流程

YARN 的工作流程如图 32-3 所示。

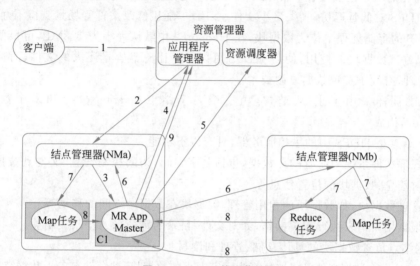

图 32-3 YARN 的工作流程

(1)用户向 YARN 提交应用程序。

(2)资源管理器查找一个合适的计算结点,与其上的结点管理器(NMa)通信,为应用程序分配第一个容器(C1)。

(3)资源管理器要求 NMa 在新生成的 C1 中启动应用程序的应用主程序。

(4)应用主程序向资源管理器进行注册,这样用户可通过资源管理器查看应用程序的运行状态。

(5)应用主程序以轮流的方式为每个后续任务(设 2 个 Map 任务和 1 个 Reduce 任务)向资源管理器申请资源。

(6)一旦申请到资源,应用主程序要求各结点管理器(NMa 和 NMb)启动各任务。然后应用主程序监控各个任务的运行状态,直到完成。

(7)NMa 和 NMb 为任务产生容器并设置好运行的环境(包括环境变量、jar 包、二进制程序等)后启动任务。

(8)各个任务向应用主程序汇报自己的状态和进度,使应用主程序能随时掌握各任务的运行状态,从而可以在任务失败时重新启动任务。

267

（9）应用程序运行完成后，应用主程序向资源管理器注销并关闭自己。

32.3 分布式文件系统

1. 概述

Hadoop 的 HDFS 是一个分布式文件管理系统，主要用于 Hadoop 集群中文件的管理，从而实现海量数据的存储。HDFS 的主要特点如下。

- 支持超大文件：包括对 TB 级数据文件的存储。
- 具有很好的容错性能：HDFS 的检测和冗余机制大大提高了系统的容错性能。
- 高吞吐量：批量处理数据具有很高的吞吐量。
- 简化的一致性模型：一次写入、多次读取的处理模型有利于提高系统效率。

但 HDFS 对低延迟访问、大量小文件、多用户/随机修改文件等场景支持不好。

HDFS 的存储处理单位为数据块，在 Hadoop 2 中默认大小为 128MB，可根据业务情况进行配置。数据块的使用，使得 HDFS 可以保存比磁盘容量还大的文件，而且简化了存储的管理，有利于实现数据复制技术。

HDFS 同样采用了主/从结构，由一个名字结点（NameNode）和多个数据结点（DataNode）构成。

名字结点是 HDFS 中的主控服务器，具有以下功能。

- 管理文件系统中所有的元数据，包括名字空间、访问控制信息、文件到数据块的映射信息、数据块的位置信息等。
- 管理数据块，如数据块的租用管理、数据块在数据结点间的移动等。
- 根据用户请求执行相关操作，如对文件/目录的重命名、打开、关闭等。

数据结点负责数据块的具体存储、管理和读写。

HDFS 中一个数据文件可能被分割为固定大小的数据块，被存储在若干数据结点中。数据结点将数据块以文件的形式存储在本地文件系统中，但并不知道有关文件的信息，仅根据名字结点的指令执行数据块的创建、删除和复制工作，根据客户的需求响应客户的读写请求。

2. HDFS 可靠性

为了保证数据文件的可靠性，HDFS 提供了副本机制，即每个数据块都保存多个副本。下面以放置 3 个副本为例，文件 File1 的两个数据块（Block1、Block2），每个数据块被复制出 3 个副本，分别保存在 DataNode1～DataNode5 这 5 个结点上，如图 32-4 所示。

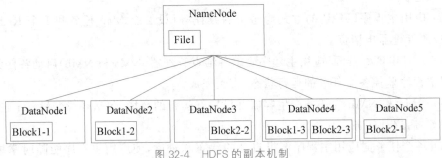

图 32-4 HDFS 的副本机制

副本机制是保证数据可靠性的基础,可以大大降低数据丢失的风险。当某台存储结点崩溃后,可以使用剩下的 2 个副本重新构造第 3 个副本。

为此,数据结点定期向名字结点发送心跳信息,以便名字结点收集并监测各个数据结点的状态。若名字结点在规定时间内未收到某个数据结点的心跳信息,则将该结点设为失效状态,并将该结点的数据块信息重构、备份到其他数据结点。

但副本机制也带来一致性问题,即 3 个副本必须一模一样。HDFS 假设用户很少更改文件,系统进行同步工作所带来的工作量大大减小了。

另外,良好的副本放置策略还能优化系统的效率。仍以 3 个副本为例,由于同一机架上的结点间通信代价更小,因此机架敏感的副本放置策略将前两个副本放置于同一个机架上的两个结点上,另一个放置于其他机架上的结点上。这样的策略既考虑了结点/机架失效的情况,也减少了因数据一致性维护所带来的通信开销。

HDFS 还设置了一个所谓的安全模式,该模式下,系统中的内容不允许删除和修改,直到安全模式结束。系统启动时自动处于安全模式,主要用于检查各个数据结点上的数据块是否有效,同时根据策略进行部分数据块的复制或删除。

针对 Hadoop 1 中单个名字结点可能成为系统单点故障的问题,Hadoop 2 中提出了 HDFS Federation 的概念,它支持多个名字结点,分管不同的目录,彻底解决了名字结点单点故障的问题。

3. HDFS 读文件的流程

HDFS 读文件的流程如下(见图 32-5)。

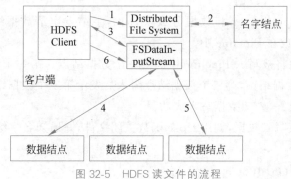

图 32-5　HDFS 读文件的流程

(1)客户端使用 open 函数申请打开所需的文件。

(2)分布文件系统(Distributed File System)向名字结点获取文件的数据块信息,对于每一个数据块,名字结点返回其所在的数据结点的地址。分布文件系统返回 FSDataInputStream 给客户端,后续用来读取数据。

(3)客户端调用 FSDataInputStream 的 read 函数开始读取数据。

(4)FSDataInputStream 向保存此文件第一个数据块的、离自己最近的数据结点进行连接,读取数据块。

(5)当前数据块读取完毕,FSDataInputStream 关闭与此数据结点的连接,然后连接保存下一个数据块的最近的数据结点并进行读取,反复执行本操作。

(6)当客户端读取数据完毕后,调用 FSDataInputStream 的 close 函数。

在读取数据的过程中，如果客户端与数据结点通信出现了错误，则尝试连接包含此数据块的下一个数据结点。失败的数据结点将被记录，以后不再连接。

4. HDFS 写文件的流程

HDFS 写文件的流程如图 32-6 所示。

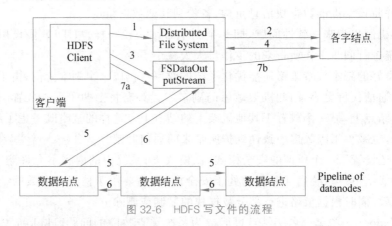

图 32-6　HDFS 写文件的流程

（1）客户端调用 create 函数创建文件。

（2）分布文件系统向名字结点发送 create 命令，在命名空间中创建一个新的文件。名字结点首先确定文件是否存在，并且客户端是否有创建文件的权限，必要时创建新文件。分布文件系统返回 FSDataOutputStream 给客户端用于写数据。

（3）客户端开始写入数据。

（4）FSDataOutputStream 将数据分成块，向名字结点申请数据结点用来存储数据块，分配的数据结点放在 Pipeline 中。

（5）每个数据块将被写入 Pipeline 中的第一个数据结点。第一个数据结点写完后将数据块发给第二个数据结点，第二个数据结点写入后发给第三个数据结点。

（6）返回操作应答，告知数据写入成功。

（7）客户端结束写入数据，调用 close 函数关闭文件，并通知名字结点写入完毕。

32.4　MapReduce

1. MapReduce 编程模型

MapReduce 是 Google 公司提出的分布式并行程序编程模型。一个 MapReduce 作业可以划分成大量的、进行并行数据处理的子作业（任务）来完成，过程见下（见图 32-7）。

（1）系统进行用户作业的拆分，总共划分成 n 个 Map 任务和 m 个 Reduce 任务，并把这些任务选择空闲的计算结点进行分配。

（2）分配了 Map 任务的结点读取指定的文件块，处理和分析这些数据，得出相应的键值对，传递给程序员编写的 Map 函数。Map 函数处理这些键值对，产生中间结果键值对，并把它们暂存到内存中。

（3）中间结果被定时写入硬盘，系统把这些数据分成 m 个区（对应 m 个 Reduce 任务），并把这些数据传送给 Reduce 任务所在结点。这种交织的过程是从 Map 阶段到

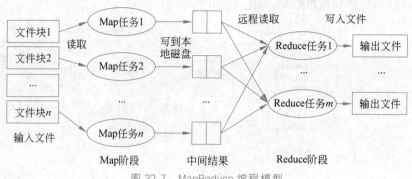

图 32-7　MapReduce 编程模型

Reduce 阶段的过渡,是 MapReduce 的一个重要阶段。

(4) Reduce 任务结点将中间结果发送给程序员编写的 Reduce 函数。Reduce 函数经过处理,把最终结果输出到文件中。

Map 任务之间、Reduce 任务之间,以及 Map 和 Reduce 任务之间都是逻辑上独立的,可以处于不同的计算结点上。这样的设计,可以通过简单地增加计算结点的数量加快处理的速度,轻松实现处理过程的并行性和可扩展性。

程序员在设计、开发时,只需要实现 Map 和 Reduce 两个接口函数,其他与平台相关的细节(如数据分片、任务划分、任务调度、数据同步、数据通信等)都交由系统处理,极大地减轻了程序员开发并行程序的负担。

MapReduce 框架可提供良好的容错特性,实现性能的优化。首先,由于系统会监测任务执行的状态,重新执行出现异常的任务,程序员不必考虑异常情况。另外,在处理大规模数据时,Map/Reduce 任务可进行动态调整和迁移,有助于进行负载均衡。

但 MapReduce 也具有一定的局限性:MapReduce 灵活性较低,很多问题难以抽象成 Map 和 Reduce 操作;MapReduce 在实现迭代算法时效率较低,等等。

2. MapReduce 计算过程示例

下面通过一个简单的单词计数示例理解 MapReduce 的计算过程。

(1) 将输入文件拆分成数据片,并将每个数据片按行分割成键值对(<key,value>),如图 32-8 所示。这一步由 MapReduce 框架自动完成,其中的 key 值是字节偏移量。

(2) 将分割好的<key,value>交给用户定义的 Map 方法进行处理,生成新的 <key,value>对,如图 32-9 所示。

图 32-8　分割过程　　　　　　　　　　图 32-9　执行 Map 方法

(3) 系统将 Map 方法输出的<key,value>执行 Combine 过程,将与 key 相同的

value 值进行汇总，得到输出结果，如图 32-10 所示。

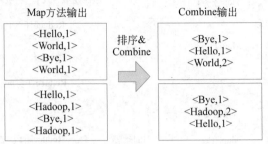

图 32-10　排序及 Combine 过程

（4）Reduce 端从 Map 端接收数据，交由用户自定义的 Reduce 方法进行处理，得到新的＜key，value＞对，作为最终的输出结果，如图 32-11 所示，其中 list(1，1)表示在第一个和第二个列表中都出现了 1 次。

图 32-11　Reduce 端排序及输出结果

3. Hadoop MapReduce 的工作流程

Hadoop 的 MapReduce 是谷歌 MapReduce 计算模型的开源实现，也采用主/从式结构。Hadoop 的 MapReduce 工作流程如下（见图 32-12）。

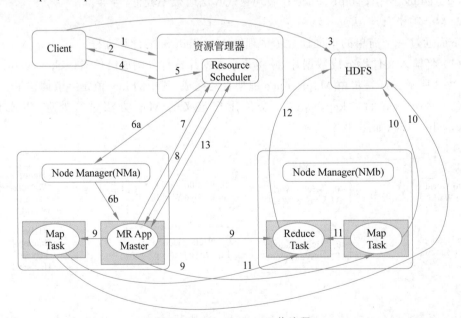

图 32-12　MapReduce 工作流程

（1）客户端向资源管理器请求运行一个 MapReduce 程序。

（2）资源管理器返回 HDFS 的地址，告诉客户端将作业运行的相关资源文件（如作业的 jar 包、配置文件、分片信息等）上传到 HDFS。

（3）客户端提交程序运行所需的文件给 HDFS。

（4）客户端向资源管理器提交作业。

（5）资源管理器将作业提交给调度器，调度器按照调度策略（默认是先进先出）调度用户的作业。

（6）调度器寻找一台空闲的计算结点，使该结点生成一个容器（Container），并启动用户的应用主程序进程（MR AppMaster）。

（7）MR AppMaster 根据需要计算需运行多少个 Map 任务，以及多少个 Reduce 任务，轮流为每个任务向资源管理器请求资源。

（8）资源管理器根据请求，分配相应数量的容器，并告知 MR AppMaster 这些容器在什么结点上。

（9）MR AppMaster 启动 Map 任务和 Reduce 任务。

（10）Map 任务从 HDFS 获取数据，并执行用户的 Map 逻辑。

（11）系统将 Map 的输出数据按照一定的映射发送给 Reduce 任务，Reduce 任务获取属于自己的数据，并执行用户的 Reduce 逻辑。

（12）Reduce 任务结束后，将输出数据保存到 HDFS 上。

（13）MapReduce 任务结束后，MR AppMaster 通知资源管理器自己已完成，资源管理器回收所有资源。

4. 任务调度

云计算的任务以数据密集型作业为主，待处理数据的规模往往比较巨大。如果在作业执行的过程中，后续待处理数据和当前任务处于不同的计算结点之上，这时就需要执行迁移动作，使两者处于同一计算结点之上，实现数据的本地性（Data-Locality），这是任务调度算法的重要考虑因素之一。

正常的逻辑思维是把待处理数据迁移到任务所在的计算结点之上。但大数据环境下移动数据的成本显得过高，而且网络带宽是共享的有限资源，不宜被某个任务长期占用。为避免以上情况，可以采用相反的做法，将任务调度到数据所在的计算结点之上或附近，即转移计算比转移数据更加有效。

有时某个结点上执行的任务过多，即便它拥有待处理的数据，也不能把任务再分派给这个结点了。一个妥协的方法是延迟调度，等这个结点运行一段时间，释放一些资源后，再把任务分派给该结点。

可见，调度的一个基础是建立在数据块副本分散质量良好的基础上的，如果副本放置得不合理，调度算法即便再优化，依然无法达到良好的效果。因此，HDFS 副本管理技术的优化是提高 MapReduce 效率的一个关键因素。

云计算的任务既包括执行时间短、对响应时间敏感的即时性作业（如数据交互性查询作业），也包括执行时间长的长期作业（如数据离线分析作业），调度算法应优先为即时性作业分配资源，使其得到快速的响应。

273

32.5 分布式数据库 HBase

HBase 是一个开源的分布式数据库，以谷歌的 BigTable 为蓝本，属于非关系型数据库（即 NoSQL 数据库），为 Hadoop 提供海量数据的访问能力。

HBase 是一个高可靠、高性能、面向列的分布式存储系统，利用 HDFS 进行存储，利用 MapReduce 处理海量数据，利用 Zookeeper 进行协同。另外，Pig 和 Hive 还为 HBase 提供了高层语言的支持，使得在 HBase 上进行数据的统计分析变得非常简单。

1. 数据模型

1）表格

关系型数据库中表格的样子类似于图 32-13，有明确的行（row）和列（column）的界限，且列有明确的定义（包括列名、类型、长度等），这种表格的存储属于结构化的数据模型。

学号	姓名	性别	出生日期	…
20181601	张丽	女	2001.1.2	…
20181602	李琴	女	2001.4.3	…
…	…	…	…	…
20181622	王虎	男	2001.4.7	…

图 32-13　关系型数据库的表格样式

但 HBase 中表格的样子类似于图 32-14，其中行是有明显界限的，而列则显得有些杂乱无章了，任意两行的列数都可以不同，列还可以改变、扩充。这样的多行数据被称为稀疏矩阵。

图 32-14　HBase 的表格样式

HBase 表格的每个单元格（cell）都是以键值对（Key-Value）形式出现的，包含了自我描述性信息（而关系型数据库是由列包含描述信息的，所以整列的单元格都不必再包含描述信息了），这也是 HBase 中的列可以不统一、比较自由的原因。

HBase 将每个键值对的值（即数据）视为字符串，由客户程序自己根据需要进行处理。HBase 的这种数据模型属于半结构化的数据模型。

KeyValue 也带来了一个显而易见的缺点，如果数据值都比较短，就很容易导致显著的数据膨胀问题。

2）行

HBase 表格是由行组成的，每行都有一个可进行排序的行关键字（row key）和任意多的列。HBase 表格存储的行数可以非常巨大，有资料称单表可达上百亿行的数据，这在关系型数据库中难以想象。

行关键字是表的第一级索引(如字典的索引字母一样),HBase 使用行关键字唯一地区分某一行的数据。行关键字可以是任意的字符串(最大长度可达 64KB)。表格中的数据默认按照行关键字的升序进行排序。图 32-14 中可采用学号作为行关键字。

HBase 保证了对于行进行写操作的原子性:要么修改完成,要么一点也不修改。

HBase 只支持三种查询方式:基于行关键字的单行查询、基于行关键字的范围扫描、全表扫描。可见,行关键字对 HBase 的查询性能影响非常大,因此读者在设计自己的表格时,需要慎重考虑采用什么信息作为表格的行关键字。

3)列族

HBase 在表格行、列的概念之间增加了列族(Column Family)的概念。列族是列的集合,一般应由有一定关联的列组成。表格在水平方向由若干列族组成,一个列族可由任意多个列组成,即列族支持动态扩展,无须预先定义列的数量及类型。

如图 32-15 所示,表格首先定义了个人信息列族,包含姓名、性别、出生日期、籍贯、爱好等列。然后定义了成绩信息列族,包含语文、数学、物理等成绩列。

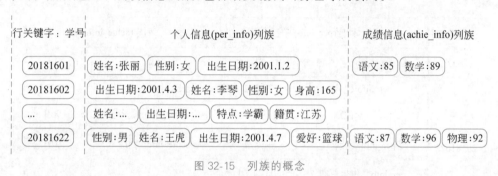

图 32-15　列族的概念

表的每个列族都是由单独的文件进行保存的,官方推荐列族数最好不大于 3。

4)列

HBase 的列用以确定明细的数据,是数据的第二级索引。列名格式为＜family＞:＜qualifier＞,由字符串组成,其中 family 即列族,qualifier 用来确定某一个具体列。

由此,HBase 的一行数据可以简单地理解为类似于"per_info:姓名＝张丽;per_info:性别＝女;per_info:出生日期＝2001.1.2…"这样的格式。这就使得 HBase 数据的存储具有水平的可扩展性,但这也导致数据的更改较为麻烦。

在此必须强调,不要用关系型数据库中列的概念理解 HBase 的列。

- 关系型数据库中,姓名和爱好作为列,所有行都会包含这两个信息,即便为空,行也会保留它们的位置,造成存储空间的浪费。而 HBase 的列仅对本行有意义,如爱好列仅在王虎这一行数据中存在,其他行不存在该列,HBase 不会为其保留存储空间。而姓名列在所有行都存在,但它们却是独立的。

- 关系型数据库中表格中的列基本不会改变。但 HBase 中用户可随意增加一个列及其信息。

- HBase 的所有数据都被当作字符串保存,具体数据是什么类型由用户自己判断和处理。而关系型数据库则拥有丰富的类型。

275

5）时间戳

HBase 通过时间戳(timestamp)机制实现数据的多版本管理。时间戳的类型是 64 位整型,可以精确到毫秒。

HBase 中所有数据在生成、更新时都会附带一个时间戳的标记,即操作的时刻,可看作数据的版本号。在写入数据时如果用户没有指定对应的时间戳,HBase 会自动给数据添加一个时间戳,即服务器的当前时间。

时间戳是数据的第三级索引,HBase 使用不同的时间戳标识数据的不同版本。同一个单元格数据按照时间戳的倒序进行排列,默认查询的是最新的版本,但用户可以指定时间戳的值来读取旧版本的数据。

6）数据概念示例

用户可以通过行关键字、行关键字＋列(＜family＞;＜qualifier＞),或行关键字＋列＋时间戳等索引组合方式定位需要查找的数据。

图 32-16 展示了 HBase 数据的示例。如果某些列不存在,则用"-"表示。示例中用"/数字"的格式(如王虎/2 中的/2)表示每个数据对应的时间戳。

行关键字	列族(per_info)		列族(achie_info)	
（学号）	列	值	列	值
	per_info:姓名	王虎/2	achie_info: 语文	87/1
	per_info:性别	男/1	achie_info:数学	96/1
20181622	per_info: 姓名	王湖/1	achie_info: 物理	92/1
	per_info: 出生日期	2001.4.7/1	-	
	per_info: 爱好	篮球/1		
	per_info: 姓名	张丽/1	achie_info: 语文	85/1
20181601	per_info: 出生日期	2001.1.2/1	achie_info: 数学	89/1
	per_info: 性别	女/1		

图 32-16　HBase 数据示例

图 32-16 中展示了两行数据,行关键字分别是 20181622 和 20181601,有两个列族:per_info 和 achie_info。在第一行数据中,列族 per_info 有 4 列数据(姓名、性别、出生日期、爱好),achie_info 有 3 列数据(语文、数学、物理),其中假设王虎的名字曾在先前输入时产生了输入的错误(王湖)。在第二行数据中,per_info 有 3 列数据(姓名、性别、出生日期),achie_info 有 2 列数据(语文、数学)。

2. Region 的概念

HBase 的 Region 概念和关系型数据库分区或分片的作用差不多：当 HBase 表格不断变大后,系统会将其分割成多个子表(split),每个子表就是一个 HRegion。

如图 32-17 所示,数据是按行进行分割的。HBase 会自动基于行关键字的不同范围,将一个大表中的数据分配到不同的 HRegion 中,每个 HRegion 负责对应行关键字范围内数据的访问和存储。图 32-17 中,HRegion1 负责行关键字为 1～4 的数据的访问和存储,HRegion2 负责行关键字为 5～7 的数据的访问和存储。这样,即使是一张巨大的表,由于被切割到不同的 HRegion 中,访问起来的时延也很低,并方便实现并行访问。HRegion可以由一个或多个 HStore 组成,每个 HStore 对应了表格中的一个列族,也就是 HStore保存了若干行数据的某一个列族的数据。这个表格有几个列族,HRegion 就有几个HStore。

行关键字	UserInfo
1	name:张山 age:30
2	name:李思 age:25
3	name:王伍 age:40
4	name:郑尔 age:34
5	name:陈路 age:33
6	name:钱奇 age:51
7	name:谢跂 age:28

split

HRegion1

行关键字	UserInfo
1	name:张山 age:30
2	name:李思 age:25
3	name:王伍 age:40
4	name:郑尔 age:34

HRegion2

行关键字	UserInfo
5	name:陈路 age:33
6	name:钱奇 age:51
7	name:谢跂 age:28

图 32-17　将一个表分割为两个 HRegion 的示意图

3. HBase 的体系结构

HBase 的体系结构如图 32-18 所示,遵循一主(HMaster)多从(HRegionServer,管理HRegion)的模式。

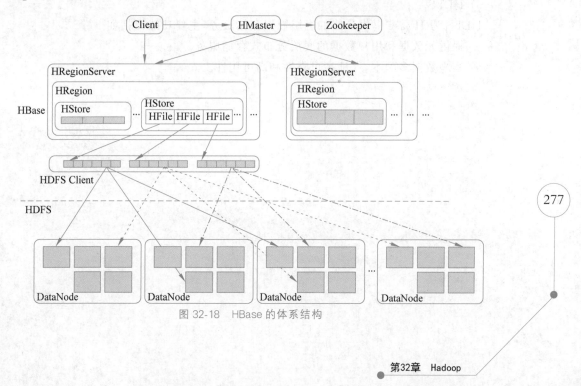

图 32-18　HBase 的体系结构

277

1）客户端

HBase 客户端包含了访问 HBase 的接口，与 HMaster 交互进行管理类的操作，与 HRegionServer 交互进行数据读写类的操作。

2）HMaster

HMaster 作为主控结点负责表格和 HRegion 的各项管理工作，主要包括：

- 维护集群的元数据信息。
- 管理用户对表格的增加、删除、修改、查询操作。
- 管理 HRegionServer 的负载均衡，调整 HRegion 的分布。
- 在 HRegion 分割后负责新 HRegion 的分配。
- 在 HRegionServer 死机后，负责将其上的 HRegion 进行迁移。

3）Zookeeper

目前，HBase 可启动多个 HMaster，彻底解决了单点故障问题，但需要通过 Zookeeper 保证系统中只有一个 HMaster 在工作。如果当前 HMaster 异常，则通过竞争机制产生新的 HMaster 继续提供服务。

Zookeeper 还负责监控 HRegionServer 的工作情况，当后者异常时，通知 HMaster。

4）HRegionServer

一台主机上一般只运行一个 HRegionServer。用户通过向 HRegionServer 发起请求来获取自己所需的数据。HRegionServer 接受用户的读写请求，是实际操作数据的结点，它的功能概括如下。

- 管理 HMaster 为其分配的 HRegion。
- 处理来自客户端的读、写请求。
- 负责和底层 HDFS 的交互，存储数据到 HDFS 中。
- 进行 HRegion 变大以后的拆分。

5）HDFS

HDFS 为 HBase 提供最终的底层数据存储服务，主要功能概括如下。

- 提供元数据和用户数据的底层分布式存储服务。
- 实现数据多副本，保证高可靠性和高可用性。

第 33 章　RFID 阅读器网络和应用技术

33.1　概述

随着 RFID 应用范围越来越广,系统规模日益扩大,一些大型的系统可能需要配置成百上千个阅读器来覆盖大面积的识别区域,而这些阅读器需要得到有效的管理,这对阅读器网络及开发技术提出了新的需求,需要实现以下功能。

- 完成对阅读器的组网/连接。
- 能够便捷地控制整个网络中的所有阅读器。
- 方便对读取的数据进行通信和正确的传输。
- 可以对阅读器读取到的数据进行一定的处理(如去除冗余数据和"脏"数据),从而使整个 RFID 系统更有效地工作。
- 提高基于 RFID 的应用软件的开发效率。

【案例 33-1】　食堂 RFID 网络

某高校后勤集团下辖多个食堂,分属不同的管理组,还有诸多窗口对外招租。为了统一管理,集团规定全部业务必须通过校园卡(RFID)进行结算。

校园卡阅读器与嵌入式设备进行配套,嵌入式设备可直接读取阅读器的相关数据,通过网络协议传送给学校的校园卡管理中心,而校园卡管理中心也可以很方便地控制阅读器。因为不同的阅读器代表了不同的餐饮供应者,所以必须对阅读器进行严格区分,以避免账号的混淆,后台需要根据阅读器记账。※

RFID 网络实际上是一个包括多个网络实体(如标签、阅读器等)的物联网应用,负责从标签上获取信息并传输到后台系统。RFID 网络(见图 33-1)首先应关注的是阅读器和后台程序之间的通信,从而实现对阅读器的设置、监控,以及数据的读取和收集。

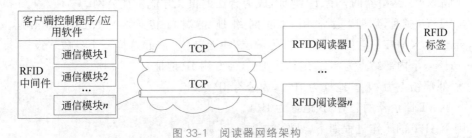

图 33-1　阅读器网络架构

针对这个通信过程,市面上存在不少私有协议,显然增加了开发和维护的成本。对此有以下两种解决方案。

- 采用统一的通信协议标准。为此,全球电子产品编码委员会(EPC global)发布了

LLRP，IETF 制定了 SLRRP 等。

- 开发时采用 RFID 中间件部件，针对不同的私有协议开发出不同的通信模块。

33.2　IETF SLRRP 协议及相关技术

目前，很多阅读器支持 TCP/IP 协议栈，通过以太网或 Wi-Fi 和互联网连接。基于此，IETF 制定了简单轻量级 RFID 阅读器协议（Simple Lightweight RFID Reader Protocol，SLRRP）。SLRRP 具有以下特性：具有良好的可扩展性，支持已有和新的空中协议；使用了高效率的编码方式；提供了一种通用的接口来管理对标签的访问。

协议架构在 TCP/IP 之上，为连接阅读器提供了良好的基础，但需要网络上有可扩展 IP 地址和动态分配 IP 地址的功能以支持大量阅读器的情况，如 NAT、DHCP 等。

1. 网络地址转换

目前，因特网的主流还是 IPv4 协议，IP 地址无法支持众多的阅读器，网络地址转换（Network Address Translation，NAT）可扩展 IP 地址，使得阅读器也能拥有可用的 IP 地址。NAT 的核心思想是重复使用 IPv4 地址，理论上，IPv4 的地址可以是无限的。

IPv4 的地址目前分为两类。

- 公有 IP 地址，在因特网上全球唯一的 IP 地址，由因特网信息中心（Internet Network Information Center，NIC）负责管理，须申请，通过它可以直接访问公共的因特网。

- 专有/私有 IP 地址，指那些只能在组织内部网络中使用的 IP 地址，不能在外部公网上使用。专有地址是为了解决公有 IP 地址不够用的情况而出现的。

专有网络预留了三个地址范围：10.0.0.0～10.255.255.255、172.16.0.0～172.31.255.255 和 192.168.0.0～192.168.255.255，其内地址不必申请而在内部网中自由使用。由于内部网络都使用这些专有 IP 地址，这样就可以有无数的内部网拥有 IP 地址了。

具有这样地址的报文在内部网络传输是没问题的，但是一旦到了外部公网，即会被视为不合法而删除。如内外网络确实需要进行通信时，就需要 NAT 技术的支持了。

首先，内外网之间的路由器上需安装 NAT 软件，成为 NAT 路由器（至少拥有一个有效的公有 IP 地址）。其次，所有使用专有 IP 地址的报文在 NAT 路由器上都将专有 IP 地址转换成 NAT 路由器的公有 IP 地址，成为合法的报文才能发往公网。

NAT 有多种类型，最常用的是网络地址端口转换（Network Address Port Translation，NAPT），它借用了上层（传输层）的端口号（port）这样一个参数。设

- 任一个内部结点为 N_{in}，地址为 IP_{in}，为专用 IP 地址。
- 外部结点为 N_{out}，地址为 IP_{out}，为公有 IP 地址。
- NAT 路由器的公有 IP 地址为 IP_{nat}。

则 NAPT 的工作过程如下（见图 33-2）。

（1）N_{in} 发出一个 IP 报文，源地址为 IP_{in}，源端口号为 $Port_{in}$，目的地址为 IP_{out}，目的端口号为 $Port_{out}$。

（2）NAT 路由器记录了（IP_{in}，$Port_{in}$）信息，表明该报文是从哪个结点发出的。

（3）NAT 路由器产生一个新的端口号 $Port_{nat}$，用（IP_{nat}，$Port_{nat}$）代替报文中的源地址

$(IP_{in}, Port_{in})$，并建立起$(IP_{nat}, Port_{nat})$和$(IP_{in}, Port_{in})$的映射关系。

（4）N_{out}可以收到这个报文，处理完毕后，返回应答报文，报文的目的地址是$(IP_{nat}, Port_{nat})$。报文将会到达 NAT 路由器。

（5）NAT 路由器根据$(IP_{nat}, Port_{nat})$可以查到$(IP_{in}, Port_{in})$，将应答报文的目的地址替换为$(IP_{in}, Port_{in})$，报文在专网内部畅通无阻。

（6）N_{in}最终收到N_{out}发回的应答报文。

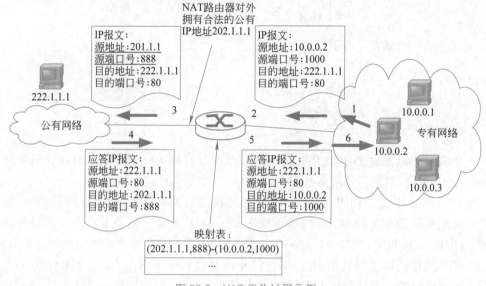

图 33-2　NAT 工作过程示例

2. 动态主机配置协议

大型系统的阅读器可能很多，若人工给每个阅读器配置 IP 地址，费时费力且容易出错。动态主机配置协议（Dynamic Host Configuration Protocol，DHCP）可以解决这个问题，使得阅读器可以自主地从一个特殊的服务器（DHCP 服务器）获得 IP 地址。

DHCP 通常应用在大型的内部网络环境中，它采用客户端/服务器的模型，DHCP 服务器（可能多个）负责提供集中管理、分配 IP 地址的服务，DHCP 客户端可以从服务器动态获取 IP 地址。DHCP 的交互过程如下。

（1）客户端以广播的方式发出 DHCP Discover 报文，申请 IP 地址。

（2）所有服务器收到 DHCP Discover 报文后，向客户端发送一个 DHCP Offer 报文，报文中包含了客户端可以使用的 IP 地址。服务器保存相关 IP 地址的分配记录。

（3）客户端可能收到多个 DHCP Offer 报文，一般采用最先收到的那一个。客户端发出 DHCP Request 广播报文，声明自己选中的服务器和 IP 地址。

（4）服务器收到 DHCP Request 报文后，判断客户端选中的服务器是否为自己，如果不是，则清除相应的 IP 地址分配记录并结束本过程；如果是自己，则向客户端发送一个 DHCP ACK 报文，附带 IP 地址的使用租期等信息。

（5）客户端收到 DHCP ACK 报文后，就成功获得了 IP 地址，之后就可以在因特网上通信了。

这一过程中使用了广播通信，而广播的报文是无法通过路由器到达另一个网络中的。

281

客户端和服务器不在同一个网络中时，则需引入 DHCP 中继代理的角色，如图 33-3 所示。DHCP 中继代理必须事先知道服务器的 IP 地址，它接收到客户端的 DHCP 广播请求（1），将此请求以单播的方式传递给服务器来完成申请的过程（2～5），最后将应答传给客户端（6），客户端借此可获得 IP 地址。

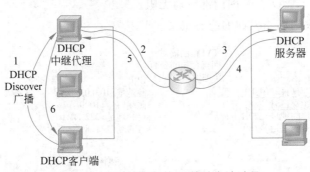

图 33-3　通过路由器的 IP 地址申请过程

客户端可随时发送 DHCP Release 报文，释放自己的 IP 地址，服务器收到报文后回收相应的 IP 地址，以便后续重新分配。

客户端使用 IP 地址期间，会根据 IP 地址的使用租期自动启动续租过程。客户端以单播形式向服务器发送 DHCP Request 报文来续租 IP 地址。如果客户端收到服务器发送的 DHCP ACK 报文，则按相应时间延长 IP 地址租期；否则，客户端继续使用这个 IP 地址，直到 IP 地址使用租期到期，客户端向服务器发送 DHCP Release 报文来释放这个 IP 地址。如果客户端还希望继续上网，则须开始新的 DHCP 申请过程。

3. SLRRP 架构和功能

有了上面两项技术，SLRRP 就很容易实施了。典型的系统部署如图 33-4 所示，网络中可以部署大量的阅读器，每个阅读器可以由一个或多个阅读器网络控制器（Reader Network Controller，RNC）控制。RNC 可以是运行在服务器中的软件、路由器中的嵌入式软件，或者是独立的设备，提供了对网络的控制和数据的接口。其功能包括：

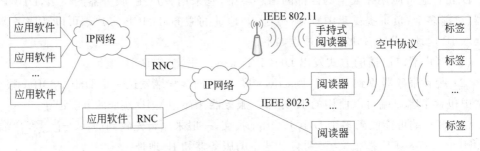

图 33-4　RFID 阅读器网络组成

- RNC 安装在 RFID 应用软件和阅读器之间，控制阅读器网络；
- RNC 定义那些将被记录的标签类型，以及所采取的行动；
- RNC 通过 TCP/IP 获得和记录阅读器读取的 RFID 标签；
- RNC 将读到的标签信息根据事先制定的规则分发给不同需要的客户端软件。

SLRRP 的核心工作是 RNC 和 RFID 阅读器之间的通信，用于对大量阅读器的控制和管理,以及实现对标签信息的访问。SLRRP 在协议体系结构、协议通信模型、消息格式和类型、协议参数、协议安全机制等方面都制定了详细的规范。

阅读器和 RNC 之间的通信包括从 RNC 到阅读器的命令和阅读器到 RNC 的响应,这些命令又可以分为标签控制命令和阅读器控制命令。

通过 SLRRP 控制的 RIFD 系统具有以下几个功能。

- 阅读器的网络连接和控制:连接的建立和状态的保持;能量受限的阅读器(如手持式阅读器)能量的管理;连接的安全机制。
- 无线射频域的控制:通过阅读器分配射频的频段;频段检测,包括干扰检测和测量;阅读器间的联合检测;控制空中协议射频部分的参数(如反相调制和数据速率)。
- 空中协议的控制:控制空中协议的参数;通过阅读器控制标签接入和标签的状态;请求并与标签交互工作(如读取标签数据等);通过阅读器控制解调参数和状态。

33.3　RFID 中间件

应用软件可能使用不同型号的阅读器,其通信协议可能不同,如何以最小的代价适应不同的阅读器呢? 阅读器可能会读取到"脏"数据(如标签数据被读取了多遍,读取的数据残缺、不合法等),这就需要对读取的数据进行鉴别和过滤,减少对应用软件造成的影响。还有其他一些业务需求,促使 RFID 中间件应运而生。

RFID 中间件处于阅读器与后端应用软件之间,提供了对不同阅读器的管理,对来自这些设备的数据进行过滤、分组、计数、存储等预处理,为后端应用软件提供符合要求的数据。

1. RFID 中间件体系结构

RFID 中间件体系结构如图 33-5 所示。

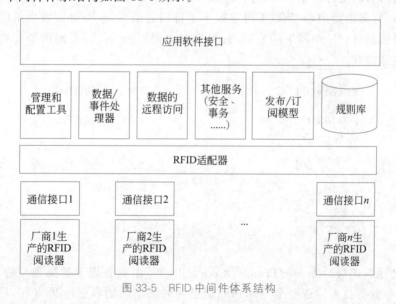

图 33-5　RFID 中间件体系结构

RFID 适配器根据用户的配置,屏蔽底层通信接口的不同,实现对不同 RFID 阅读器

283

的信息读取和管理。适配器的存在,使得用户只需调用统一的函数便可以完成数据的读取和相关的设置。

管理和配置工具/界面供用户实现对 RFID 阅读器的管理和配置。

来自不同数据源的数据需要经过滤、分组、计数等处理后才能提交给后端应用软件,因此中间件需要对事件/数据进行一定的处理,进一步提高数据的利用价值。

远程访问接口使得开发者可以通过互联网获得远程的数据。

阅读器采集的数据可能是敏感的,比如身份证信息,因此安全性也是 RFID 中间件应该考虑的一个重要内容。为此,中间件应对访问过程进行安全上的管理,包括:

- 对标签的访问进行验证(阅读器和标签间的相互验证)以确保隐私和数据安全;
- 对数据请求过程进行验证,以确保应用软件有访问相关数据的权限;
- 对需通过网络传输的数据进行加密和签名,以确保 RFID 数据的安全性。

规则库用于对 RFID 中间件收到的、应用软件设置的规则进行持久化。

应用软件接口(API)提供统一的接口,以便于开发者进行系统的开发。

2. 订阅/分发模型

RFID 阅读器产生的数据可能要发送给多个应用软件共享使用。例如大门的门禁,一方面门禁系统根据刷卡情况控制安防,另一方面考勤系统可以作为刷卡人的入场信息。很明显,特定的应用软件只会关注与其业务相关的数据,RFID 中间件需要根据应用软件设置的规则对标签数据进行分类,分发给不同的应用软件。利用事件的发布/订阅(Pub/Sub)模型,可以大大提高数据共享使用的灵活性。

在发布/订阅模型中,发布者(数据生产者,在 RFID 系统中即阅读器)不会将数据直接发送给特定的订阅者(数据接收者/消费者,即应用软件),只需将消息发送给中间件进行缓存。订阅者如果需要接收某种类型的数据,只向中间件发出一个订阅条件/请求,中间件就会将所有满足订阅条件的数据传递给该订阅者。

在发布/订阅模型中,一条数据可能被多个订阅者消费,一个订阅者也可以获得来自不同发布者的消息。一个简单的发布/订阅模型如图 33-6 所示,不同的箭头线代表了不同消息的发布路线。

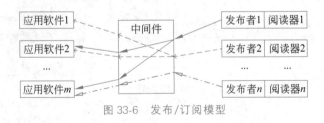

图 33-6　发布/订阅模型

33.4　EPC 技术

电子产品编码(Electronic Product Code,EPC)是由麻省理工学院开发的,旨在通过互联网、分布式等技术构造一个全球物品信息实时共享的物联网。2003 年,国际物品编码协会(EAN)接管了 EPC 并纳入 EPCglobal 体系架构中。目前的 EPC 具有以下两层含义。

- 具有标准规定的代码,如同商品的条码,并最终替代条码。
- 一个分布式系统的统称,可以这样定义：RFID 技术＋EPC 编码标准＋Internet＋分布式系统＝EPC 系统。

对于第一点,EPC 的编码标准可以给商品实体提供全球唯一标识(EPC 码,商品的身份证)。EPC 编码长度有 64、96 及 256 位等。按照规定,编码分为 4 部分：使用协议的版本号、物品生产厂商的编号、商品的类型编号、单个商品的 SN 号。

商品的 EPC 码是存储在商品上的 RFID 标签中的。因为 EPC 的发展目标是用来代替条形码的(条形码容量不够),所以标签必须具有低成本的特点。

对于第二点,一个典型的 EPC 系统的组成如图 33-7 所示。其中 Servant 是 EPC 系统的中枢神经,首先对阅读器读取的标签数据(EPC 码)执行过滤、汇集、整合等操作,然后与其他部件进行交流,完成信息的上传与下达,最终完成用户指定的操作。

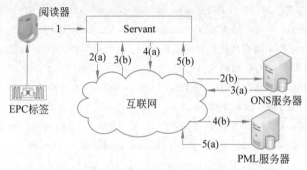

图 33-7　EPC 系统的组成和工作过程

对象名服务(Object Name Service,ONS)类似于域名服务器(DNS),负责将 EPC 码解析为 URL(主要是 PML 服务器的地址),通过 URL 可获得商品的进一步信息。

PML(产品标记语言,Product Markup Language)服务器是商品信息(如生产和过期时间、体积、颜色和读取历史、交易记录等)的数据库,以 PML 格式存储商品的相关信息,并以 PML 的格式返回查询结果,供业务系统进行检索。

EPC 工作过程如下。

(1) Servant 通过阅读器读出商品上所贴标签的 EPC 码。

(2) Servant 将 EPC 码通过互联网传送给 ONS,请求进一步的信息。

(3) ONS 根据 EPC 码给出某个 PML 服务器的地址信息。

(4) Servant 根据给定的地址信息,发送 EPC 码到该 PML 服务器。

(5) PML 服务器根据 EPC 码查找商品的 PML 文件,返还给 Servant。

(6) Servant 解析 PML,获得商品的详细信息。

285

参 考 文 献

[1] 谢希仁.计算机网络[M].4 版.大连：大连理工出版社,2005.

[2] 朱钧,张书练.圆偏振光偏振复用激光通信系统[J].激光与红外,2005.2：78-80.

[3] 北京京宽网络科技有限公司.大气激光通信系统[EB/OL].http：//wenku.baidu.com/link?url=
UK0sMzoFMUEWW80GSVoAUqtqcjACgkdJdIMsUOMiWqBhGeRF9OImMP6fG3TmaFveR5aO-
h0ajSdfQD5dIJeI--5sxXGGp-Hqp1LI4naJRZiO.

[4] 韩沛.光接入技术[J].计算机与网络,2008(7)：187-188.

[5] 阎德升.EPON 新一代宽带光接入技术与应用[M].北京：机械工业出版社,2007.

[6] 张继东,陶智勇.EPON 的发展与关键技术[J].光通信研究,2002(11)：53-55.

[7] 李巍.EPON 技术的标准化与测试[J].通信世界,2005(10)：18-35.

[8] KRAMERG,PESAVENTO G.Ethernet passive optical network（EPON）：Building a next-
generation optical access network[J].Communications Magazine IEEE,2002,40(2)：66-73.

[9] 周卫国.EPON 与三种主流有线接入技术的比较[J].电信科学,2006(3)：35-38.

[10] 李强.FTTH 光纤到户的应用研究[D].大庆石油学院,2009.

[11] David Clark.Power Line Communication Finally Ready for Prime Time[J].IEEE Trans on
internet Computing,1998(1)：10-11.

[12] Friedman D,Chan M H L,Donaidson R W.Error Control on In-building Power Line
Communication Channels.In：IEEE Pacific Rim Conference on Communications,Computers and
Signal Processing.Victoria,B.C.(Canada)：1993.178-185.

[13] 唐勇,周明天,张欣.无线传感器网络路由协议研究进展[J].软件学报,2006,17(3)：410-421.

[14] 马利国,伍波,等.10.6μm 激光驾束制导仪编码调制器的设计[J].红外与激光工程,2010(2)：
71-75.

[15] 张保会,刘海涛,陈长德.电话、电脑和电力的三网合一概念与实现技术(二)[J].继电器,2000,28
(10)：11-13.

[16] Min young Chung,Myoung-Hee Jung.Performance Analisys of HomePlug 1.0 MAC With CSMA/
CA[J].IEEE Journal on Selected Areas in Communications,2006,24(7)：1411-1420.

[17] 李强.HomePlug 技术及其在有线电视网络中的应用[J].有线电视技术,2008(15)：19-22.

[18] Atheros.whitepaper_HomePlug.MAC.for.Smart.Grid.Electric.Vehicle[EB/OL].http：//wenku.baidu.
com/link?url=TKzBLCnsGSwdPvB6Pr4yBCZYpDcn1NLN4T6KKyCMRUTi70d7HmtUSTVBonB4-
C8JgS3KjCSh1ef0vDfUOrT1VeFQCXbwKUljDLzu98ctTJQG.

[19] Microchip.Microchip_MiWi.无线网络协议栈[EB/OL].http：//wenku.baidu.com/link?url=
CdjvR6rw-OP64UFTCTx0IPSFueHyMXNaEKZJph2QH2RQh50zJCJO4xEUlxBWuZpYUQhQWI_-
WsPWctP2zMy0ePW5ljmRLfye5eMT_xFz34K.

[20] 肖丁.Z_Wave 协议的体系结构研究与路由优化[D].西安电子科技大学硕士论文,2013.

[21] 高学鹏.ZigBee 路由协议信标和非信标模式下的性能仿真比较[J].网络与通信,2010,11：42-45.

[22] 北京得瑞紫蜂科技有限公司.办公楼空气质量无线监测系统[EB/OL].http：//www.stzifeng.
com/jjfa/html/?75.html.

[23] 南京拓诺传感网络科技有限公司.公司承担江苏省物流物联网工程示范项目[EB/OL].http：//
www.tnsntech.com/newsInfo.asp?id=356.

[24] 研发中心情报标准化室.外军 UHF 电台介绍[EB/OL].http：//wenku.baidu.com/link?url=

C5pEBG0sWd8IelMlKfv4dE--rfmENg5Ph4WftdoBkTYZ0TyYrnkxnfQCUYkE10iNeEzzXDqq-oFbqpihKdC46ZOeBzcY_DCa-B8C2l-kwou,2004.

[25] 3GPP TR25.913 V7.3.0,Requirements for EUTRA and EUTRAN 2006-03.

[26] 3GPP TS36.201 V8.3.0,LTE Physical Layer-General Description 2009.03.

[27] 3GPP TR36.902 V9.0.0,Self-configuring and self-optimizing network use cases and solutions 2009.09.

[28] 3GPP TS36.300 V8.4.0 Overall Description 2008-03.

[29] 3GPP TR36.912 V2.1.1 Further Advancements for E-UTRA (LTE-Advanced) 2009-03.

[30] 沈嘉.3GPP长期研究(LTE)技术原理与系统设计[M].北京：人民邮电出版社,2008.

[31] 张可平.LTE-B3G/4G移动通信系统无线技术[M].北京：电子工业出版社,2008.

[32] 胡宏林,徐景.3GPP LTE无线链路关键技术[M].北京：电子工业出版社,2008.

[33] 沈嘉.LTE-Advanced关键技术演进趋势[J].移动通信.2008(8)：20-25.

[34] 胡智慧,刘智.基于LTE无线传感器在智能电网的应用研究[J].长春理工大学学报(自然科学版),2014(4)：80-83.

[35] Foo Chun-Choong,Chua Kee-Chaing. BlueRings-Bluetooth Scattenets with Ring Structures[C]. IASTED International Conference on Wireless and OPtical Communication(WOC 2002),Banff, Canada,2002.

[36] Chih-Yung Chang,Prasan Kumar Sahoo,et al. A Location-Aware Routing Protocol for the Bluetooth Scatternet[J]. Wireless Personal Communications,2006,40：117-135.

[37] Z'aruba G,Basagni S,Chlamtae I. Bluetrees-Scatternet formation to enable Bluetooth-based Personal area networks [C]. in Proceedings of the IEEE International Conference on Communications,ICC2001,Helsinki. Finland,June11-14 2001.

[38] Basagni S,Pereioli C. Multihop Scatternet Formation for Bluetooth Networks[C]. IEEE Vehicle Technology Conferenee. 2002,1：779-787.

[39] Wang Z,Thomas R J,Haas Z. BlueNet-A new scatternet formation scheme[C]. in Proeeedings of the 35th Hawaii International Conferenee on System Science(HICSS-35),Big Island,Hawaii, 2002,1：7-10,779-787.

[40] Theodoros Salonidis,Pravin Bhagwat,Leandors Tassiulas,et al. Distributed Topology Construction of Bluetooth[J]. IEEE Infocom,Anchouage,AK,USA,2002,3：1577-1586.

[41] 麦汉荣.基于蓝牙Ad Hoc网络的BAODV路由算法的研究[D].五邑大学硕士学位论文,2008.

[42] 唐肖军.基于IrDA标准的矿用本安型压力数据监测系统[D].杭州电子科技大学,硕士学位论文,2013.

[43] 刘锋,彭赓.互联网进化规律的发现与分析[EB/OL]. http://www.paper.edu.cn/releasepaper/content/200809-694.

[44] 周立功.CANopen电梯协议教程[EB/OL].http://wenku.baidu.com/link?url=6x7hO4xe6vC jgHUtJOI_6gM2r6uCC_HyXwyGECMc2Bn7Hm0oB9NkpSvwl3JDm6m8mSUedtqJ4PjiME-0laz8J8bEg67Yx-pLZVj5TlNmz1SAq.

[45] Akyildiz Ian F,Su Weilian, Sankarasubramaniam Yogesh,et al. A survey on sensor networks[J]. IEEE Communications Magazine, 2002,40：102-116.

[46] 陈海明,崔莉,谢开斌.物联网体系结构与实现方法的比较研究[J].计算机学报,2013(1)：168-189.

[47] 于鹏澎.6LoWPAN网络几个关键技术研究[D].安徽理工大学,2015.

[48] 王殊,阎毓杰,胡富平,等.无线传感器网络的理论和应用[M].北京：北京航空航天大学出版

287

社,2007.

[49] 北斗一号定位原理与定位流程[EB/OL]. http://wenku. baidu. com/link?url= Kql6opMSZzzgsdEyf-0taCUhOCTTSS6AJuzW4EicKbbbO4PjFvRQNbMOYTnH7p3HVf _ VGGhLjuvVi _ piI92pSAMWPc-D8KvzTXfSUPlFe0Xx7.

[50] 李凤国. 基于 6LoWPAN 的无线传感器网络研究与实现[D].南京邮电大学,2013.

[51] baidu.自由空间光通信技术[EB/OL]. http://baike. baidu. com/link?url= LVBF6rGxQp FNM-hTmRDqehV_vJxwhLTcnvPNtbCq9i1n4kyUd6f1PRwx4HwF61STm-Okq9qTWRhguWZclZXFqrK.

[52] 自由空间光通信技术[EB/OL].http://www.chinabaike.com/z/keji/dz/857742.html.

[53] 罗军舟,金嘉晖,宋爱波,等.云计算：体系架构与关键技术[J].通信学报,2011(7)：3-21.

[54] 广州智维电子科技有限公司. NMEA2000 网关[EB/OL]. http://china. makepolo. com/product-detail/ 100165960233.html.

[55] baidu. USB 2.0 技术规范[EB/OL]. http://wenku. baidu. com/view/8501a6365a8102d276a22f69. html.

[56] 新华网.中国发明 Wi-Fi 灯泡[EB/OL]. http://news. xinhuanet. com/cankao/2013-10/21/c_132816055.htm.

[57] 宫庆松.蓝牙散射网拓扑创建和路由形成算法研究[D]. 吉林大学硕士论文,2007.

[58] 王翔,等. 复用技术在空间光通信中的应用研究[J]. 半导体光电,2011,32(3)：392-397.

[59] T H Tarmoezy. UnderstandingIrDA Protoeol staek(The Are/Info Method)[EB/OL]. http://www.esri.eom/software/areinfo/irda.pdf.

[60] 王晶南. 红外无线激光通信系统研究[D]. 长春理工大学，2010.

[61] Infrared Data Association，Infrared Data Association Serial Infrared Link Access Protocol (IrLAP)v1.1.

[62] Guo C L，Zhong L Z C，Raraey JM. Low Power Distributed MAC for Ad Hoc Sensor Radio Networks[C]// Global Telecommunications conference，2001：2944-2948.

[63] 北京烽火. 烽火联拓"船舶 RFID 自动识别系统"荣获中国自动识别协会"优秀产品奖"[EB/OL]. http://www.fhteck.com/html/cat_article2397.html.

[64] 成都昂讯.无线联网定位系统[EB/OL]. http://www. uwblocation. com/index. php?_m = mod_article&_a=article_content&article_id=114.

[65] 东北安防联盟网.无线 Mesh 网状网构建安防监控的物联网平台[EB/OL]. http://www. af360. com/html/2011/04/14/201104142001378807.shtml.

[66] 盛毅.UWB 的 MAC 层协议研究[D].中国舰船研究院硕士论文,2011.